农村地域开发与规划研究

王福定 著

ZHEJIANG UNIVERSITY PRESS
浙江大学出版社

图书在版编目(CIP)数据

农村地域开发与规划研究/王福定著.—杭州:浙江大学出版社,2011.5
ISBN 978-7-308-08546-5

Ⅰ.①农… Ⅱ.①王… Ⅲ.①乡村规划—研究—中国 Ⅳ.①TU982.29

中国版本图书馆 CIP 数据核字(2011)第 052868 号

农村地域开发与规划研究

王福定　著

责任编辑	张　明
封面设计	雷建军
出版发行	浙江大学出版社
	(杭州市天目山路 148 号　邮政编码 310007)
	(网址:http://www.zjupress.com)
排　版	杭州大漠照排印刷有限公司
印　刷	临安市曙光印务有限公司
开　本	880mm×1230mm　1/32
印　张	11.25
彩　插	12 页
字　数	334 千
版 印 次	2011 年 5 月第 1 版　2011 年 5 月第 1 次印刷
书　号	ISBN 978-7-308-08546-5
定　价	39.00 元

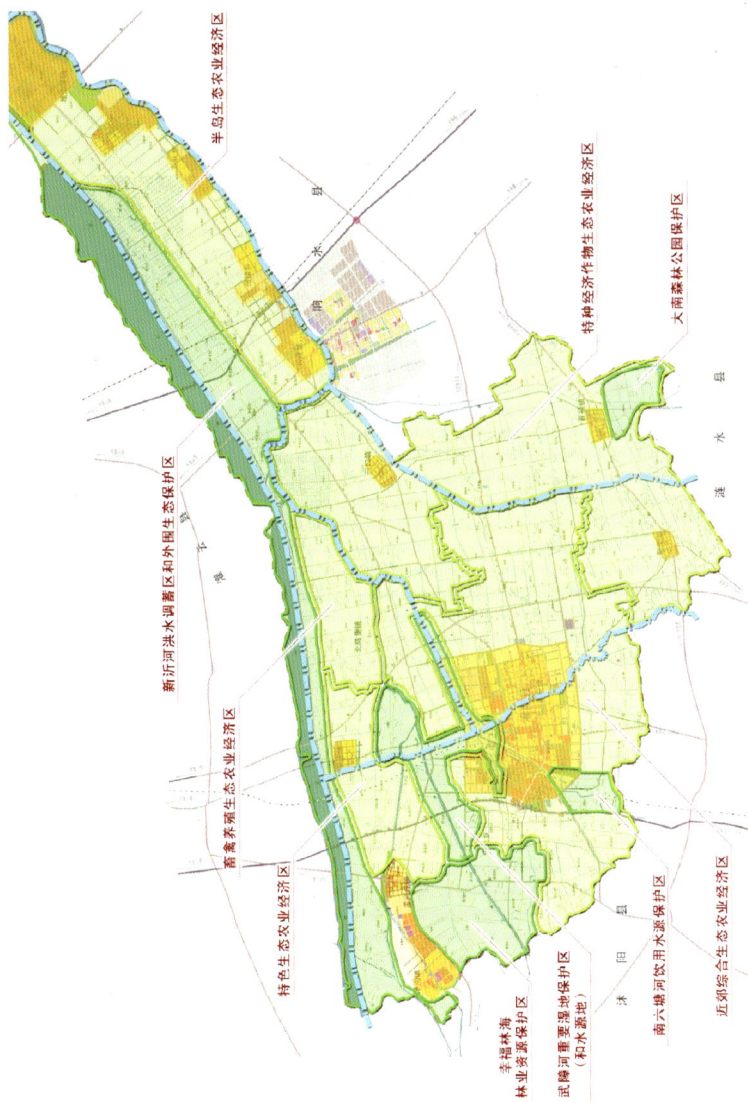

半岛生态农业经济区

特种经济作物生态农业经济区

大南森林公园保护区

新沂河洪水滞蓄区和外围生态保护区

特色生态农业经济区

畜禽养殖生态农业经济区

幸福林海林业资源保护区

武障河重要湿地保护区（和水源地）

南六塘河饮用水源保护区

近郊综合生态农业经济区

彩页图 6-3　灌南县不同特色的农业区划示例

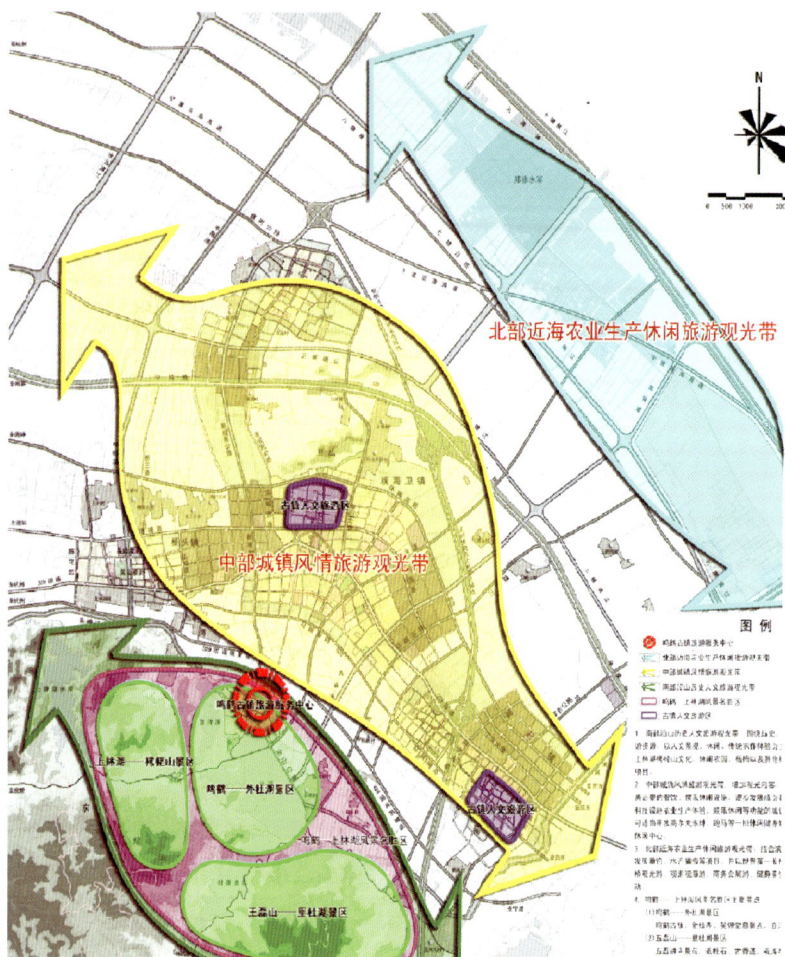

彩页图6-4　浙江省慈溪市观海卫片区功能村庄分布的基础分析

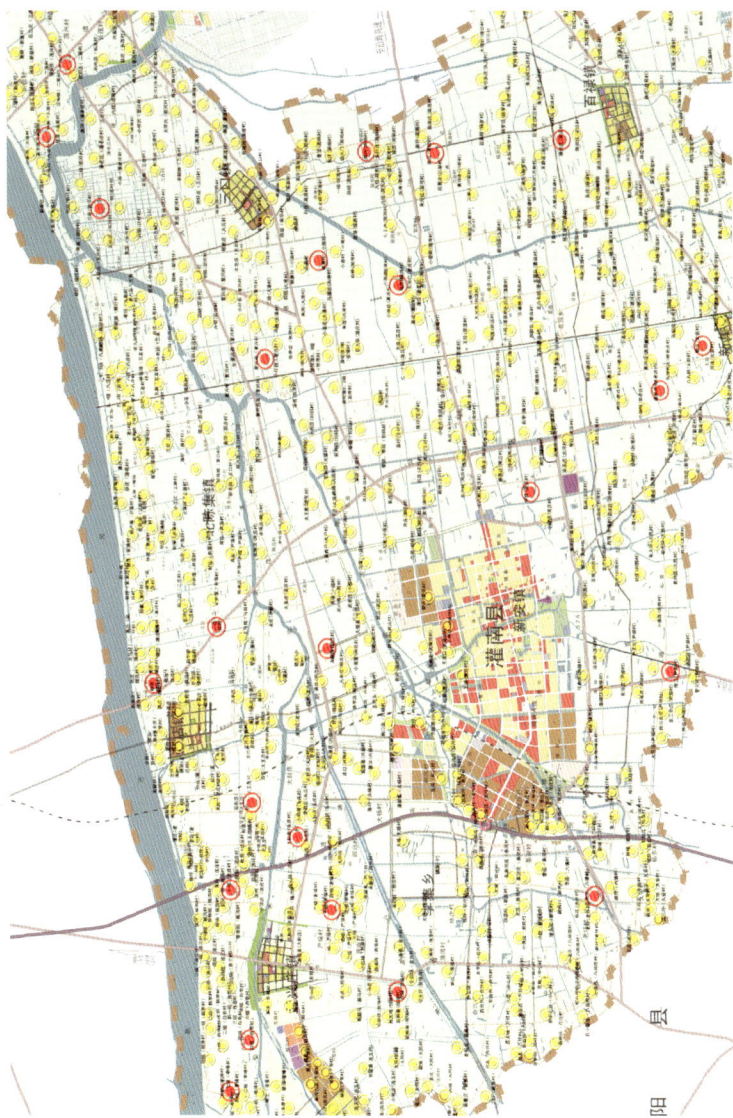

彩页图 6-5　灌南县中心村规划布局

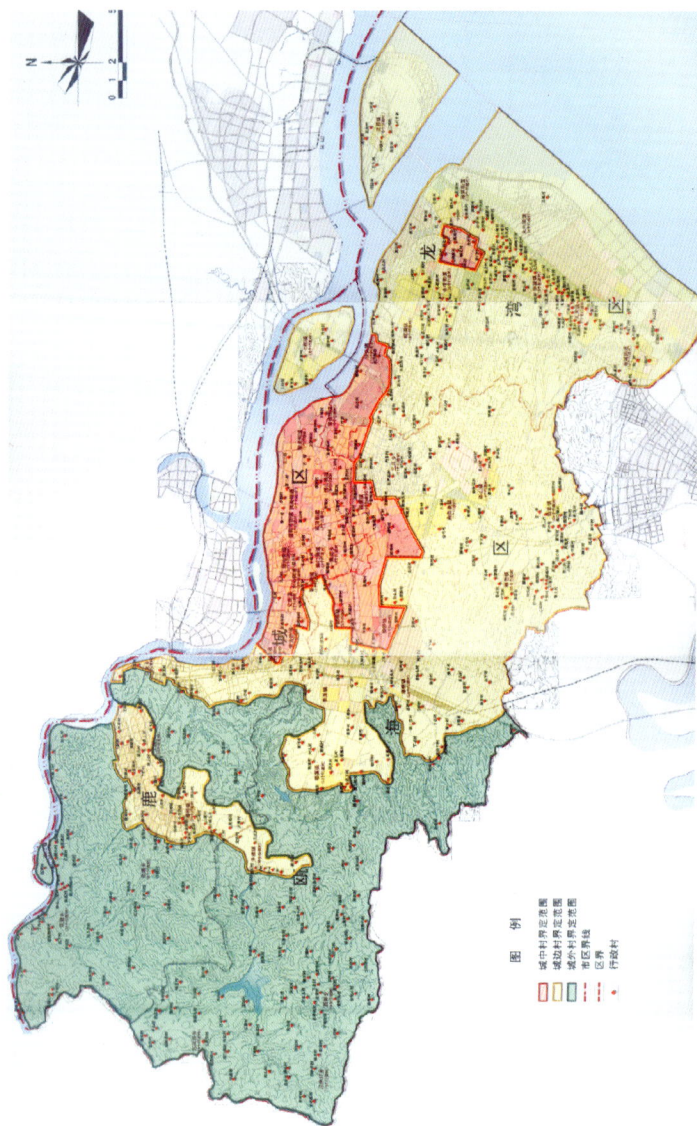

彩页图6-6 温州市村庄改造的地域类型

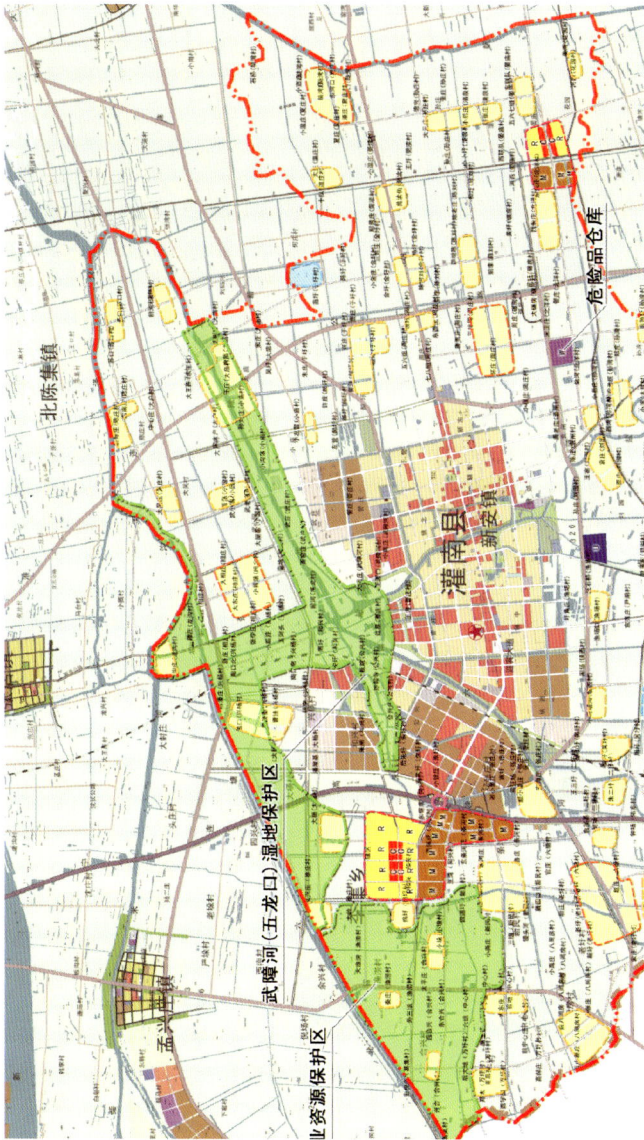

彩页图 6-11　村庄用地发展整合示例

彩页图 6-12　村庄多类别建设用地区划

彩页图 7-1　虹阳村区位关系

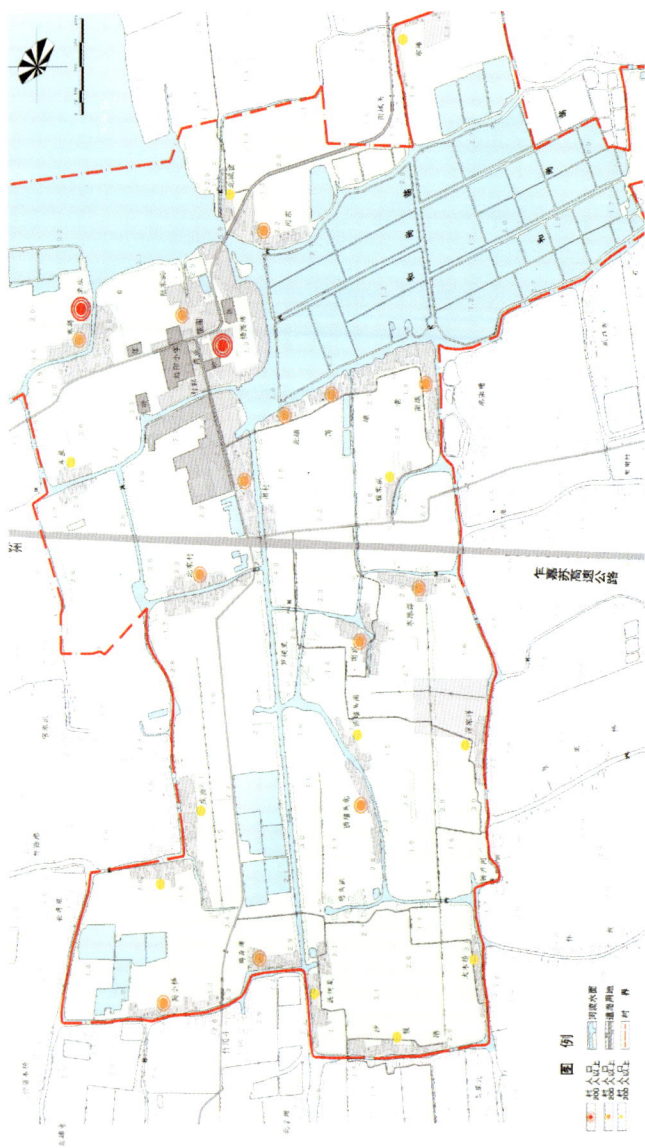

彩页图 7 - 2　虹阳村村落现状

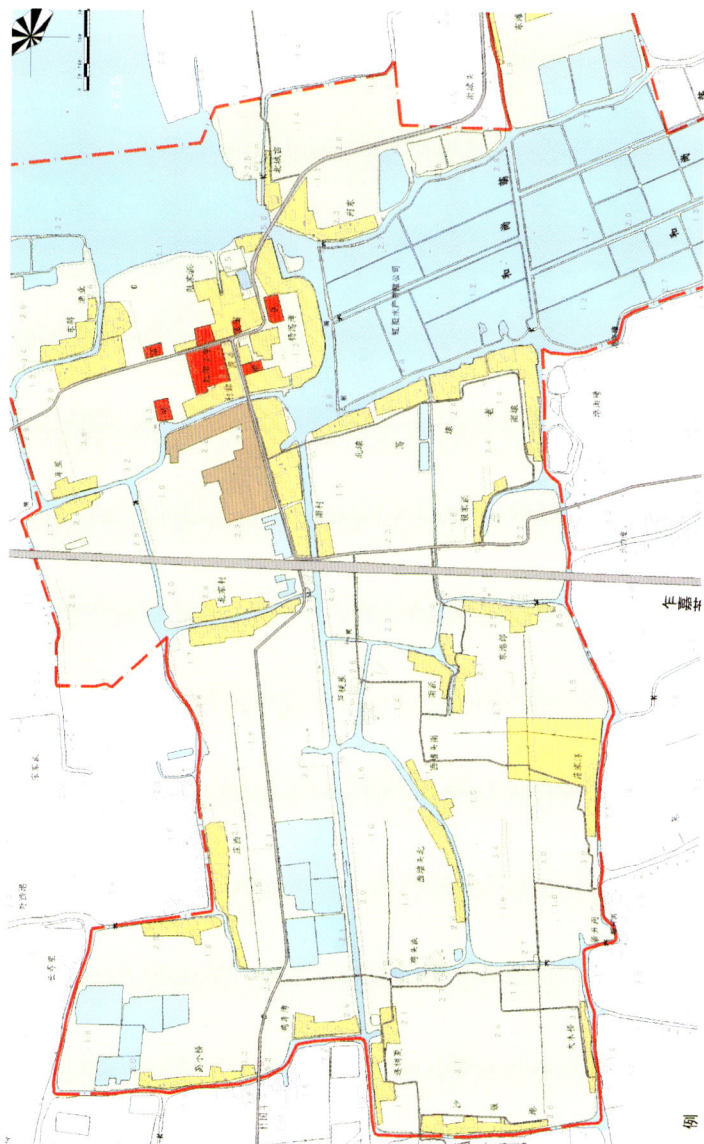

彩页图 7-3　虹阳村建设用地现状

彩页图 7-4 虹阳村村庄体系布局

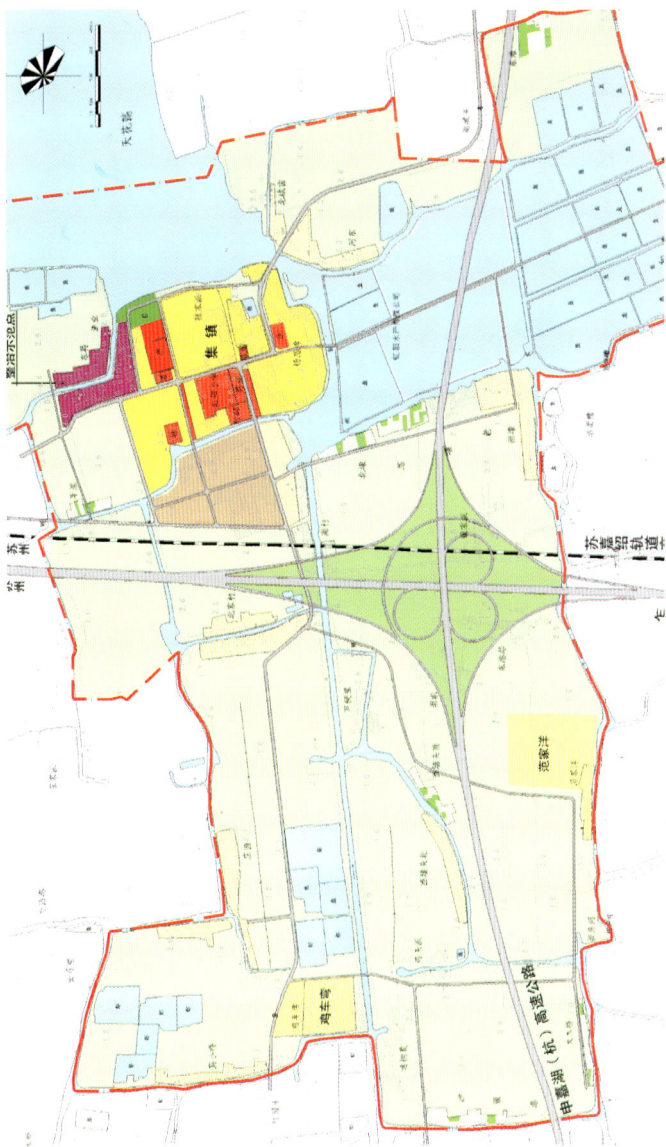

彩页图 7-5　虹阳村村庄用地规划

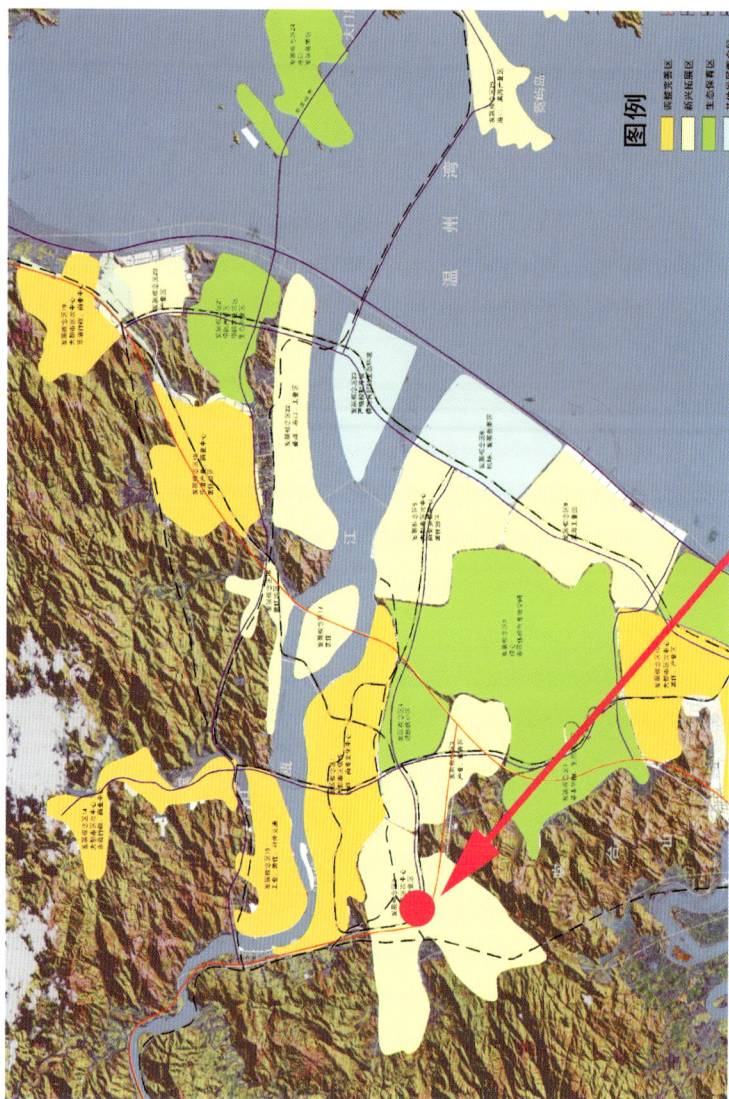

彩页图 7-6　梅园村区位关系

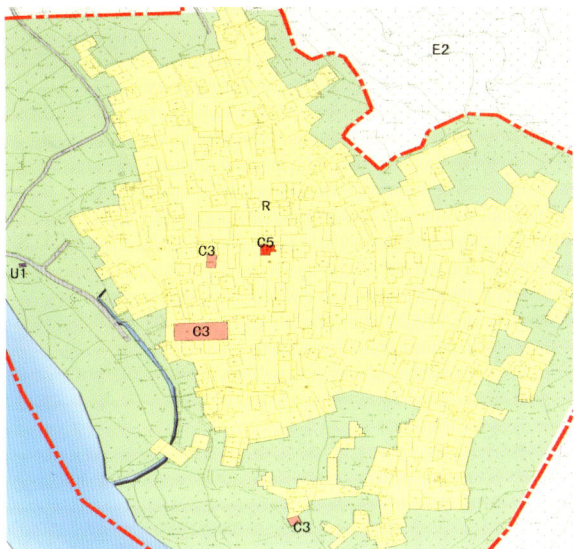

彩页图 7-8　洁湖中心村用地现状

彩页图 7-9　洁湖中心村与九里岗自然村的关系

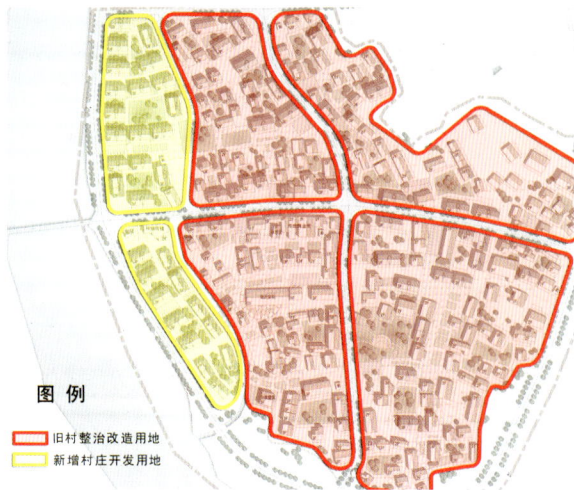

图 例

- 旧村整治改造用地
- 新增村庄开发用地

彩页图 7-10 用地布局构思图

图 例

广场用地

理用地 | 公共绿地

技用地 | 道路

彩页图 7-11 用地布局规划图

彩页图 7-12　村落特色空间规划图

彩页图 7-13　村落空间单元组织图

彩页图 7-14　村落空间现状

彩页图 7-22　自由式住宅空间布局

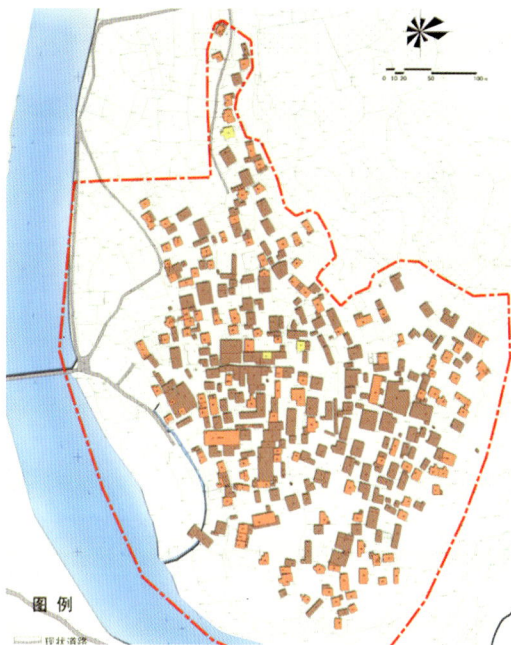

彩页图 7-25　建筑质量评价

彩页图 7-32　规划总平面图

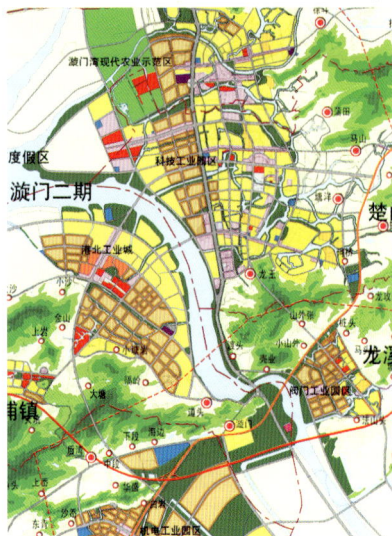

彩页图 7-37　玉环县楚门镇城镇总体规划

彩页图 7-38　村庄用地现状

彩页图 7-39　城镇用地规划要求

彩页图 8-16 折线型居住建筑组合

彩页图 8-17 多义线型街道建筑组合

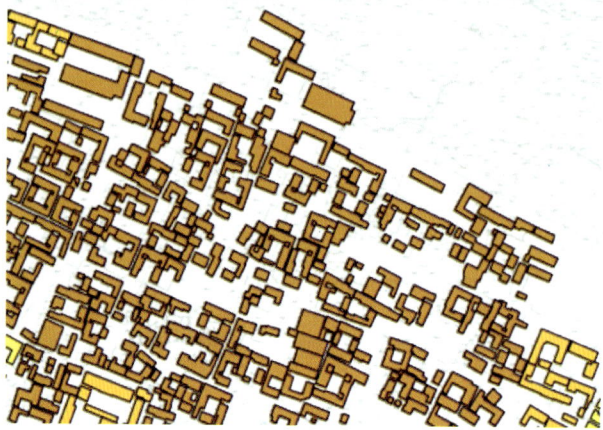

彩页图 8 - 18　以旧建筑为主的团状组合

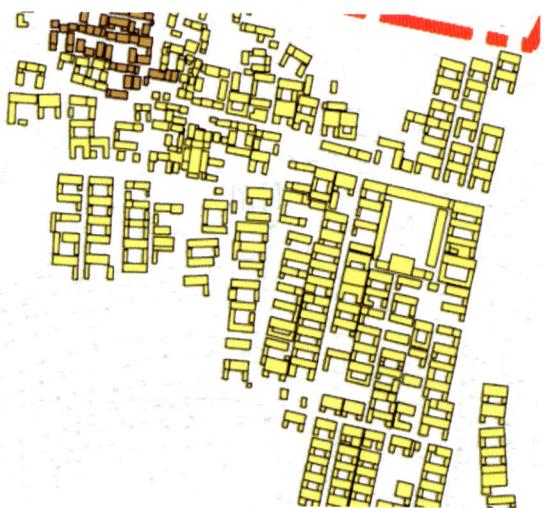

彩页图 8 - 19　以新建筑为主的团状组合

彩页图 8-20　新旧相间的团状组合

彩页图 8-84　球川村住宅空间平面类型

彩页图 8-85　球川村传统街道空间

序　言

　　人类发展的历史进入了光辉的 21 世纪,工业化、城市化以及城乡一体化的发展趋势,已经成为世界社会经济发展的主旋律。未来的城乡将会出现文化发达、科学进步、经济繁荣、百业兴旺的新局面。我国著名的城市规划与建筑设计大师吴良镛院士曾经指出:21 世纪将是城市化的新世纪,也是城乡协调发展的新时代。

　　全球经济一体化后,城市现代化的建设与新农村、新村庄的规划建设成为我国发展中的大问题。党中央自十六届三中全会后多次强调建设社会主义强国,要实施城乡统筹、城乡一体化的战略方针。中共中央总书记、国家主席胡锦涛同志曾多次指出,坚持以人为本,实行和落实全面、协调、可持续的发展观,做到统筹发展观,统筹区域发展,统筹国内发展和对外开放,这是我国三十多年改革开放和现代化建设实践经验的总结,也是全面建设小康社会的必然要求,符合社会发展的客观规律。

　　《农村地域开发与规划研究》一书,由浙江大学城乡规划设计研究院高级工程师王福定同志撰写。他从事城市规划工作已有 20 多年,主持与参加了大量的城镇规划、城乡规划及农村居住点规划设计项目,具有丰富的规划实践经验和坚实的理论基础。本书从新的视角、新的思路去探讨了我国农村地域开发与规划问题。全书分为 8 章约有 30 万字,以及大量的规划图纸与照片,资料翔实、内容丰富,研究的框架与观点比较鲜明。作者邀请我对本书的思路、观点与问题作了较为详细、严谨的审阅。总体上看,本书具有三个方面的特色,在农村地域开发与规划研究方面有较好的实践分析,有一定的参考价值。第一,全书重点研究了农村地域开发的客观要求、总体发展目标与开发方向,具有重要的理论价值和实际指导意义;第二,结合国外农村地域开发的经验和动态,作者深入阐析了我国城镇发展与农村地域开发的相互关系,认识了建设我国社会主义新农村与解决"三农"关系的重要性与迫切性,并提出了新农庄规划建设的具体方案和模式,具有一定的历史意义;第三,在研究分析我国农村规划建设问题的基础上,论述了农村地域战略规划的要点、规划的层次、规划编制内容及其实施办法等,观点明确、结构合理、论点可信。

　　总之,本书是作者借鉴了前人大量的规划实践方案与论文的基础上,经过自己的分析比较与规划实践,不断学习、不断探索、不断总结写成的,是一本关于农村地域开发具有重要实际意义的专业性著作,对我国新农村建设、农村现代化方面具有重要的作用。我愿意为本书作序,并推荐这本书的出版发行,以期得到更多同行专家的批评指正,从而引起更多的同志对我国农村地域开发规划进行进一步研究。

中国城市规划学会理事
中国科学院南京地理研究所
城市与区域发展研究中心　主任

2010 年 5 月 28 日

目　录

第一章　绪　论

第一节　研究的前提

一、背景与基础

(一)研究背景

中国的经济体制改革起始于农村地域,曾给农村经济发展带来巨大变革。但是这种变革持续的时间相对较短,最终受城镇化浪潮冲击而逐渐显得乏力。近年来,中国的社会经济关注点逐渐转移于农村地域,中央财政对农业、农村的投入正在逐年加大。但是,农业、农村、农民的"三农"问题始终未得到妥善解决,城乡收入差距问题也难以得到有效缓解。

(二)当前规划工作的基础与不足

1. 规划的基础

中国的城乡规划工作是从城市、中心城镇(当时以县城为主)开始全面铺开的,城市规划、中心城镇规划对城市、城镇的经济建设起了持续的促进作用。后来的镇规划(通常不含县城,下同)、乡规划和村规划虽然得到了不同程度的重视,并且在 2008 年颁布的《中华人民共和国城乡规划法》中,将这些"规划"以法定的地位加以明确,对日后农村地域的经济社会发展起到一定的积极影响。但是,在实际的规划编制组织过程中,镇规划、乡规划和村规划的重视,通常是基于城市、中心城镇的发展离不开其周边的农村地域环境的"城乡统筹发展"需要而为之。乡规划和村规划通常成为"符合城市、中心城镇甚至重点城镇"发展要求而编制的。

在计划经济体制下,城市规划是国民经济和社会发展计划的具体化和物化表现。在计划经济体制向市场经济体制的转换过程中,城乡规划成为引导和控制城乡经济、社会和环境的具体途径。换言之,在中国,城乡地域发展必须要有规划,没有法定规划,一切发展可能成为非法。1978 年后的改革开放初期,农村地域的经济社会没有得以持续发展的原因之一就是仅有政策而无规划。

2. 规划的方针

有规划,不等于地域就能得到全面发展。地域分工、功能互补和提高整体竞争力是城乡统筹规划和空间一体化发展的基本前提。浙江省在 2007 年城镇体系规划纲要中提出:按照工业向主要城镇工业区集中,人口向重点镇以上城镇集中,农村基本服务向中心村以上社区集中,兼业农户的土地承包经营权向种养大户流转集中,即"四集中"原则的统筹城乡发展策略。这一发展策略对浙江的新一轮城乡规划编制产生深刻影响,继而影响着城乡社会经济发展方向。而农村地域的乡、村仍然以规划发展农村生活居住空间为主,乡村企业发展空间受到规划控制;主要城镇、中心城镇将继续以工业化带动城镇化为目标而全面发展。

3. 规划的不足

农村居民每户拥有一处宅基地是法定的农村居住生活保障。在社会主义新农村建设的大政方针下,与以生活居住为主的法定乡村规划相结合,不仅延续了 30 多年来国家对农村地域社会经济发展的政策,而且会进一步强化农村居民植根于农村地域的"农居"功能。从长远看,放大至更大的城乡地域,则不可避免地出现城镇工业化与乡村居住人口非农化的"空间错位"(除城中村外)发展格局。这种"空间错位"不仅使城市、城镇政府继续承受城镇用地空间不足的压力,而且在现有的城镇人口统计口径下,城乡地域城镇化水平提高缓慢。从城乡地域空间看,以工业为主的城镇地区逐步发展成

"中心主城"，而周边诸多大小不同的"农居地"逐渐发展成"卧城"，这种职—住分离导致的"主城"、"卧城"独立发展格局，易导致以"卧城"为主的农村地域继续成为没有吸引力的落后地区，这在一定程度上也是城乡差别、收入差距难以缩小的原因之一。

二、农村地域规划研究

（一）研究的必要性

目前，中国仍然有 7.2 亿左右人口居住在农村地域，其中非农化人口达 2 亿多。即使统计为城镇人口的 1.2 亿～1.5 亿暂住流动人口，也在农村拥有住所。在非农化水平达到 81.2% 的浙江省，农村地域居住人口为 2200 万（浙江省总人口为 5100 万），而其中的非农化人口达到 1200 万。约占城市、城镇人口 20% 的暂住人口，"两栖"于城市、城镇和乡村之间，在农村地域均不同程度地拥有住宅。在中国，居住着接近或超过城市、城镇实际居住人口的农村地域，每年约有 8000 亿元农民自有资金投入农村住宅建设。在城乡统筹规划中，沿袭传统的规划思路和执政思想，能实施农村地域农居点整体拆迁转移吗？回答为否！农村地域到底怎么发展，如何开发，规划怎样做好预期的准备，这些都是不可回避的问题。

（二）基本含义

1. 聚落、村落与集镇

村落（聚落），为众多居住房屋构成的集合或人口集中分布的区域。"村落"为中文常见词语，在考古学和其他语言汉译时，"村落"和"聚落"常混合使用来表示同一概念，含义类似于日语的集落，属于地理学、人类学和社会学相关的概念词汇。

（1）聚落：多用作人类社会早期进入定居生活以后，集中居住的区域。考古学上常指早期人类集中居住地域。

（2）村落：指大的聚落或多个聚落形成的群体，常用作现代意义上的人口集中分布的区域，包括自然村落（自然村）、村庄区域。

（3）集镇：规模较大的聚落，居住密度高、人口众多的聚落形成"村镇"、"集镇"。

2. 农村(乡村)

农村,也即乡村,是相对于城市的称谓,指农业区,有集镇、村落,以农业产业（自然经济和第一产业)为主,包括各种农场(畜牧和水产养殖场)、林场(林业生产区)、园艺和蔬菜生产等。农村最大的特点是与广大的自然生态系统紧密相连,也是城乡统筹规划中最重要的基本空间(姚士谋,2010)。

3. 农村地域

本文研究的农村地域是指以农业生产为主体,以农村村落、集镇为网点,围绕农民生活而展开的特定地域空间综合体。它既有具体地域的空间概念,也有抽象的领域含义。前者是指针对某一地域以农业生产为主体,广大农村村落、集镇遍布,农民生产、生活密切联系,空间环境有机一体的地域单元;而后者可以引申为与农业生产、农村发展和农民生活、就业相关的空间领域和环境因素。对农村地域进行合理的开发与规划,形成适合当今和未来经济、社会和环境协调发展的空间领域和环境因素,这是十分迫切的研究课题。

4. 农村地域开发

农村地域开发不仅局限于城市、城镇周边地域的农村,而且包括远离城市、城镇的边远农村。与相对发达的城市、城镇相比,农村地域经济、社会尚比较落后。因而,农村地域总是与欠发达地区相联系,农村地域有时也可称为欠发达农村地区。本书有关国外欠发达农村地区发展的借鉴也是基于这一因素考虑的。

第二节　研究框架与内容

一、研究框架

本书分 8 个章节展开。其中第一章为绪论,第二至第五章主要论述了农村地域开发的客观性和宏观目标要求,评析了中国农村地域开发的独特性和途径选择;第六至第八章对农村地域的开发规划

作了深入研究,通过分析城乡统筹规划的法定依据和隐性问题,突出农村地域规划体系的研究重点。研究框架与路径如下:

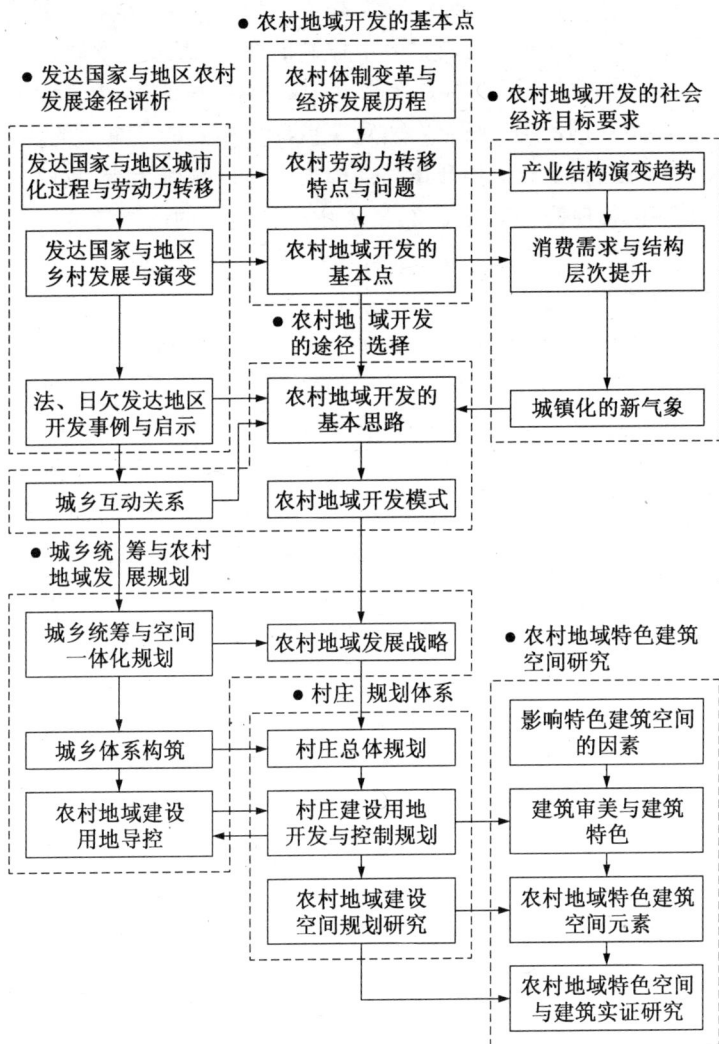

图 1-1　研究框架与路径

二、研究内容

（一）关于农村地域开发的基本点

30多年来,中国通过农村经济体制的变革,解放与发展了农村生产力,有效地释放了农村剩余劳动力。以中小城市、城镇为主的中小企业和乡村企业在吸收农村剩余劳动力中发挥了重要的作用。进入21世纪后,全球市场开拓的空间局限性已显露无遗,我们的中小企业将面临前所未有的困难,随着中国制造业的区域梯度转移和空间结构调整,沿海发达地区部分中小城市、城镇的中小企业在吸收农村劳动力就业转移中已显乏力。

中国城镇化建设在农村劳动力的非农化转移中也曾起了很大作用,但是,城市、城镇在中国城镇化中的"拉力"作用与农村对城镇化的内在"推力"作用存在严重错位,城乡收入差距日益扩大。中国仍然约有2.4亿农村隐性失业人口无法实现非农化、城镇化。已城镇化的1.2亿~1.5亿流动人口也将面临就业转移空间的重置问题——从沿海城市、城镇转向内陆城市、城镇,最后从城市、城镇转向以城镇为主的农村地域,这是中国未来发展的主要趋势。

农村地域的开发是未来发展的需要,农村地域的开发与规划不能离开中国农村实情:中国农村人口基数大,自1978~1995年仍在绝对增长。至2000年,中国农村人口数量仍然高于1978年的人口数。农村就业人口占比稳定,1980年以来农村就业人口占全国总就业人口均保持在67%左右,虽然2001年以后,其比例开始由66%下降至2008年的61%左右,但是乡村劳动力总数仍然维持在4.8亿~4.9亿的高基数区间(见图1-2)。建立与农村人口、就业发展相适应的农村产业体系,因时因地进行用地开发和基础设施建设,改变传统的规划建设模式,是农村地域开发与规划研究的前提。

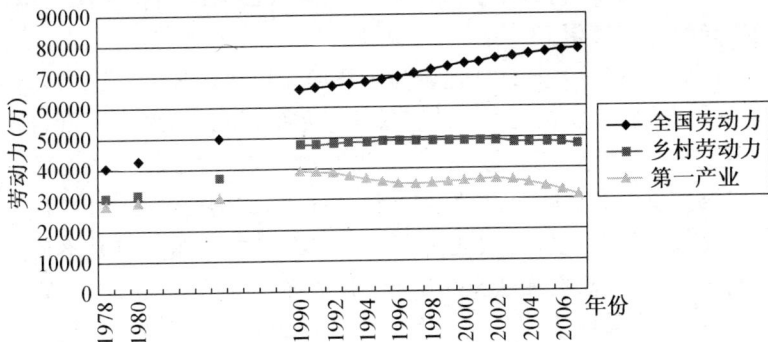

图1-2　乡村劳动力构成变化关系图

（二）关于农村地域开发的宏观目标要求

农村地域开发的主要目的是进一步转移农村非农劳动力，提高农民整体收入水平，优化消费结构，以最终达到全社会就业结构调整、产业结构升级的目的。就业结构调整与否，受制于市场容量与消费需求对行业的发展要求。行业的发展特点、生命力及其对劳动力的需求，是促进农村劳动力就业稳定转移的重要因素，它深受社会消费与市场需求影响。新兴行业在创造和改变新的消费需求与消费结构的同时，降低与减少了全社会居民生活、生产对传统行业产品的需求量及其相应的工作岗位。只有靠稳定、持续的社会消费需求，才能有效促进生产的稳定和相应就业的逐渐转移。

人的需求是多层次的，其实现途径总是随着人们经济水平的提高，从低层次向高层次逐渐转变。需求结构决定供应结构，而受制于自然资源、生态环境等因素的供应结构同样制约着需求结构。建立合理的消费结构，不仅要使供应结构与自然资源、环境和生态要素相适应，而且要确保供应结构要与需求结构相吻合。当经济发展、社会生产力提高与居民收入增长协调同步时，才会带动消费结构层次提升和消费总量增长。

如果仅注重增加投入，促进经济增长和社会生产力提高，而忽视居民收入同步增长,则会使供应结构与人的需求结构层次错位,最终导致产能过剩。

以城市、城镇基础设施建设为主导的城镇建设投入(供应结构)满足了部分农村非农化人口的城镇化发展需求(消费结构)。但是,中国"上下联动、内外兼修"的多模式城镇化动力机制,一方面能迅速释放城镇化的推进动力;另一方面,"井喷"式的城镇发展动力,维持时间较短,难以持续、快速推进。约有20%的城镇人口是不彻底的城镇化人口,他们无法支付城市、城镇高成本的生活开支。有位移迹象的"S"型城镇化曲线也表明中国城镇化水平开始减缓,而农村地域开发是解决中国经济结构调整问题,是实现农村非农人口城镇化的新途径。

(三)西方发达国家农村地域发展途径评析

笔者以英、美、日等发达国家为例,对劳动力就业转移、农村和农业发展等进行分析与研究,并对欠发达地区的农村地域开发案例进行了剖析。

在农村劳动力的非农就业转移方面,由于英、美、日等发达国家的经济体制、社会制度和农村的人地关系等与中国有着本质的不同,两者的劳动就业转移机制也有很大的差别,我们当然不能简单地仿照发达国家与地区关于农村劳动力就业转移的政策与措施,而应该走中国特色的农村劳动力转移之路。

在农村发展方面,与城市化和农村劳动力就业转移相对应,英、日、美等发达国家的农村地域经历了较长时期的缓慢衰退过程,农村人口数量减少,村庄撤、扩、并是自然的选择过程。而中国城镇化时间较短,并且在1978年至2001年间,农村人口基数仍在增大,其中1996年中国农村人口是1978年农村人口的107.6%,即使是2008年,中国农村人口数仍然是1978年的94%。目前,中国城镇化水平达45%,城镇总人口达6.21亿(含农民工1.2亿),但仍有7亿多农民。为减少村庄人口,中国有些省份简单地采取行政村撤、扩、并,但效果不是十分显著,尤其是对一些农村人口仍在增长的地区来说,更无必要进行行政村的撤、扩、并。中国农村的继续发展在一定时期、一定区域仍是不可避免的。

在农业生产方面,英、美、日等发达国家与地区,随着农村人口稀疏化和农村聚落的自然衰退,农村地域成为人少地广的地区。虽然我们依靠现代农业生产的组织与管理,运用新科技、新工艺发展农业生产是较好的选择,这会大大提高农业生产效率,节约劳动时间,但很难提高土地产出率和土地的总产出,尤其在中国农村人口和劳动力相对稳定的情况下,农村人均收入和劳均产量将不会有较大的提高。

另外,通过对发达国家中的欠发达农村地区的开发案例的研究,可以发现,欧美发达国家对欠发达农村地区开发的目标明确,政策措施针对性强,实施方案具体得当,并且开发适时适度,最终取得预期效果。相比之下,中国在发展农村地域方面,目标较为宏观、抽象,预期的经济指标不确定因素较多,地域开发中“重城市(城镇)、轻农村”,政策措施地方性、时效性不强,并且农村地域作为欠发达地区开发的具体实施方案也较为少见,等等,这些问题都必须针对特定的农村地域,进一步深入研究。

(四)关于农村地域开发的途径选择

农村地域开发的宏观目标方向已确立,那么农村地域究竟怎么开发,实施途径如何？这是必须要回答的问题。

农村地域与城市、城镇之间是相互依存的血脉关系,它们之间既有互促的正面作用,也有相互制约的负面影响。农村地域开发,既要优化地区以城市、城镇为主体的实体经济结构,又要避免中国城镇化过程中对农村地域经济社会环境等领域所带来的问题。通过农村地域与城镇的互动关系研究,为农村地域开发的途径选择指明新方向,消除中国城镇化过程中城市、城镇与农村之间的相互对立,打破重城市、城镇发展而轻农村地域开发的习惯思维。

社会主义新农村建设的提出已有多年,新农村建设的内涵与目标等问题已经多方学者、专家讨论与研究,其成果对当前和未来农村地域开发与规划研究都将产生极大的影响。但是,社会主义新农村建设的提出有其特定的历史背景和宏观条件,新农村建设的内涵与目标等内容较适合于国家宏观战略层面的研究与决策,具有较普遍的指导意义,而无法作为农村地域开发的实施依据。尤其是对特定的农村地域空间单元来说,在确定开发途径时,必须要深入研究地域开发的目标层次,要有针对性强、切实可行的农村地域开发思路。

农村地域开发的途径选择离不开"三农"问题。根据农村地域开发的基本点和宏观目标要求的研究结果,发现"三农"问题的解决可通过如下路径:

1. 产业发展

农业发展要与农村地域产业发展方式的转变相结合,加强农业现代化的建设,推进农业生产产业化、调整农产品结构,积极开展农工商贸多种经营等。在产业空间上,主要实施对农业产业组织进行改造,调整和优化产业空间结构,进行产业集约化、集群化,对产业布局进行调整等。

2. 农民就业转移

在城与乡之间,结合产业发展模式,因地制宜,加速推进第二、三产业劳动力为主的城乡劳动"就业人口蓄水池"建设,以培育简单体力劳动为主,发展具有一定规模非农产业就业岗位的行业。

3. 农村社区建设

建立与农村地域农民就业结构变化相对应的农村社区发展模式。实施农村城镇化、农村农庄化和农村栖息化等多重农村地域社区空间结构,以满足未来农村地域城乡人口交汇、多元的结构体系,以建设社会主义新农村,建设生态环境优越的农村社区。具体实施过程中,可以集中有限的财力、物力,着重加速对具有"乡村蓄水池"功能的农村地域的发展。

(五)关于乡村规划体系

《中华人民共和国城乡规划法》(2008 年 1 月 1 日施行)明确了中国城乡规划体系,包括城镇体系规划、城市规划、镇规划、乡规划和村庄规划,并且进一步规定了城市规划、镇规划分总体规划、详细规划两个阶段,但没有明确乡规划和村庄规划的阶段划分。虽然《村镇规划编制办法》(试行)(2000 年 2 月 14 日)明确了村、镇规划的总体规划和建设规划的两个阶段,但是新版《镇规划标准》(GB50188—2007)将镇规划的相关规定从《村镇规划编制办法》(试行)(2000 年 2 月 14 日)和《村镇规划标准》(GB50188—1993)独立出来,从而使乡规划和村庄规划编制体系缺乏最新的标准与依据。

《中华人民共和国城乡规划法》规定:"县级以上地方人民政府根据本地农村经济社会发展水平,按照因地制宜、切实可行的原则,确定应当制定乡规划、村庄规划的区域。在确定区域内的乡、村庄,应当依照本法制定规划,规划区内的乡、村庄建设应当符合规划要求。"与此同时"县级以上地方人民政府鼓励、指导前款规定以外的区域的乡、村庄制定和实施乡规划、村庄规划"。据此可以说明,乡规划和村规划的编制体系和有关内容可以结合各县(市)农村地域开发的实际情况,作具体的规定。

乡规划和村庄规划是实施农村地域战略规划的法定依据,农村地域的开发建设活动必须遵照相关规划,在乡、村庄规划确定的乡、村庄规划区范围内进行。而乡、村庄规划区范围的划定必须在总体规划层面中解决。虽然镇总体规划和乡规划还应当包括本行政区域内的村庄发展布局,但它除可以划定镇区和乡所在地村庄规划区范围外,无法划定其他村庄的规划区范围。因此,从落实与深化农村地域建设用地导控要求的角度看,村庄总体规划和建设用地控制规划是不可避免的两个规划层次。

(六)关于农村地域发展规划研究

农村地域发展战略规划范围研究的划分存在较大的不定性,由于农村地域的中心村对基层村的服务功能弱,中心村与中心村之间的农业生产结构雷同,农村地域产业功能分工不强,区域产业影响力不大,过多的农村地域单元划分,失去了农村地域开发规划应有的意义。但是,从市、县至镇的行政区划建制存在着多层次性,以政府为主导的农村地域开发主体多元,相应的各级行政单元都可能作为农村地域的开发单元范围。因此,农村地域发展战略规划研究范围以可能作为农村地域开发的空间单元为界展开,则可以分为市、县、镇三个层次。

虽然农村地域发展战略规划范围具有多个层次的不同划分特点,会有不同的空间战略研究方法与深度,但是总体较为接近,如农村地域的产业、人口、用地、建筑和生态环境等几方面都是不可或缺的内容。

农村地域发展战略规划是未来农村地域产业发展和农村地域"劳动力蓄水池"建设的主要依据。开展农村地域发展战略规划,对落实政府解决"三农"问题的有关政策和新农村建设的具体目标具有积极的意义。地方各级政府可按照自身的发展要求,制定行政区划范围内的农村地域发展战略规划,为制定具体的农村地域开发措施与策略、实施村庄规划提供依据。

(七)关于农村地域特色建筑空间

中国农村地域传统的建筑与空间颇具特色,这主要是由于广阔的农村地域自然环境条件千差万别,历史文化底蕴深浅不一。另外,不同地区的社会生活、经济技术条件差异也较大,致使长期以来形成了不同地区颇具地域特点的特色建筑与空间。

农村地域特色建筑的保护与利用始终是一对较难处理的矛盾。原样保护能较好地反映地域文化与建筑文明的特征,但不能适应居民生活方式的变化,这给实际保护工作带来很大的难度;而如不加保护地开发与建设农村地域建筑,不仅使农村地域的特色建筑与空间加速消亡,而且会产生千村一面,甚至杂乱无章的乡村建筑环境。因此,应根据建筑审美的客观要求,在确立农村文化基石,奠定农村地域建筑文明的根基的基础上,采取继承和发展农村地域特色建筑的措施。

与此同时,通过对传统特色建筑空间的布局与组合,建筑外观、结构与材料等元素加以系统的分析与研究,笔者论证了在中国60多万村庄中建设农村地域特色建筑与空间的客观可能性。本书结合江、浙、赣、皖等部分地区农村地域特色建筑与空间的典型案例分析,提出了农村地域特色建筑与空间研究的方法,为继承与发展农村地域特色建筑与空间提供思路。

第三节　研究目的

一、研究目的

当人们横跨大江南北、辗转东西山水、品味如画景致、感受淳朴民风的同时,也常会发现一些被城市规划与建设用地置换成基本农田保护区的山丘梯田、坡地庄稼,甚至还会看到曾在记忆中积淀多年、只能适合于牛拉肩扛的农耕场景,不过,应该知道这不是生态农业、生态旅游的空间延续,而是一种生存状态与真实的农耕文化展现。

显然,现代文明的阳光还不是十分强烈地照耀到农村地域这片普遍真实的土地上,才使其比较安详地延续着农业时代不变的传统。当中国 2009 年城镇商品房均价已达 4695 元/平方米,而农民的年人均收入仅为 4761 元时,这使人感受到这不仅仅是"城市文明扩散距离的递减规律",而更是农村地域对中国城镇化的最终支持。城镇化是农村发展的必然阶段吗? 那么,欠发达的农村地域城镇化道路又该如何走?

美国规划院校联合会前主席 Hock 曾说过,规划是一种对发展理由的寻找。据此,我们的城市规划理由充足吗? 农村地域开发规划怎么做? 规划性应为之做些什么? 本书只能说是一份尽力而为的答卷,而离完美相差甚远。

二、未尽的课题

（一）理论研究的实践验证

近 10 多年来,中国学术界对关于农村问题的研究已在不断展开。无论是农村经济体制、民主制度建设,还是农村社区、空间形态和乡村景观等领域,都已涌现一批较为系统的研究成果。尤其是中国政府对"三农"问题重视程度的加强和社会主义新农村建设的向前推进,各级政府部门结合自身职能特点,相继组建类型多样的"三农"问题研究课题组,从不同角度,对中国的农村地域有关问题进行了基础研究,成绩斐然。但是,目前的相关成果,基本上仍然停留在理论研究阶段,与中国实践相差较远。主要表现在:

1. 以借鉴国外经验为主,脱离了中国的农村人口年龄结构和土地制度。

2. 以研究者的角度为主,脱离了中国的 7.24 亿农民的实际生活、地域经济特点。

3. 以城镇化的视野为主,脱离了中国的农村地域传统人文基础和思想认识水平。

……

为此,笔者期望有更多的有志之士,针对中国农村地域的相关问题进行切实研究。

(二)战略规划的法定评价

中国的问题是农村问题,农村解决了,中国的问题就迎刃而解。农村要发展,必须要开发农村地域。农村地域开发并不能像城市、城镇一样,大搞建设,而是应根据农村地域特点,围绕"三农"问题,用战略的眼光,进行全方位审视与决策。从产业发展看,它包括农业、工副业和商业服务产业等;从社会事业看,它不仅像城市、城镇一样,要建设具有相当吸引力和设施水准的公共设施,而且要针对农村地域社区特征、文化水准和思想观念,研究农村地域社会生活空间与场所设施;在生态环境方面,农村地域不仅是环境保护问题,而更重要的是自然生态环境建设与自然景观的营造问题。与城市、城镇相比,农村地域不仅涉及面更广,区域空间也更广阔。而且它关系到中国国民的生存底线、生活保障与发展前景,因此法定管制的空间要素就比较多。如:

1. 耕地与基本农田。这关系中国粮食安全的基本问题,农村地域不可回避地面临着 18 亿亩耕地保护线和基本农田保护区空间的落实。

2. 生态足迹与生物承载力。在低碳城市发展模式下,容许的城市生态足迹扩展的农村地域生物承载力要求,如自然森林保护区、风景旅游区等的维护。

3. 洪涝灾害与水环境。关系区域洪涝灾害的生态水环境、泄(滞)洪区等的空间保护与区划等。

4. 区域性基础设施与廊道。区域性基础设施建设和维护,空间与廊道保护等。

5. 乡村开发建设与特色保护。点多布局分散的乡、村庄建设必须在一定规划区范围内进行,法定的乡村规划区范围的划定,应遵照中国现行城乡规划体系的法定要求加以明确与深化;而乡村特色保护工作面临的现实问题则更多,包括文物保护、农村居住保障和物权关系等。

据此,农村地域发展战略规划的法定约束因素较多,有待于研究的现实问题较为复杂。在战略规划过程中,着重要处理上述法定管制的空间关系问题;继之,其规划成果的实施与深化,也依靠法定的乡规划、村庄规划来实现。中国现行关于农村地域发展战略规划实为少见,可以借鉴的相关文献不多。而本书提供的有关农村地域开发与战略规划实属皮毛之见,但愿它能成为一块试水之砖,激发更多同仁参与研究农村地域,多出美玉之作。

(三) 宏观政策的微观评定

30 多年来,中国政府没有停止过对农村地域发展的支持。进入 21 世纪后,陆续出台的中央 1 号文件,更是将农村地域的发展问题置于首位,中央每年投入农村基础设施建设资金约为 4000 亿元,今后还会继续增加。地方政府围绕解决"三农"问题,配合中央政府,对农村在金融、财税等方面给予支持,农民在基本养老、医疗保障、义务教育等方面也得到了一定改善。

尽管如此,中国农民与城镇居民的收入差距仍在扩大,农村地域区域差别也很大,农村地域居民总体消费需求层次低下,消费结构不尽合理,生活水平难以提高。家电下乡、汽车下乡甚至是股票下乡等政策一定程度上拉动了内需,活跃城乡经济,推进市场发育,提高了农民消费水平,改变了农民生活方式,改善了农民生产和投资环境,但这只能惠及中国 7.24 亿农民中少部分较为富裕的农村消费者和下乡产品的生产厂家,农民总体收入水平并未提高,农村地域不同地区的差别依然未变,发展条件千差万别;此外,长期的"下乡活动",会使滞留于农村地域的资金流发生改变,可用于农村地域开发的农民"原始资金积累"减少,这有可能引发新的城乡收入差距。

因此,有必要在宏观惠农政策方针下,建立农村地域不同地区固定的政策检测基地,形成上下互动、宏观微观结合的联动机制。应改变长期以来由地方统计部门专职调查人员担任农村抽样采集的单向指标获取机制,建立由农村地域专职人员、社会化服务人员和中央直属机关人员共同参与的政策检测队伍,为深化与完善农村地域发展政策提供支持。

第二章　农村地域开发的基本点

第一节　中国农村体制变革与地域经济发展历程

一、农村政策体制变革

中国农村改革和发展经历了极其复杂、曲折的演进过程。总体来说，从 1978 年农村改革开始到 2003 年前后，农村改革以"减弱控制"为主要特征；2004 年以后，农村改革以调整国民收入分配结构、扩大农村公共品供应为主要特征。党的十七大以后，农村改革进入统筹城乡发展、深化综合改革的新阶段。

（一）计划经济体制阶段

新中国成立后至 1978 年，中国乡村实行的是以人民公社为主体、由人民公社—生产大队两级管理的管理体制。这一时期，农村劳动力收入虽然按工分计酬，体现了一定的按劳分配。但是，在有计划按比例发展与分配社会各部门生产和生活资料的计划经济体制下，生产、生活必需品大多表现为平均主义的分配形式，农村劳动力的生产积极性得不到有效发挥，其结果是农村生产力低下，农产品和社会商品短缺，乡村发展缓慢。

（二）土地承包经营体制改革阶段

1978—1985 年，中国实行了以家庭联产承包责任制为重点的农村经济体制改革，这大大提高了农民生产的积极性与主动性，解放与发展了农村生产力。部分人多地少的农村地域,劳动力开始从种植业(土地)中脱离出来,而转向副业或商业服务业,农村经济得到了较快的发展。

(三)农村经济结构变革时期

1985—1998年,这一时期,随着农业生产的进一步发展和农村劳动力的逐步转移,中央政府旨在调整农村产业结构,解决农村剩余劳动力的相关政策陆续出台,主要有:

1. 1985—1992年之间,推行农产品流通体制改革,调整农村产业结构与发展乡村、乡镇企业,这有力地促进了农村劳动力"就地"向非农产业转移。

2. 1992—1998年,改革的重点是稳定土地承包关系,减轻农民负担,深化粮食流通体制改革,推进乡村、乡镇企业转变经营机制,发展农业产业化经营。这一时期初步形成了以家庭承包经营为基础,以农业社会化服务体系、农产品市场化经营体系和国家对农业的支持保护体系为支撑的农村经济体制。

随着农村经济结构的变革和国家将改革目标转向城市,城市经济发展速度开始加快,从农村脱离出来的非农劳动力由"就地"转向乡村、乡镇企业,逐步走向"异地城镇化",城市、城镇得以快速发展,而农村发展相对缓慢。总体上看,这一时期,我国的农村是在为城市、城镇"输液"。

(四)农村社会的变革时期

1999—2008年,农村以"输出"为主的经济社会弊端日益显现,诸如就业、教育、医疗等社会问题在农村变得突出。高等教育是农村人口城镇化的重要途径,农民家庭成为高等教育市场中最大的消费群体,"读书把父母读穷"现象时有发生,农村大学生剧增,就业问题日趋严重。"农民务工流"也成为一大社会现象,有关进城务工的农民工的种种问题开始显露,因此国家进一步重视农村社会经济的发展,出台了一系列的方针政策。

1998年以来,中央政府连续出台几个1号文件。国家开始重视反哺农业、农村和农民,农村经济得到发展,农民生活有所改善。首先,国家免除了农业税,并取消了许多相关费用;其次,逐步开始扶持和补贴农业生产经营活动,农民的农业生产积极性开始逐步恢复;第三,加大对农村地域农田水利基本建设的投入,提高农业生产效率,增加农民收入,农民生活开始得到改善。同时,覆盖范围越来越大的农业合作医疗机制正在改善农村社会的福利环境,农村社会事业发展已加快;尤其是社会主义新农村建设目标的提出,农村经济、社会和环境的综合协调发展将是必然的方向。因而,与上一阶段相比,农村社会经济发展不仅在速度上相对有所加快,而且在广度上更为综合、全面。其中,在1998—2003年间,中国农村的变革主要有:解决了温饱问题;农村市场体制建立,乡镇企业发展,促进农村人口开始城镇化,居民收入提高;城镇数量与质量提高,农村人口跨越历史最高位,开始逐步减少。

2004年以后,农村改革以调整国民收入分配结构、扩大农村公共品供应为主要特征。党的十七大以后,农村改革进入统筹城乡发展、深化综合改革新阶段,并为全面建设小康社会作体制准备。

从20世纪70年代起至现在,农村政策体制变革、农村经济发展以及农村劳动就业改变的沿革可归纳成图2-1所示。

二、农村社会经济的发展历程

(一)农村社会生产力的解放与发展

1978年至80年代初期,随着农村土地承包到户,农民生产积极大为提高,农村劳动力得到了充分利用,农业资源与农村劳动力得到良好结合,农业生产发展迅速,并向深度发展;继而,新型农业生产资料的运用和农业新技术的逐步推广,农业生产方式不断革新,农村社会生产力得到进一步的发展。这一时期,农村人口过剩问题已显现,农民由从事农业的单一经营向多种经营转移,为推进第二、三产业奠定基础。

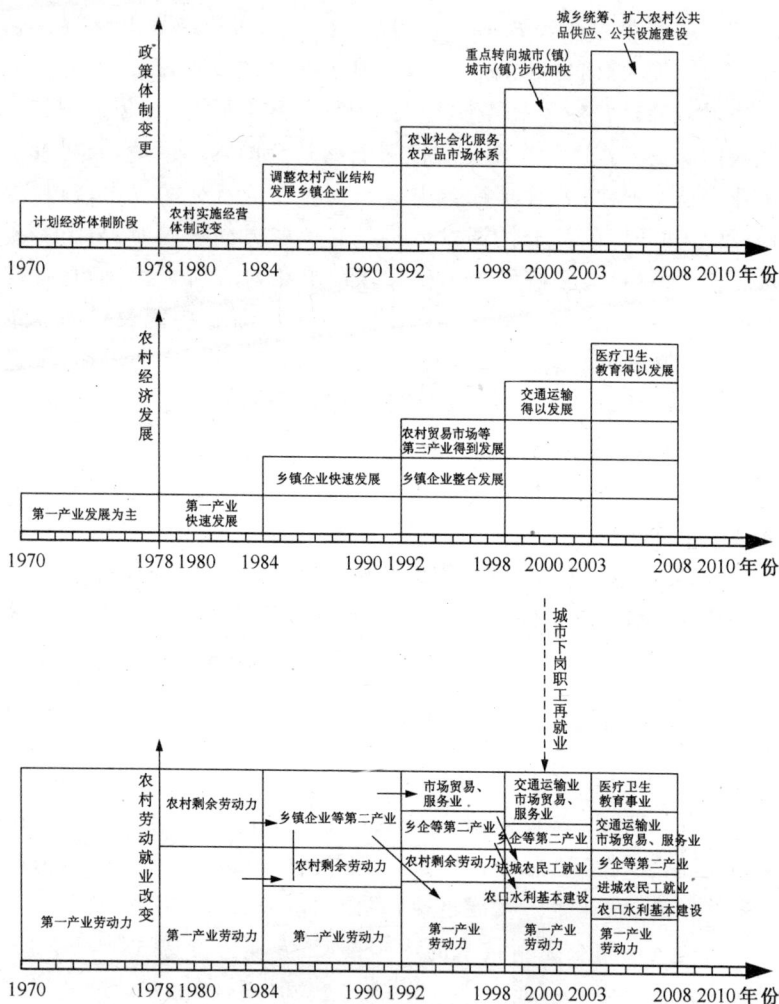

图 2-1　中国农村社会经济体制发展沿革示意图

（二）农村地域非农产业的突起

1984 年 3 月,党中央、国务院发布 4 号文件,确立了乡镇企业在国民经济中的重要地位,社队企业正式改名为乡镇企业,把联办企业、户办企业都包括进去,允许突破原来"三就地"(就地取材、加工和销售)的限制,并在政策、舆论、资金、技术等方面给予大力支持。沿海发达地区始于 20 世纪 80 年代中期,过剩的农村劳动力开始快速转向非农业生产,人多地少的市、县,在当时"离土不离乡"的政策背景下,其农村地域"自下而上"的乡村工业、集市贸易业得到发展,尤其在经历较长时期"商品短缺"的历史条件下,首先激活的乡村非农产业发展更为迅速。从 1984 至 1988 年,中国乡村、乡镇企业从业人员从 5028 万人增加到约 9500 万人,增长 89.8%;总产值从 1245.4 亿元增加到 4428 亿元,增长 2.6 倍,年均增长 37.3%。

这个阶段,乡镇企业的空前发展促进了农村劳动力的快速转移,但是所发展的行业与农业、农村相关度低,许多行业在产业链上却与城市大、中型企业有密切的关联,部分甚至是城市一些企业转移至农村地域的结果,因此其与城市之间有着一定的纵向分工。

大多数农村地域乡镇、乡村企业在创建之初,走的是粗放经营为主的发展道路。如,20 世纪 80 年代中后期,在乡镇企业设备总量中,大约有 50% 的设备是国有企业淘汰的陈旧设备,综合要素生产力低下。乡镇企业的高速度发展大都是靠劳动力和资金的投入,扩大生产规

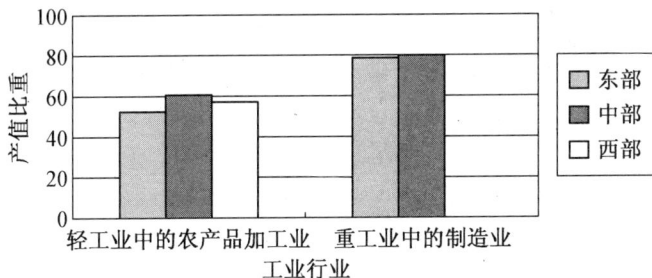

图 2-2　20 世纪 80 年代中后期工业行业构成

模来维持的。在当时的短缺经济环境下这是不可避免的,但从长远看,要实现乡镇企业的可持续发展,必须先促进其由粗放型向集约型转变。

此外,不同地区结构相似,产品雷同。在轻工业结构中,无论是东部、中部还是西部地区,以农产品为原料的轻工业所占比重大体相同,分别为 52.4%、60.4%、57.3%。在重工业结构中,东部和中部地区制造业的比重分别为 78.9%、79.4%。产业结构相似,产品雷同,难以集中人力、物力、财力形成规模效益,这为以后的持续发展埋下隐患。

(三)乡村社会经济的整合提高

1988 年前,乡村非农产业的发展多以自发和鼓励为主,并以当时的乡村、集镇和小城镇为载体,在发展行业上,不仅东部、中部和西部不同地区的产业结构相似,而且乡村、乡镇企业与城市企业结构雷同,在国内市场饱和的情况下,产能过剩问题开始显现;在空间分布上,广大乡村、乡镇企业布局比较分散,部分产能重复建设、初级产品质量低下。在某些农村地域出现"村村点火、户户冒烟"的低劣环境。在景观上,"过了一村又一村,村村像城镇,走过一镇又一镇,镇镇像农村"(朱镕基,2001),镇镇千篇一律,面孔如一的特征较为普遍。1989—1991 年农村地域以整顿提高为主,改变发展方式为主流。相应的乡镇企业由于治理整顿等原因进入低潮,年均增长仅为 8%,吸纳劳动力成了负数,很多职工回到土地中去。但是,也有部分乡镇企业因其灵活的市场机制和"草根工业"的顽强生命力,在国内市场相对饱和的情况下,开拓了国外市场,使外向型经济得以发展。1989 年到 1991 年,乡镇企业出口交货值由 371.4 亿元增加到 669.9 亿元,年均增长 34.3%,很多企业在此时期积蓄了力量。这个阶段在中国东部发达地区,大力发展了"三来一补"的劳动密集型产业,吸纳了内地大量的劳动力。

(四)乡村社会经济的超常发展

1992 年初,邓小平同志在南方发表重要讲话,把中国改革开放引向一个新的阶段,"南行讲话"给了亿万农民和广大乡镇企业干部职工极大的鼓舞。继外向型经济的发展,在中国东部地区,一些国外市场开拓得较早的乡镇企业率先活跃起来,从而进入高速增长的轨道,年均增长达到了 52%。中国各地创造了"五个轮子一起转"的发展模式,乡镇企业迎来了改革开放以来的第二个发展高潮,其又一次大量吸纳了农村劳动力。

（五）调整重组发展

1997 年,中央下发了中发〔1997〕8 号文件,国家出台《乡镇企业法》,国务院召开乡镇企业会议,推动了乡镇企业实行两个根本性转变。其一是调整。由于部分工业和农业产品相对过剩,加上亚洲金融风暴的冲击,中国对农村地域乡村、乡镇企业又一次实行了战略性的结构调整,调整目的是解决工业行业和产品两个"同构"的问题。其后农村乡镇企业大为缩减,农村劳动力的转移出现了大面积滑坡。其二是重组。由于一部分市场基础较好的外向型乡镇企业走向规模化、高科技化的生产经营之路,企业竞争力强,发展后劲足,而部分乡镇企业由于结构调整而开始跌入低潮,企业间"两极分化"步伐加快,为此,为提高企业在行业中的地位,进一步拓展生存发展空间,企业之间的兼并与重组成为必然的结果。总体而言,这一时期,企业利润增长相对变缓,1997 年的利润总额比 1996 年增长 17.4%。1998 年比 1997 年增长了 17.3%,1999 年又比 1998 年增长了 14%。

（六）21 世纪"三农"问题探索

农村社会经济自农村生产力的释放起,经历了非农产业由乡镇企业的异军突起、整合提高、超常发展和调整重组四个环节曲折前进、螺旋式上升的过程,乡村非农产业发展质量大为提高,部分农村地域也因之加速了城镇化步伐。然而,中国农村的社会经济并非因之而达到了整体提高的目的。相反,与城市、城镇社会经济相比,中国的农业、农村、农民等"三农"问题与矛盾依然突出(温家宝,2005)。进入 21 世纪,"三农"问题已成为中国进一步发展所必须破解的难题。近年来,中国通过实行积极的财政政策、激活内需,大力发展农田水利、交通、通信、农村电网、流通市场等基础设施建设,综合治理生态环境,积极扶持发展有中国特色的多元城镇化(大中小城镇多层次发展)建设,这些旨在农村劳动力再解放的政策和措施,开辟了农村社会经济发展的新空间。但是农民是否能持续非农化,甚至城镇化,还有待于进一步探索。

第二节 农村社会劳动力转移特点与问题

劳动力转移变化基本上与经济的波动周期相吻合。新中国成立之初,政府实行土地改革政策,第一次解放了农村劳动力,开辟了农村劳动力同社会主义结合转移的新途径。改革开放以后,实行联产承包责任制和发展乡镇企业,第二次解放了农村劳动力,为实现部分农民奔小康和解决农民温饱问题发挥了巨大作用。21世纪,中国已进入了新的发展阶段,农村劳动力转移过程中出现了新的动向,但总体上仍然以农村劳动力流向城市、城镇为主,这种"流量、流向"取决于城镇、城市容纳农村劳动力的能力。2008年,受国际金融危机影响,中国沿海发达地区城市外向型出口企业首先受到冲击,继而影响农民工就业,一度形成了农民工返乡热潮,农民工再就业成为政府工作主题。2009年,由于中国加大投资等经济刺激计划,中、西部地区就业面得到拓展,而沿海部分地区却出现用工不足现象。

一、农村劳动力的转移特点

(一)农村劳动力的转移过程

从1978年起,中国走上了改革开放的道路,探索并寻求了解决农村劳动力过剩的问题,也获得了不断创造新的机遇和条件。1978—2008年的30年间,农村劳动力转移可分为两个阶段。

1978—1997年,主要是以发展乡镇工业企业和农村市场贸易业等乡镇第二、三产业为主,促使农村劳动力就近、就地转移,期间中国每年转移约 950 万～1100 万人。

1998—2008 年,中国农产品已为丰年有余,多数农产品由短缺变为相对过剩,有效需求严重不足。国家实施了积极的财政政策激活内需,但效果不十分明显。中国的农村劳动力转移进入了一个新的发展阶段,由乡镇企业、农村市场贸易业转移为主渠道逐步向加速城镇化、建立要素市场和扩大建设基础设施、治理生态环境等多渠道转移。期间,中国每年转移农民工约 800 万～820 万,主要转移的地域分布在湖南、四川、河南、山东、安徽以及西南各省市。

1. 以乡镇非农产业就业为契机的农村劳动力转移特点

中国农村劳动力就业转向非农产业,没有走西方城市化的道路,而是起始于转向乡镇第二、三产业为主的特点,并随着中国改革开放的不断深化逐步推进。

改革开放的前 10 年,农村农业劳动力占中国社会总劳动力的份额由 73.8％下降到 60.1％,平均每年下降 2.26％,这期间下降幅度是前 26 年的 1.41 倍。这期间农业劳动力份额的迅速下降,是在社会总劳动力的年增长率明显高于前阶段的情况下实现的。年均大体转移约 850 万个劳动力,其中向城镇转移占总量的 16％,而向农村非农产业转移占总量的 80％以上。这一时期的特点是:

(1) 进厂脱农倾向明显

与农村地域非农产业发展构成特点相对应,农业劳动力主要转移到乡镇企业中。1988 年在 1.2 亿左右非农产业的农村就业人员中,进入乡村、镇企业约 9500 万人,占农村非农产业就业人员总数的 77.5％。与乡镇企业大多行业构成相关,非农劳动力就业中,大多偏重于农产品加工业之外的行业,与农村、农业关联度低,其中农村地域非农产业就业构成中,农产品加工、纺织、服装等与农相关行业的就业劳动力占比仅为 7％左右(1987 年仅占 6.27％)。

(2) 农村地域空间占主导的亦工亦农兼业型显著

1987 年,据中国 11 省 222 村抽样调查统计,与乡镇企业 80％分散在村落原野、12％分布在集镇、8％分散在建制镇相对应,在异地转移的26993农村非农化就业人口中,农村间流动占48.5%,流向集镇占5.3%,流向县城及建制镇占12.1%,流向中小城市占29.4%,流向大城市占3.8%,出国占0.6%。在大多数地区,绝大部分转入非农产业部门的农村劳动力并没有完全脱离农业,放弃土地承包权,仍然用闲暇时间或用家庭辅助劳动力来经营农业。有相当多农村劳动力属于季节性转移,农忙务农,农闲务工经商,也即近60%是"兼业型"转移。

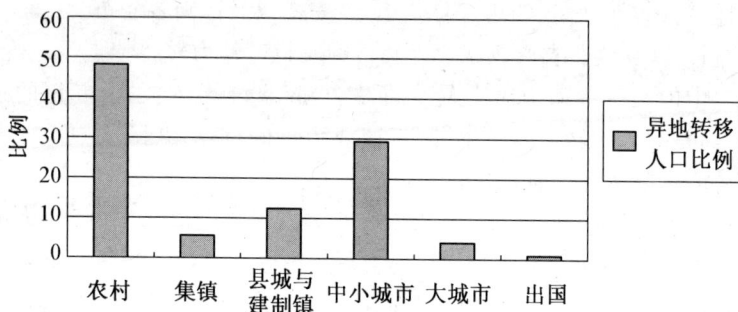

图2-3 20世纪80年代中后期农村异地转移人口构成

（3）以单一的体力劳动为主,技能劳动比重低、布局分散、层次重复

这一阶段非农化农村劳动力的特点是:总体素质偏低、技术粗放和地域差异不明显。

一是总体素质偏低。据1986年统计,在152万个乡、村两级企业中,专业技术人员只有63.5万人,平均每个企业为0.4人,拥有的技术人员又大都是从城市高薪聘请的。

二是技术粗放。非农化农村劳动力从事的行业大多是传统的劳动密集型行业。建筑、食品、纺织、服装、皮革等劳动密集程度较高工业部门的非农化从业人员占乡镇工业从业人员比重达半数以上。

三是区域差异不明显。20世纪80年代,与不同地区的乡镇企业大多分布于农村地域,以及和中西部重工业、轻工业内部结构雷同的特点相对应,中国的乡村企业所吸收的非农化农村劳动力比重高。如,1987、1988 两年,农村外出非农化劳动力中,流入乡村、乡镇企业劳动力占非农化劳动力的 50% 左右。在这种情况下,农村非农化劳动力只能实现低层次的快速转移,这在加速了 20 世纪 80 年代农村劳动力非农化的同时,有碍于劳动力素质的提高和后来非农化的持续提升、城镇化的延续推进。

(4) 农村剩余劳动力由隐性变为显性再到转移

农村实行生产责任制后,土地经营和农产品分配方式发生了根本性变革,农业劳动生产率大幅度提高,大量边际生产率为零的农村过剩劳动力,从长期的隐伏日益成为显性状态,在量上日益严重化,各种形式的农业剩余劳动力占农村劳动力总数的 30%~50%。中国改革开放以来,乡镇企业、村办企业和个体手工业的发展虽然存在许多亟待解决的问题,但其把仅消费而不生产的农村剩余劳动力,变为既消费又生产的第二产业就业人口,因之增加了经济总量,继而推动农村经济增长与就业结构变化,它所发挥的作用是巨大的。

(5) 从空间看,表现为以乡村为主导的多层次性

1990 年之前,中国农村劳动力非农化转移空间分 4 个层次:

一是农村地域。1980—1988 年,中国农村劳动力非农化转移近7000 多万人,其中,1988 年乡村集体工业吸收 3507 万人,占当时中国农村劳动力 4 亿左右的8.8%;从事农村第三产业,如交通、商业、饮食及其他行业达 264 万人;而从事农村家庭工业达 1769 万人。

二是城市、城镇、工矿区。其中,工矿临时工、合同工吸收的非农化农村劳动力达 160 万人。

三是城乡交叉地域。其主要是遍布中国城乡建筑行业约有1525 万人的建设大军。

四是境外地域。此时期输出劳务人员有了良好的开端,中国已达 35 万人,每年劳务收入创汇 11 亿美元。

2. 走向加速城镇化建设的多元就业并重的格局

1989—1991 年间,随着农村地域乡村、乡镇企业的整顿提高,和发展方式的改变,乡镇第二、三产业在发展中,经历了整合与调整的

过程,尤其是乡镇企业发展环境受到影响后,吸纳的就业增幅下降起,中国出现了数千万非农化农村劳动力跨地区流动就业的"民工潮",标志着农村非农化人口就业走出单纯农村的范围,走向广阔的创新之路。农村就业和城市就业开始直接交汇。农村非农化人口除了就地进入非农领域就业外,向农村外的城市、城镇转移明显加快。这就导致城市人口就业问题逐渐突出。下岗人员再就业关系国家改革和社会稳定,进城农村非农化就业人口因此受到冲击;受1997年亚洲金融危机、2008年世界金融危机的影响,国家宏观经济面临不确定的因素较多,农村劳动力非农化外出就业、农民收入遇到很多难题和挑战。

这一时期,通过政府、企业、农村等多方努力,在中国形成了城镇化、要素市场、农村基础设施、开发性农业、综合治理生态环境与建设等多领域多元流动的非农化就业格局,其中包括家庭经济就业、自我组织和合作创办企业就业、打工就业等3种主要就业形式,和适应多种经济成分发展、走向竞争性的市场就业形式。从居住地至就业地的关系看,非农化就业人口总体上仍包括亦工亦农就地就近转移和外出(县域外)异地就业转移两种。从非农化就业数量看,外出异地就业转移人口有所增加。其从1988年的0.34亿人上升为2007年的0.65亿人。但期间,农村就地就近转移的非农化(含亦工亦农人口)就业人口转移仍是主要的,其从1988年的0.65亿人增加至2007年的1.4亿～1.5亿人(见表2-2)。

表2-1　全国城镇人口及构成　　　　(单位:万人)

年　份	调整后城镇人口	调整前城镇人口	暂住人口
1978	17245	17245	0
1980	19140	19140	0
1985	25094	25094	0
1989	29540	29540	0

续表

年　份	调整后城镇人口	调整前城镇人口	暂住人口
1990	30195	30191	4
1991	31203	30543	660
1992	32175	32372	197
1993	33173	33351	178
1994	34169	34301	132
1995	35174		
1996	37304	35950	1354
1997	39449	36989	2460
1998	41608	37942	3666
1999	43748	38892	4856
2000	45906		6000
2001	48064		9000
2002	50212		
2003	52376		
2004	54283		10700
2005	56212		15000
2006	57706		12800
2007	59379		10400
2008	60667		
2009	61200		12000

注：本数据来自国家统计局,其中：

1. 调整前城镇人口中：1982 年普查数据以前数据为户籍统计数；1982—1989 年数据根据 1990 年人口普查数据进行了调整；1990—2000 年数据为人口变动情况抽样调查推算数。其不包括城镇暂住人口。2000 年后不存在调整前人口数据。

2. 调整后城镇人口中：1982 年普查数据以前数据为户籍统计数；1982—1989 年数据根据 1990 年人口普查数据进行了调整；1990—2000 年数据根据 2000 年人口进行了调整（表 2－2 亦同）；2001—2004 年、2006 年和 2007 年数据为人口变动情况抽样调查推算数；2005 年数据根据全国 1‰人口抽样调查数据推算和按性别分人口中包括中国人民解放军现役军人，按城乡分人口中现役军人计入城镇人口，其包括城镇暂住人口。

3. 暂住人口中：2001 年的数据来自原建设部部长汪光焘同志在 2002 年所作的城乡工作报告，2007 年的数据为公安部登记的暂住人口数。

表 2－2　1988 年与 2008 年农村劳动力构成比较（单位：亿人）

年份	农村劳动力总计	农村一产劳动力（农业劳动力）	农村非农就业劳动力		
			小计	乡村亦工亦农就业人口	外出城市、城镇就业人口
1988	4.0	3.2	1.0	0.65	0.3
2008	4.7	3.1	2.0	1.4～1.5	0.5～0.6

注：农村劳动力、农村一产劳动力和非农就业劳动力小计数据来自国家统计局的数据。

（1）家庭经济的就业

农村经济体制改革之前，农村劳动力使用土地生产资料是不自由的。农民除了少量自留地外，不占有其他生产资料。土地承包到户和市场经济体制下的家庭经济体，经营业主则可对所拥有的资产进行自主经营、自我积累。经营业主不但可以投资投劳发展农林牧副渔业，而且可以兴办家庭工厂或其他非农产业。家庭经济体，成为创造就业机会的一种基本载体。

（2）自我组织和合作创办的企业就业

农村非农人口利用家庭、乡村社会资源，自我组织和合作创办发展企业，实现向非农产业的就业转移。这种企业类型包括个体、合伙企业、乡村集体企业或股份合作企业等。这是农民自主创业解决自己的就业，与过去的社队企业类似，但其机制已有变化。

(3) 凭借市场方式打工就业

凭借市场方式打工就业存在于外出就业和乡镇企业两个领域。农村非农化人口外出就业分为自营和为别人做工两类,后者才是靠价格机制组合劳动力资源供求关系的市场就业方式;乡镇企业的一部分非农用工也由社区或行政决策主体转向市场化。

以市场方式外出就业的农村非农化人口,在产业空间梯度转移过程中,起重要作用。中国东、中、西三大地区乡镇企业在产业发展和非农化劳力转移上有着不同要求,蕴藏着发展和产业梯度转移的潜力。发达县(市)与中西部低收入县(市)相比,前者不仅乡镇企业发达,而且农业和农业产业化经营亦较发达。近几年来一些多种经营商品基地,也已出现由沿海发达地区向中西部扩散或转移的态势。在不发达低收入地区,外出就业的非农化人口正起着重要的作用。他们凭借外出就业,有可能锻炼成为经历市场经济风雨、见识工业化、现代化世面的经营技术人才和有一技之长的技术工人。他们回乡成为创办企业、发展开发农业和城镇的新生力量,为不发达的地区催生出多方面的经济增长点。

(二) 农村外出劳动力的特点

2000 年以来,虽然农村地域发展受到了中央政府前所未有的重视,但由于发达地区和中心城市的发展惯性作用,农村地域,尤其中西部农村地区的社会经济发展更加满足不了农村劳动力收入水平提高的要求。这一时期,农村地域外出务工的趋势进一步加强,直到 2008 年,世界金融危机爆发,我国沿海城市出口受到严重影响,才出现较大规模的农民工返乡现象。从全国看,外出农村劳动力就业比重占农村劳动力的比重虽然并不高,但是对中西部欠发达地区来说,其所占份额却较大,如湖北省襄樊市农村劳动力外出占全部劳动力的比率为 29.1 %,高出全国平均约 17 个百分点。现就以其为例说明外出劳动力的特点。

1. 受教育程度越高的劳动力外出务工的比率也越高

根据湖北省襄樊市农村劳动力外出务工情况调查,2005 年外出劳动力中,具有小学文化程度的劳动力外出务工的比率为 19.6%,具有初中文化程度的劳动力外出务工的比率为 32.2%,具有高中文化程度的劳动力外出务工的比率为 30.1%,具有中专文化程度的劳动力外出务工的比率为 58.69%,具有大专文化程度的劳动力外出务工的比率为 90.9%。可见,文化程度高、劳动力素质好、接受过技术培训的外出务工人员,较易适应多元的就业环境,在择业竞争中,具备一定的优势,在异地非农化、城镇化中生存能力相对更强(见图 2-4)。

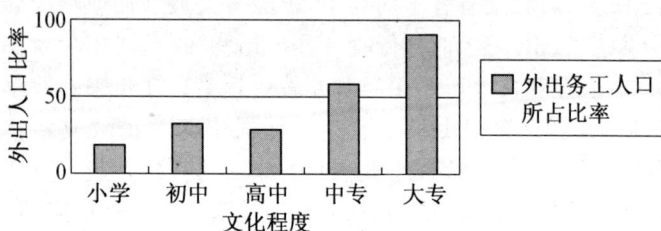

图 2-4　不同文化程度的外出劳动人口比率

2. 东部地区人口流动加剧

由国家发改委和中国农村劳动力资源开发研究会对 38 个县的调查表明,农村劳动力就业的多元结构基本构成是:

(1)可称"留在农业的劳动力",占总劳动力的 56.5%。根据就业类型进一步细分,留在农村的农业劳动力可以分为设施农业和粮食作物生产两大类,前者约占 20%,后者约占 80%。

(2)就地非农化劳动力,占总劳力的 31.5%。促进就地非农化的非农产业有乡村、乡镇企业,包括村镇个私、合伙、集体、股份合作企业以及农村自主经营贸易服务业等第三产业。这类就业人口最大的特点是亦工亦农,兼业性特点明显。

(3)外出(出县)就业 6 个月以上的异地非农化人口,其占农村劳动力的 12%。1987 年对中国 11 省 222 村调查显示:农村劳动力外出主要集中于小城镇和中小城市,其中,外出至东部地区小城镇和小城市异地非农化就业人口占至东部地区异地非农化总人口的

63.7％,而相应的中部地区占比为45.2％(见图2-5)。

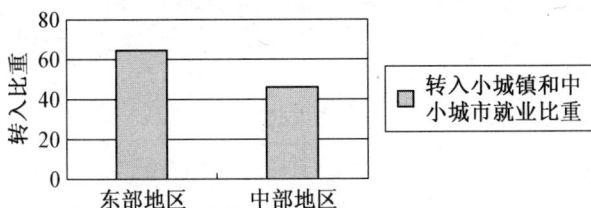

图2-5　1987年中东部小城市(镇)吸收外出流动人口比重

　　从流出劳动力所在的籍贯看,中国由东向西呈现递增趋势,其中,东部地区异地非农化人口占农村非农化人口的21.7％,中部地区异地非农化人口占农村非农化人口的38.6％,西部地区异地非农化人口占农村非农化人口的74.5％(见图2-6)。

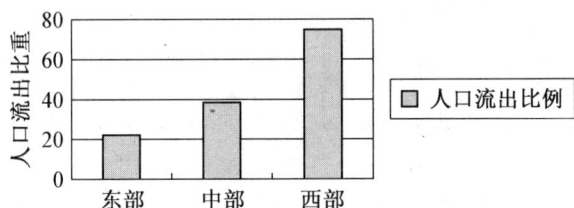

图2-6　1987年东、中、西部外出流动人口占农村非农人口比例

　　从外出务工者的外出地区看,根据湖北省襄樊市农村调查表明(见表2-4和图2-7所示),2003年度,该市农村地域非农化人口中,在东部地区务工的人数占全部务工人数的68.5％,中部地区占30.1％,西部地区占1.4％;2004年度,该市农村地域非农化人口中,在东部地区务工的人数占全部务工人数的70.4％,中部地区占28.8％,西部地区占0.8％;2005年度,其非农化人口在东部地区务工的人数占全部外出务工的比例为76.7％,中部地区占22.2％,西部地区1.1％。虽然2008年、2009年,由于整体经济形势影响,东部地区外出人口比例中有5％~8％的回流现象,但是东部地区仍然是主要外出务工目的地。

表 2-3　襄樊市外出人口所在地区比例　　　（单位：%）

年　份	东部地区	中部地区	西部地区
2003	68.5	30.1	1.4
2004	70.4	28.8	0.8
2005	76.7	22.2	1.1
2008	71.3	27.1	1.6
2009	72.6	25.9	1.5

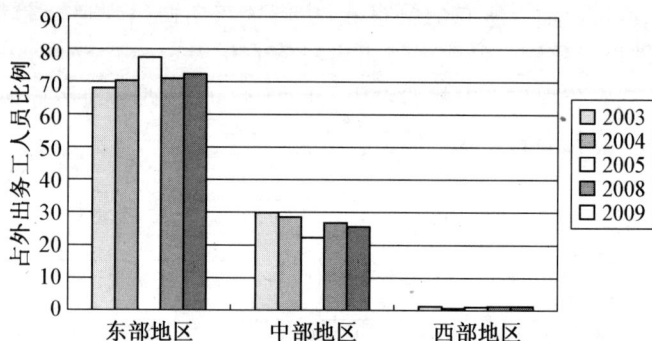

图 2-7　襄樊市外出人口所在地区比例

　　3. 外出务工主要集中在外向度较高、出口企业较多的中小城市（地级市和县级市）

　　农村地域非农化人口外出务工在大城市（直辖市或省会城市）所占比重逐年下降。因为大城市生活成本高，对务工人员科学文化素质和专业技能的要求较高，所以在受教育程度普遍不高的农村劳动力中，只有较小一部分能够找到合适的工作。随着大城市产业结构的调整升级，对务工人员的素质要求更为严格，农村劳动力在大城市务工就业门槛设置进一步提高，以外出务工为主的非农化人口找到适合工作岗位的可能性越来越小。据襄樊市农村调查统计，2003 年外出劳动力到直辖市务工的占 11.6%，到省会城市的占 27.0%，二者合计为 38.6%，超过 1/3；而 2005 年，到直辖市务工的降至 4.1％,到省会城市的降至 19.0％,二者合计为 23.1 ％,不足 1/4。在农村劳动力到大城市务工的比重越来越低 的同时,到中小城市务工的比重却在迅速提高。2005 年,到地级 市务工所占比重由 2003 年的 35.6％提高到 44.3％,到县级市的 比重由 2003 年的17.1％提高到 26.4％,二者合计为 70.7％,增加 了 18 个百分点。

4. 外出务工的就业重心逐渐向第二产业转移

调查表明,襄樊市 2003 年农村地域外出劳动力从事第二产业 的有 178 人,占当年外出劳动力的 41.1 ％。2004 年有 259 人,占 47.9％。2005 年上升到 388 人,占当年外出劳动力的61.4％。其 中,从事制造业的上升最快,从业人数从 2003 年的 117 人上升到 2005 年的 302 人,比重由 27.0％上升到 47.8％;从事建筑业的其 次,比重由 2003 年的 8.1％上升到 2005 年的10.1％;从事第三产 业的虽然绝对量变化不大,2003 年为 250 人,2004 年为 277 人, 2005 年为 244 人,但比重呈下降趋势,2003 年所占比重为 57.7％,2004 年为 51.2％ ,2005 年为 38.6％。这也是近些年来 中国国民经济结构调整、经济增长方式转变和产业升级在吸纳农 村富余劳动力上的反映。

表 2－4　襄樊市外出人口就业变化　　　　　(单位：％)

年　份	第二产业	制造业	第三产业
2003	41.1	27.0	57.7
2004	47.9		51.2
2005	61.4	47.8	38.6
2008	56.3	42.3	43.7
2009	56.8	42.7	43.2

注：本表数据按照襄樊市 2003 年至 2005 年农村人口外出调查整理,和 2008 年、2009 年湖北省相应市县人口回流调查分析得出。

在 2008 年世界金融危机影响下,我国沿海外向度高、第二产业发达的中心城市的工业发展受到较大的冲击,相应的农民工就业受到较大的影响。根据湖北省的调查,人口回流中,70%～80%集中在制造业,致使外出人口就业产生变化。2009年第 2、3 季度,随着沿海城市部分企业复苏.,则出现了农民工务工短缺现象。

二、农村劳动力就业转移过程的问题

正如纳克斯所说,不发达经济必然存在隐蔽性储蓄能力,即所谓在土地上干活的“不生产”的剩余劳动者实际是靠生产的劳动者养活的。能生产的劳动者因此实际上是在进行储蓄——他们生产的比他们消费的要多。但是,这是一种无结果储蓄,因为它被不生产的剩余劳动力花掉了。转移农村劳动力恰恰是将无效储蓄变为有效储蓄的过程,但是在中国这一过程仍然存在一些问题。

(一)农村劳动力隐性失业问题

农村劳动力隐性失业问题严重,主要表现为农村劳动力就业转移仍不充分,第一产业劳动力占总劳动力的比重偏离相应产业产值占国内生产总值的比重之差值大,城乡收入差距扩大。

1. 农村劳动力就业转移仍不充分

改革开放以来,中国政府已经围绕农村劳动力的“无效储蓄”的有效释放,进行了一系列的政策体制变革,农村剩余劳动力得到了有效的就业与转移。但从调查的数据看,就业转移仍显不足。2008年,中国全部就业中,第二、三产业就业比重为 60.4%,而第一产业就业比重占 39.6%。与相应的 GDP 中,非农产值比重 89%(2007年三大产业比重为 48.6%、40.1%、11.3%)和农业产值 11%相比,偏差较大。其中,第一产业增加值占国内生产总值的比重与农村农业劳动力就业占社会总劳动力的比重偏离值达 28.6%。即使是在经济较为发达的浙江省,第二产业就业比重为 47.6%、第三产业就业比重为 33.2%,而第一产业就业比重占 19.2%。与相应的 GDP

比重53.9％、41％和5.1％,其偏离值也很大,其中第一产业偏差达14.1％。

与国际相应国家比较,2008年,中国的人均GDP已达3000美元。参照中等收入国家进入工业化成熟时期,工业、第三产业等非农就业比重在75％左右,农业人口就业比重在25％以下。而我国的第一产业就业比重占39.6％,高出中等发达国家15个百分点。

随着经济、社会发展的成熟,三次产业产值构成与劳动就业构成的偏差将逐渐减小。如日本在1965年时第一产业标准偏差为15％,35年后的2000年降为5％以下。相比之下,中国目前农业劳动力与生产总值比重的偏差是1965年时日本的2倍。浙江省目前其偏差也相当于日本1965年的水平。可见,解决中国农村农业劳动力的隐性失业问题,将是长期的社会人口问题,而不单纯是经济发展问题。

2. 城乡劳动人均收入差距增大

在市场经济发达的国家,产业增长与就业转移是同步的,就业结构比例与产值比例相近,如发达国家的三次产业劳动力与产值的构成大致为5：20：75,中等发达国家的三次产业劳动力与产值的构成大致为25：35：40。在各部门初次分配比例相近的情况下,三次产业之间,城乡劳动力之间的收入差距不会很大。而中国由于产业产值构成与劳动就业构成存在较大的偏差,不可避免地导致城乡收入上的差距。如浙江省,20世纪80年代以来,城乡收入差距进一步扩大,城乡的收入之比由1985年的1.65：1扩大到1990年的1.76：1、2000年的2.18：1和2008年的2.45：1。与全国相比,浙江省的城乡收入差距并不大。

从中国看,城乡收入之比于1978年为2.57：1,至1985年,下降为1.85：1,进入20世纪90年代后,城乡收入差距开始扩大,至2000年、2007年,城乡收入之比分别达到2.78：1和3.33：1,城乡收入差距进一步扩大(见图2-8、图2-9)。

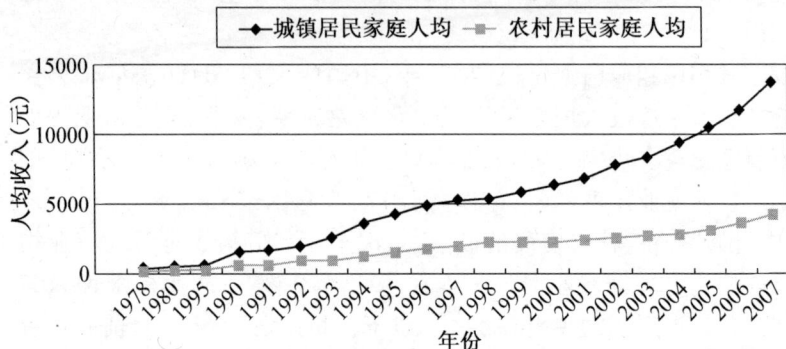

图 2-8　全国城乡收入增长变化

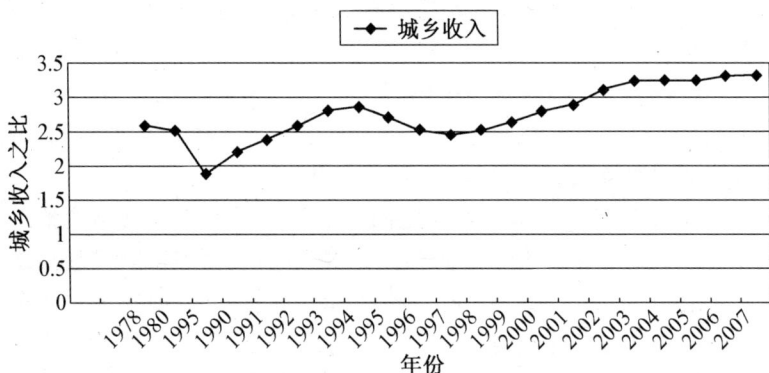

图 2-9　全国城乡收入之比变化

　　缩小城乡收入差别的根本方法是降低农业就业弹性系数。从理论上说,当城乡家庭户均人口数相近,城乡市场发育完善且充分就业时,若第一产业劳动力数量的增长率与农业增加值的增长率比值,即农业就业弹性系数小于1,那么第一产业劳动力平均收入会有绝对的增长;继而若农业就业弹性系数小于第二、三产业劳动就业弹性系数,则第一产业劳动力平均收入会大于第二、三产业劳动平均收入,进而会缩小城乡收入差距。但是从统计上看,却表现出相反的局面。如表 2-5 是浙江省 1986 年至 2008 年的劳动就业弹性系数的变化,其中,第一产业的就业弹性系数基本上比第二、三产业的就业弹性系数小,但城乡的收入差距却在扩大。这表明:(1)农村剩余劳动力仍然比较突出,隐性失业问题严重。(2)农村家庭户均人口数量较城镇大,新增农业人口加重隐性失业问题。(3)农业产业化市场化经营不充分,自给自足经济现象普遍存在,降低了农村非农产业发展的速度和农村劳动力就业转移的力度。

表 2-5 浙江省劳动就业弹性系数的变化一览表

	总体	第一产业	第二产业	第三产业
1986	0.17	0.02	0.25	0.43
1987	0.12	−0.01	0.22	0.31
1988	0.09	0.04	0.01	0.38
1989	0.08	0.49	−0.46	0.08
1990	0.19	0.31	−0.17	0.36
1991	0.05	0.07	0.05	0.06
1992	0.03	−0.08	0.00	0.21
1993	0.01	−0.40	0.30	0.06
1994	0.02	−0.11	0.08	0.28
1995	−0.02	−0.14	−0.12	0.31
1996	0.01	−0.24	0.02	0.22
1997	−0.02	−0.35	−0.04	0.23
1998	−0.03	0.26	−0.37	0.36
1999	0.06	5.63	−1.09	1.57
2000	0.30	−2.47	2.31	0.18
2001	0.21	−0.78	0.49	0.41

续表

	总体	第一产业	第二产业	第三产业
2002	0.14	−1.39	0.41	0.29
2003	0.10	−1.40	0.50	−0.06
2004	0.13	−0.42	0.38	0.10
2005	0.24	−0.27	0.49	0.23
2006	0.13	−1.52	0.21	0.36
2007	0.38	−0.73	0.50	0.60
2008	0.17	−0.17	0.30	0.16

注：本表按照浙江省统计年鉴 1987—2009 年有关数据整理。

（二）城镇"拉力"与农村"推力"错位的矛盾突出

据上所述,中国农村劳动力就业转移仍不充分,城乡收入差距仍在扩大。农业人口非农化、城镇化的主观意愿迫切,农村"推力"强劲;但是,城镇"拉力"严重错位。不切实际的城镇化建设,无法实现农村劳动就业转移和非农化人口城镇化。20 世纪 90 年代以来,中国政府开始将工作重心转向城市,城镇化建设对促进农村就业转移起到了积极的作用。然而,非农化与城镇化的时空距离仍很远。

1. 农村劳动力外出务工收入增长缓慢,而外出成本和生活消费支出增长较快

根据 2004 年和 2005 年两年对农村外出务工人员收入情况的调查,2004 年人均务工收入为 7098 元,2005 年为 7424 元,增长 4.6%,明显低于农村居民人均纯收入名义增长率。从支出情况看,外出从业的生产性费用支出 2004 年人均为 242 元,2005 年人均为 350 元,增长 44.4%;外出务工人员生活消费总支出 2004 年人均为 2760 元,2005 年为 3112 元,增长 12.8%。收支相抵后,务工收入净结余额呈减少趋

势,2004年人均结余4095.8元,2005年人均结余3961.8元,同比降低3.3%。务工带回农村的现金收入减少的幅度更大,2005年比2004年人均减少12.4%。外出务工收入增长慢而支出增长快,导致外出务工净收入不升反降,极大地影响了农村劳动力外出务工的积极性,这也是近两年一些地方出现所谓"民工荒"的重要原因。

2. 农村劳动力职业技能素养低,外出务工就业结构矛盾突出

农村劳动力的整体受教育程度不高,大部分为初中及以下文化程度。低文化程度的劳动力由于知识积累不足,加上职业技能培训不够,就业观念和就业能力受到较大限制,被动就业问题突出。通过对湖北省襄樊市各县区农村劳动力的摸底调查,农村劳动力初中及以下文化程度的比例约为80%以上,未接受过任何技能培训的占70%左右。调查农村2005年度外出务工人员632人,其中受过专业技能培训的仅为161人,只占外出务工人数的1/4。而随着产业结构升级和现代化建设步伐加快,城市对务工者素质的要求越来越高,一些地方和部门相继提出对务工者职业技能要求,缺乏职业技能培训的农村富余劳动力转移就业领域越来越窄,外出务工的难度不断加大。

3. 制约农村劳动力职业教育、职业培训的因素多,提高劳动力素质困难大

制约农村劳动力职业教育、职业培训的因素包括经济发展环境、政府教育培训机制和农村劳动力培训意识。

首先,从经济发展环境看。经济快速发展,农村居民的消费需求与能力并未同步增长。中国经济连续多年保持两位数增长,人均生活水平有了较大提高,整体社会消费结构与层次都有相应的提高。但相应的社会货币投放量(广义货币 M_2)不断增加,在所谓经济增长需要CPI增长(即适度的通胀)的经济发生导向和城乡收入差距不断扩大的宏观经济环境下,使得滞留于农村的居民"相对经济位置"在不断下降,他们的生活方式和消费结构层次并未随着社会经济的发展而有相应的升级变化。他们仍主要通过直接的体

力劳动,满足"衣"和"食"的温饱消费需求。当然"住"也是这类居民群体"生育发展空间"的需求。在农村,即使是自主新建和改建住房,也多数是与育龄青年结婚生育有关,这可从中国各地方农村新建和改建住房宅基地审批条件的有关政策规定中分析推论。据此农村自主住房消费也是一种"生存的本能"需求,而成为真正的城市化居民,才是"发展"需求的满足。然而,在经济快速发展的背景下,对未有效城市化的居民来说,其"发展"层次的消费需求始终未能充分带动,接受教育培训的"发展"需求客观环境并不完善。

其次,从政府教育培训机制看。改革开放30多年来,中国教育进入跨越式发展时期,主要表现在教育观念的转变、教育事业的发展、教育制度的创新、科研的繁荣等方面。然而,在技能培训和职业教育等方面仍存在许多问题。其主要是以政府机构为主导的职业教育培训机构与以企业为主体的市场对劳动力技能需求存在错位,职业教育培训发展慢。主要是:培训机构硬件设施不配套,培训师资力量不强,培训内容和培训质量与市场需求差距大;培训管理工作不够规范,培训经费严重不足,培训时间短,培训机构责重效低,积极性不高。除此之外,在职业教育方面还表现为:政府部门未能足够重视中等职业教育,在社会上存在着严重的轻视中等职业教育观念;中等职业学校盲目降低招生门槛,以求招生规模。而专业实训基地缺乏,学生获得实践的机会较少,等等。由于这些因素的存在,我国政府主导下的教育培训机制问题将是长期性的。

再次,从农村劳动力主体意识看。职业教育、职业培训是农村劳动力主体消费需求层次中的"发展"需求的体现,在农村居民实现"温饱"等生存需求没有得到足够满足的前提下,参加职业教育、职业培训的内在意愿不会太强;而多变的市场环境对职业技工的需求也不是一成不变的,加上各种培训内容和培训质量与市场需求存在较大差距的现实问题,致使农村劳动力主体对职业教育、培训本身产生怀疑。即使是进行适当的宣传发动和政府的优惠、补贴,也多数是从我国生产企业职业技工相对短缺的现实出发而采取的。从农村劳动力主体看,经职业教育和职业培训后,能否有一份稳定的工作,这份工作能否带来相对较好的收入,这份工作能维持多久,这些都是政府部门无法确切回答的问题。在全球市场经济一体化格局下,与欧美发达国家诸多"百年"企业和优势行业相比,中国的大多企业显得"年轻"。除部分相对劳动密集型的低廉的日用生活消费品外,我们还没有完全形成有一定技术含量具备自主创性能力的高端产品优势行业。尽然,我们的企业正加紧结构转型,并由此表现出对相应技术工人的迫切需求,而当前也出现了技工短缺现象。中国许多制造业产品在全球市场中虽占有较高的份额,但在市场容量拓展空间有限的情况下,新兴经济体的崛起,将会进一步加剧市场竞争。在新的形势下,谁能保证这些企业能在竞争中立于不败之地,技术工人"需求"与"短缺"能否长久持续,相应的行业能否持续发展,这些问题无法预期。

另外,中国非农业人口正向"大龄化"转变,他们接受职业教育和职业培训的主观能力都在降低。20 世纪 80 年代以来,大量非农化人口以从事劳动密集型非农产业为主,如今,这些人口都已成为 40 多岁的"大龄"劳动力人口,不能再适应技术性产业岗位要求。从人口劳动年龄结构看,以浙江省的第一、二、三、四次人口普查的人口年龄百岁图为例(见图 2 - 10),人口出生高峰在 20 世纪 60 年代,如按照 2009 年计算,其年龄在 40~49 岁之间。作为农村非农化人口,这一年龄段的人口创业实践已有 20~30 年之多,他们大多以"守业"为主,"下岗"培训再就业已较为困难。

中央政府在 2010 年政府经济工作会议明确了对中等职业教育的财政补贴,制定了对农村中等职业教育的学费给予减免等一些规定,进一步重视了中等职业教育,这在一定程度上会缓解诸如深圳等技术工人短缺的问题。

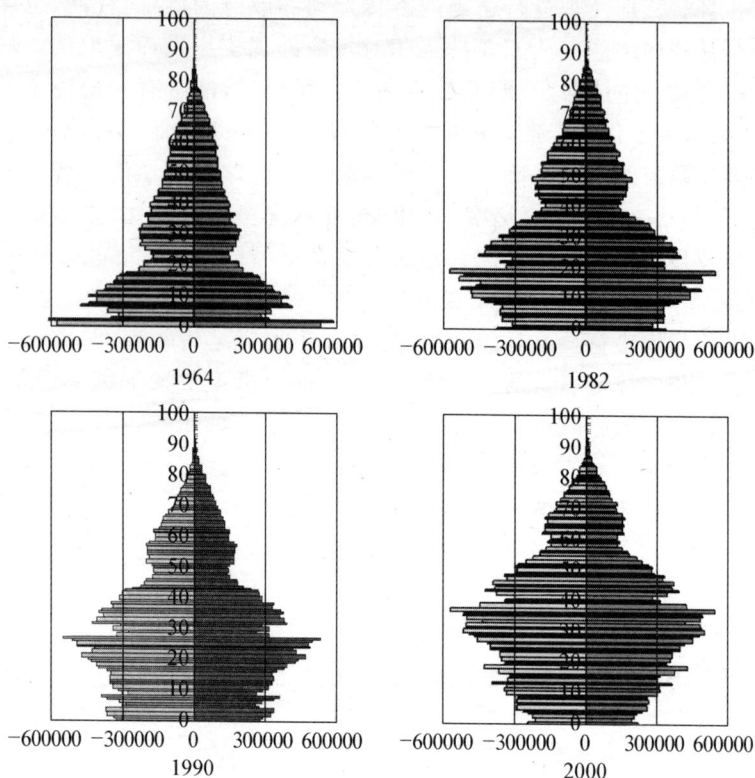

图 2 - 10　浙江省第一、二、三、四次人口普查的人口年龄百岁图

注：本资料来自《浙江省城镇体系规划》(2006—2020)。

4. 农村劳动力外出务工环境没有得到根本改善，非农化与城镇化的时空距离渐远

近几年，各级政府在进一步改善农民工进城就业环境方面提出了明确规定和要求，并结合实际制定了相应的政策措施，但正常的民工维权机制和法律援助制度还未完全建立，侵害农民工合法权益的事件依然时有发生。企业按照订单波动生产的情况，任意增减劳动时间和劳动力的现象将继续存在，工作环境差的状况仍然比较突

出。2005 年 9 月 14 日,《北京青年报》报道了北京市统计局对该市劳动时间的详细调查资料,其结论是北京人每天加班近 1 小时。另据甘肃农村调查总队的调查,甘肃农民工平均每周工作日为 6.59 个,平均每天工作时间为 9.52 小时,每周超过国家法定工作时间 22.73 小时,多出 57%。

从宏观经济数据看,中国 GDP 连年高速增长,远远超过了就业增长的速度,同时也超过农村非农化劳动力的年均收入增长速度。这种差距不可能用技术进步因素来完全解释。基本情况是:一方面已就业的劳动者超时超负荷工作;另一方面却有大量农村隐性失业人口,在等待着更多的就业机会。

此外,日益昂贵的城市生活开支和医疗、教育支出,致使进城务工农村劳动力收不抵支。进城务工农村劳动力作为暂住人口,被部分地统计为城市化人口(通常暂住半年或一年以上时,就被统计为城市常住人口),城市政府因城市规模的扩大,加强城市社会、市政等基础设施建设与改造,增大城市政府对城市建设维护的资金投入,其结果是包括暂住人口在内的城市居民生活支出的进一步增加,如高房价、高租金、高物价等等导致的高支出。据甘肃农村调查总队的调查,当地务工农民中,能够在城市租得起或买得起有卫生间和厨房的单元房的人大约只有 12% 左右,按北京的一项资料估计,这个比例也仅在 15% 左右。

(三)工业为主的非农劳动力转移空间重置问题

2008 年全球金融危机对中国的外向型实体经济冲击较大,加上经 30 年来的快速发展,中国部分行业产能已显过剩,这在金融危机期间已有所显现。农民工返乡趋势和后危机时期沿海部分城市出现的"民工荒"、"技工荒"现象表明:

1. 中国农村隐性劳动力失业人口已无法彻底非农化、城镇化

中国特有的人口年龄结构和庞大的农村高龄化(40~50 岁)农村劳动力人口,决定了中国农村劳动力人口有非农化和城镇化的主观愿望,但并没有适合其非农化和城镇化的客观环境与动力,这已

在上述关于城镇化"拉力"与"推力"的错位矛盾中有所阐述。

2. 农村非农化人口面临着就业转移空间的重置

相对于市场容量拓展空间有限,制造业产能过剩问题已经显现,相应的农村非农劳动力转移空间出现新动向。中国内陆省份的制造业发展更因劳动力工资成本低,从而竞争优势明显,其发展空间较大。随着内陆省份城市、城镇因工业制造业的发展,就地转移劳动力的能力提高,从而使沿海部分省份城市、城镇因外来农村劳动力补给减少而出现"民工荒"。"民工荒"会导致企业用工成本提高,有碍于利润空间有限的制造业企业进一步发展,部分企业发展后劲已显不足,面临着转型的必要,尤其是诸如服装纺织行业等劳动密集型企业,由于出口下降等因素,生产规模受到约束,相应的就业岗位供应有限。这种趋势的延续将在沿海部分城市和城镇形成"民工荒"→企业发展受阻→对农村劳动力吸收能力降低→农村劳动力就业空间再转移……的循环局面。

在新的形势下,中央政府提出了"保增长、调结构、促内需"等一系列经济政策措施,进而重视中等职业教育、职业培训,促进非农就业人口就业升级、转移。这无疑对稳定非农就业队伍,解决农村劳动力就业转移起到极大的推动作用,但在地方实施过程中,惯性的非农化→教育培训→就业转移→城镇化的城市化途径中,已设定了很多无形的进城门槛,使得劳动力就业转移难以跨越,这是必须进一步研究的问题。虽然,2009年初,由政府主导的一揽子刺激计划的实施,不仅实现了经济的稳定增长,而且解决了约2000万农民工返乡再就业的社会问题,东部地区部分城市甚至出现了由"民工慌"至"民工荒"的戏剧性转变。但投资拉动经济增长不是长期的战略选择。2009年,从大学生就业率70%的实况从某种意义上再次揭示了,中国的经济结构问题和产能过剩问题将在相当一段时期影响我国的劳动就业转移。按照"民工荒"→企业发展受阻→对农村劳动力吸收能力降低→农村劳动力就业空间再转移的循环规律,从中国的整体看,随着以制造业工业为主的空间梯度转移,必将带动农村劳动力就业空间的转移,即先从沿海城市、城镇转向内陆城市、城镇,再从内陆城市、城镇转向以城镇为主的农村地域,这是中国未来发展的主要趋势。

第三节 农村地域开发的基本点

一、村庄与农村人口

(一)村庄居民点的缩减

随着农村人口非农化和城镇化的向前迈进,农村的撤乡并镇并村工作也在不断地推进。我国乡镇个数由 20 世纪 80 年代初的 7 万多个减至 1992 年的 4.83 万个,再减少至 2006 年的 3.47 万个,平均每年分别递减 3.6％和 2％,其中 1992 年至 2006 年,乡的数量平均每年减少 5.29％。1986 年,我国行政村有 81 万个,1996 年减至 71.9 万个,2006 年更减至为 64 万个,平均每年分别减少 1.18％和 1.16％。

表面上看,乡村数量的减少是中国城镇化推进的必然结果,但从统计数字看,其减少速度在逐渐减慢,尤其是行政村的年均数量减少值由前 20 年的 9100 个/年降到前 10 年的 79 个/年,村庄数量的减少幅度在降低,这与中国城镇化的推进速度不相吻合。

从村庄合并的方式看,主要有以下几种类型:

1. 村民委员会改为街道办事处,原来的村民自治体制由此消亡。这主要在城市、城镇的规划区范围内较为普遍,即随着城市、城镇规模的扩大,其周边的农村地区变为城市地区或城镇镇区,行政村随之消失。

2. 邻近的多个行政村合并为一个行政村,村庄数量减少。这主要出现在离城市、城镇较远的农村地区。一方面由于农村人口非农化、城镇化,实际居住人口在减少;另一方面村庄建设用地向周边发展,相邻村庄用地联成一体,加上地域文化等因素,部分村庄合并成一个行政村。

3. 空间重组、村庄整体迁移，原有行政村不复存在。由于区域统筹、城乡空间统筹发展，以及区域性基础设施、水利工程设施、生态资源和环境设施等建设的需要，部分有悖于设施建设的行政村实行整体搬迁，与城镇或其他村庄组合。另外，一些边远村庄，尤其是山丘地区，因交通不便等原因，逐步实行下山脱贫而整体搬迁，原有村庄消失，行政村数量减少。

据行政村的合并方式可知，行政村数量的减少除由城镇化推进农村人口减少因素外，还与区域性基础设施建设、下山脱贫等政策因素有关。如果城镇化速度减慢，以及以投资为主导的区域性基础设施建设越完善，相应的行政村数量的减少速度也会放慢。

然而，现在中国农村大约有 320 万个自然村，按照 64 万个行政村计算，平均每个行政村有 5 个自然村。行政村的减少，并不说明自然村会以同样的速度减少，更不能说明区域城镇化水平的提高。人为主观地撤并行政村数量来说明"农村人口的城镇化"是"数字"上的城镇化，而不是真正实现城镇化。只有自然村落的真正减少和农村居民点的逐步整合，才是农村城镇化的标志。而自然村的撤并与减少，还有赖于自然村的居住人口、生活便捷度、居住环境和住宅建筑质量等诸多因素的变化。

（二）村庄居住人口与就业

1. 村居人口规模与布局

按常住人口计，扣除城镇化人口，2008 年中国村庄居住人口大约是 7.3 亿人（占中国总人口的 55%），每个行政村、自然村的人口分别为 1156 人/村和 230 人/村。从近几年看，虽然中国的村庄人口比例和村庄数量在逐年减少，但中国乡村人口规模并未随之相应的递减，与之相反却保持相对稳定的状态。

庞大的村庄人口对建设新农村提出许多挑战。一般认为新农村建设成功的最终标志有两个：

（1）农村居民的平均收入要接近城市居民的水平

庞大的农村滞留人口和相对增幅不大的第一产业增加值，进一步加大了已经存在的城乡收入差距。在农业生产总值增幅缓慢的情况下,减少农村农业人口对提高农村人均农业增加值和农民人均收入水平有利。只有这样,"生产发展,生活富裕"这样的新农村建设目标才能有保障了。

(2)农村居民享有与城市居民相当的公共服务水平

各级公共服务设施中心主要集中于城市与城镇,而农村处于公共服务设施体系的末端。如此庞大的农村人口,分散于众多的自然村落,从而远离城市、城镇公共服务中心,这样,"乡风文明、村容整洁、管理民主、生态良好"的公共目标难以实现。在新农村建设过程中,当城镇化拉力客观条件不变的情况下,切实减少农村农业人口,调整农村人口布局是值得进一步研究的问题。

2. 农村人口就业

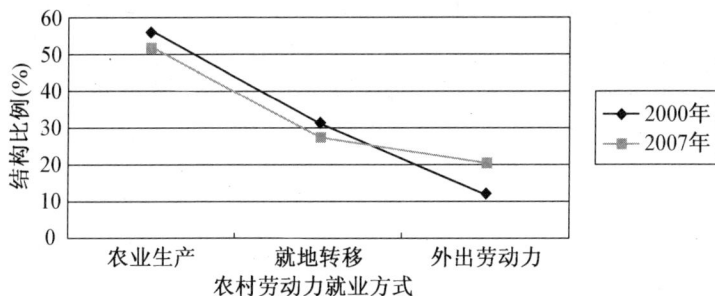

图 2-11　农村劳动力就业结构比例

农村就业人口为 4.7 亿(含第一产业农业人口和乡村非农就业人口),占全国 7.69 亿劳动力人口的 67%。根据中国农村劳动力转移过程与特点,总体上看,农村劳动力就业类型包括农业生产,乡村、乡镇企业就地转移和外出(出县)就业三大类。据前所述,2000年前后,以上三大类抽样调查的比例分别为 56.5%、31.5% 和 12%(外出 6 个月以上)。而根据国家统计局 2007 年的资料,全国农村就业人口为 4.76 亿,其中的第一产业劳动力为 3.14 亿,占农村就业人口的 66%。如果将外出的 1.2 亿农民工计算至农村劳动力总数之中,计算的第一产业劳动力就业比重为52.68%,与抽样调查结果基本接近。由此可见农业生产仍然是我国农村劳动力的主要就业方式。为此,在未来的几十年内,中国农村农业人口的就业条件和环境仍有待改善,主要体现在以下几个方面:

(1)农村低保补贴实施难度大,消费需求无法提高

按照2.4亿户的80%从事粮食生产,共计为1.92亿户,平均按照3.5人/户计,约有6.72亿人。每户来自农业的收入在3000~5000元/年间,则人均收入为70~120元/月。按照有关城市、城镇居民300元/月的低保标准,和180~230元/月补贴金额,则每年共需补贴金额为1.5万亿~1.9万亿元,相当于2008年财政收入6.23万亿的24%~28%,是2008年中国第一产业增加值3.4万亿元的44%~56%,是国家目前对农村总投入4000多亿元的4倍。据此在我国农村实行全面的低保补贴难度极大,农村的消费需求无法提高。

(2)小规模农业经营不可能提高"支撑新农村建设"的农民收入

中国耕地保有量的底线是18亿亩(1.2亿公顷),而中国农户总数约2.4亿户,平均每户耕作面积大约7亩(0.47公顷地)。在这些农户中,约20%的农户从事生产畜产品、水果、蔬菜、花卉等农产品的"设施农业",他们大体可以实现充分就业,因而可以获得较高的年收入和投资收益,其家庭总收入可以接近城市平均水平。其余80%的农户主要从事粮食生产,他们不仅无法拥有较高的私人生活水准,而且没有能力享受较高水准的公共服务。

农业技术进步和农业组织结构改造都不能明显增加农民收入。中国的土地生产率比较高,单位土地面积的小麦产量、水稻产量和玉米产量,都明显高于世界平均水平,小麦单产还高于美国(但低于荷兰和法国)。农业特别是粮食生产的技术进步和组织结构的调整,其主要作用是节约了农民的劳动时间,而不是直接增加了农民收入。中国自然仍要不遗余力地推动农业技术进步和农业组织结构的调整,但中国不能指望2.4亿农户通过这种进步直接增加收

入。为此,新农村建设必须研究就地进一步消化农村富余劳动力,增加农民收入。

(3)亦工亦农"兼业模式"的不稳定性,使农民无法彻底弃"农"

据估计,大约有 1 亿农户的主要劳动力(包括配偶共 1.4 亿劳动力)在各类城市从事非农产业。按照公安部门统计的暂住人口数量,2007 年全国公安机关登记暂住人口为 1.04 亿,表明约有 0.4 亿劳动力未经登记,另外外出(出县)就业 6 个月以上的占农村总劳动力的 12%,约 0.5 亿劳动力,说明约有 0.5 亿多的劳动力在本县,或是居住在城市、城镇不足 6 个月的暂住农村劳动力。综上所述,全国约有 0.9 亿农村劳动力短暂或就近兼业于城市、城镇或乡村非农产业,其占各类城市从事非农产业农民劳动力总数的 64.3%。

兼业农民尤其是进城就业的"农民工",一定程度上脱离农业,走上了非农化的道路,但是不稳定的"兼业模式"使他们无法在城市、城镇永久地居住和生活,他们的"根"仍在农村,他们靠外出"打工"增加收入,以提高生活质量。据保守估计,这些外出务工人员带回农村的资金每年在 8000 亿元左右,而这些资金主要用于农村住房建设,农村是他们真正的家。国家统计局公布的资料表明,全国农户平均每年新增约 8 平方米的钢筋混凝土住房面积,其造价大约为 0.32 万元人民币。仅此一项,全国农户每年新造住房的投资约 8000 亿元,远远超过了国家对农村的全部投入。

(4)外出打工就业遗留的社会问题较多

中国外出打工的农民与西方早期的失地农民大量进入城市成为工人的本质区别在于:中国的"农民工"仍拥有农村集体土地使用权,仍掌握农业生产资料,具备最为基础的生活保障。外出打工只不过是"农民工"发展需求的选择,中国农村居民在非农化、城市化过程中,与西方集中的贫民窟所派生的社会问题有着本质的不同。

中国农村外出务工现象所派生的社会问题在于两地的"农村",即外出人口所在地的农村,和异地非农化所在地的中小城市、城镇所在地的城边村(城郊村)、城中村等。通过城镇化、非农化的实施,直接的表现是两地"农村"社会经济产生差异的同时,也带来不同的社会问题。

① 农村留守儿童多,教育问题突出

外出务工的非农化农村人口,为减少开支,将其子女留在家中,子女的教育问题日渐成为影响农民工外出的重要因素。2008 年,全国农村留守儿童为 5800 万人(按照 2008 年初全国妇联发布的《全国农村留守儿童状况调查报告》统计数字 5800 万计),平均每个行政村为 90 多人,每个自然村 18 人,占农村人口的 8.3%,其中 0~5 岁的留守儿童为 1569 万人,占全国同龄儿童的 30.46%。"留守学生"成为社会普遍现象,由于缺乏父母的关爱和教育,加上监护人没有科学的家庭教育理念和相关知识,"留守学生"出现生活失助、学习失教、行为失控、道德失范、心理失衡的倾向,不少人性格抑郁、孤僻,有的甚至养成一些不良习气,成为问题少年,给学校教育和社会管理带来了新的困难。同时这也严重影响了下一代农村人口的城镇化。在中西部 22 个省、自治区、直辖市中的 27284 个乡镇中,约 2/3 学龄前儿童没有机会接受学前教育。农村三年的毛入园率为 35.6%,低于城镇 20 个百分点。

② 农村住宅闲置,社会资源浪费严重

全国农户平均每年新增约 8 平方米的钢筋混凝土住房面积,其造价大约为 0.32 万元人民币,全国农户每年新造住房的投资约 8000 亿元,相当于每 4 年新增加的钢筋混凝土房屋可供 1 亿人口居住(以每户 60 平方米计)。但中国农村有大约 25% 的住房常年没有人居住,其资源价值约达 2 万亿元人民币(每平方米按 260 元计算)。

另外,中国农村公路、电力和九年制义务教育设施等已有一定基础,大量的农村劳动力人口不稳定兼业与外出,一定程度上闲置了社会设施资源,这也影响了新的农村社会设施的建设,进而影响农村生活质量的提高。

③ 城边村、城中村人口掺杂,流动性大,管理不便

大量中小城市、小城镇的外来人口聚居于租金相对较低的城边

村、城中村,来自不同地区的各类农村务工人员聚居于同一空间场所。由于文化背景、生活习俗和思想观念不同,这些城市、城镇务工暂住人口生活摩擦时有发生,社会治安问题、计划生育问题、环境环卫问题、民工子女教育问题和空间容量等诸多问题不容忽视。

二、村庄建设用地

(一)村庄建设用地的扩大

来自国土资源部信息中心 2009 年底公布的《全国土地利用总体规划专题研究报告》称:"据土地详查统计,全国人均农村居民点占地 192 平方米,对照 2008 年的数据,增长较快。中国的农村,一方面常住人口在减少,农村长住农民人数以 1.6%的速度在下降;另一方面是农村的户数却在以 1%左右的速度在增长,新增加的分立农户大多能获得宅基地,以此导致农村建设用地增加,致使农村人均建设用地不断快速增加。"

一般人都认为农村过度占用土地,因其逐年增长的建设用地与城市化规律下的农村人口的逐年减少不相符合。为此,在与村镇相关的各类规划层面,控制农村人均建设用地指标成为主要的目标。在政府政策层面,已制定了严格控制农村建设用地占有耕地指标的相关规定。在浙江省的一些农村,曾有多年没有住宅建设用地指标下拨到农村,致使部分村庄住宅就地拆扩建,或利用现有农村宅基地周边见缝插针建设。农村住宅建设用地存在严重违章现象。

毋庸置疑,农村人均建设用地多,土地资源的使用相当不经济。为此,为减少人均住宅建设用地面积,专家和学者提出了农村人口城市化,发展各类城市、城镇,于是城市、城镇迎来了用地发展的"客观条件"。最终城市建设用地面积发展很快,而农村建设用地发展更快。2007 年全国城市、城镇建成区面积为 5.1 万平方公里(其中城市约为 3.5 万平方公里),比 1978 年的 1.73 万平方公里,增长了 2.94 倍,年均增长 3.67%。从统计看,同期转移的农村人口为 4.1 亿人;而中国的农村住宅建设用地由 1978 年为 4.67 万平方公里,增加到 2008 年的

16.4万平方公里,年均增长 4.28%。从 30 年的发展历程看,以城市、城镇拉动型的城市化道路不一定适合中国的国情。

(二)村庄建设用地的集约利用

重庆、成都等城市,为解决农村建设用地不经济的问题,在经济相对发达城市周边的农村实施城乡统筹建设,整理空余的农村宅基地,以用作城市建设用地或改造成耕地,成效十分显著。但同时必须注意:

1. 以公寓式城镇住宅取代宅基地农村住宅,剥夺了法律赋予的农民可拥有一处宅基地的"农村住房保障",从而影响农民的生存空间。

笔者认为,"农村住房保障"是与中国农村特有的集体土地使用权包产到户、自留地经营作业方式和相对低收益条件下的生活方式相关联的。集体土地使用、自留地经营作业方式,要求中国农村住宅及其附近具备为生产服务的空间场所。虽然部分地区已实施农村集体土地使用权的流转和转让,或加强农村合作社建设,促进农业专业化、产业化和规模经营。但必须看到,小规模农业经营虽然劳动生产率相对不高,但土地生产率比较高,中国单位土地面积的小麦产量、水稻产量和玉米产量,都明显高于世界平均水平。

农民通过精耕细作,提高了土地生产率,却降低了自身经济收入。在国家无法全面实施低收入农村居民低保补贴的客观环境下,农民只能保持传统的生活与生存方式。保留自给自足的经济模式和自留地生产空间,以减少专业化、人工化、现代文明环境下的生活开支。这些是城市高度集约化的居住空间所无法实现的。

2. 农村住宅集约化改造要与创造农民力所能及的就业机会相结合,建立农村农民与城镇居民相同的低保制度,以促使农民有长久持续的稳定收入。

以公寓化方式改造农民住宅的出发点是集约利用农村土地,创造出与城市土地相近的产出率。显然,在公寓化方式改造后,其中的农民应同样具备与城市、城镇居民一样具有生产一定价值的能力,或者具备一定生活支出和消费能力,这就要求农民与城市、城镇居民相近的劳动素质和稳定的收入来源;否则,则需政府部门按照城市、城镇居民低保要求对这些农民加以生活保障。如上所述,按照城镇居民低保标准对 6.72 亿农村低收入者全面实施低保政策是相当困难的,为此在全国范围大规模地进行集约化城市化的农村住宅改造是不切实际的。

3. 城乡"两栖"居所规划,不仅不会节约建设用地,反而会导致新的建设用地总量膨胀。

与亦工亦农就业方式和外出打工就业相对应,中国的农民工"两栖"居所在一段时期内将是不可避免的"现状"。据《人口发展"十一五"和 2020 年规划》,2020 年中国的人口总量将达到 14.1 亿人,其中城镇人口估计将达到 8.7 亿,新增转移出来成为城市、城镇人口的约 2.5 亿。这其中有相当大规模的人口为具有"两栖"居所的人口。为此,有人提出两种节约住宅建设用地的观点:

观点一:将新农村人口统一转为城市户口(或者是城乡户籍一体化),在为他们提供买得起的小康标准的国民住宅同时,让他们"腾出"宅基地进行土地置换,这样可以从住房集约和节约出来的土地中,"整理"出 4780 万亩新增土地(3.2 万平方公里)。

观点二:让这 2.5 亿"入城农民"在城里和农村都有各自的住房。比如在原居住地的农村,保留人均 30 平方米左右的小康标准住房,在就业的城市提供人均 15 平方米的"解困房"。两者均为新建设的住宅小区,容积率均在 1.5 以上,以达到土地集约节约的最大化。以此计算,这些"城乡两栖人口"住房的人均用地也仅有 30 平方米,比现在的人均 223 平方米少 190 平方米,大大节约了农村建设用地。这进而说明,中国城乡建设用地普增,对耕地影响和威胁最大的,并不在城市、城镇,而是农村居民点。因此,应在城市大力发展标准、经济适用的"国民住宅"。

从计算数据不难看出,两种观点所采用的方式可节约大量建设用地。但是,以上两种观点的假设前提是:原有的农村宅基地能整理成耕地;2.5亿新增转移人口均在城市、城镇有相对稳定的就业岗位;转移过程是10年左右(以2008年计,最长的也才12年);中国各级城市、城镇建成区内具备接纳这2.5亿人口的住宅空间。通过深入细致的研究,笔者认为这四个前提的依据并不充分,可操作性不强。

(1)原有的农村宅基地能整理成耕地

据研究表明,2009年全国6.12亿城市、城镇人口中,约有1.2亿是来自农村的暂住人口,这些人口基本上在城市、城镇就业居住,已被有关部门统计为城市人口。但这些务工人员每年大约有8000亿元资金带回家兴建、改建农村住宅。按照城镇化规律,这些最有条件在城市、城镇居住就业的"入城人口"在农村留下的大多为"难以整理成耕地"的钢筋混凝土房屋。据此可推论,2010年前,中国2.5亿农业人口城镇化的方式也首先从人口的非农化"两栖"居所开始,这势必会大大增加"难以整理成耕地"的钢筋混凝土房屋与用地。

据统计,中国农户平均每年新增约8平方米的钢筋混凝土住房面积,按照2.4亿农户计算,平均每年新增约19.2亿平方米,可供2000万户使用(按照户均100平方米计)。实际上,从中国农村建设用地的扩大开始,农村住宅建设就在不断地进行着,其随着农民收入的提高(年均增长4%)而不断加强。假设起始年为1983年,截至为2008年末,新建住宅可提供2000万户计,年均增长4%。则25年来,共建农村住宅可供3.2亿户使用。对照中国农村户数可知,广大农户已基本上住上了20世纪80年代以后新建的房子。在后10年城镇化推进过程中,即使进一步解决农民在城市、城镇的非农就业和稳定的居住问题,而将其原有的农村宅基地整理成耕地,其拆迁农村住宅的数量是巨大的,困难也是非常多的,浪费也是相当严重的。

(2)2.5亿新增转移人口均在城市、城镇有相对稳定的就业岗位

中国城镇化过程中,虽然农村"推力"起了一定的作用,但城镇化率的提高主要还是靠城市、城镇的"拉力"作用下实现的。1992年

以来,工业化、城市化促进城市、城镇非农产业发展,从而转移了大量农村剩余劳动力。2008 年后,中国将进入产业结构调整时期,能否为这 2.5 亿人口中的劳动力提供非农就业岗位是值得研究的。另从现状产业结构和农民工就业特点看,农民工在城市、城镇的就业岗位是不稳定的,收入水平难以维持其在城市、城镇长期的居住生活。这种状况可以从中国城市、城镇暂住人口的登记和每年在农村的住宅建设情况可见一斑。

(3) 转移过程经历 10 年左右(以 2008 年计,最长的也才 12 年)

中国 20 世纪 60 年代之后,每个年龄段的人口年龄结构比例在减少。据浙江省 1964 年、1982 年、1990 年和 2000 年四次人口普查资料分析,1990 年后,每个年龄段的人口比例为不足 1.3%,2000 年后的为不足 0.9%。全国农村如果按 1.3% 计,则 2010 年至 2020 年,中国农村将有 8700 万人口加入劳动力大军中。如果这 8700 万人全部城镇化,考虑生育因素等,按照 1 亿人计,则另有计划的 1.5 亿人将城镇人口从现状逐渐高龄化的农村劳动力人口中转移出来,已经在农村就业或待业的青中年,10 年后,能否具备在城市、城镇再就业和定居的能力是值得深思的问题。

(4) 中国各级城市、城镇建成区内具备接纳这 2.5 亿人口的住宅空间

据国家统计局的数据,中国地级城市以上的城市实有住宅建筑面积为 112 亿平方米,按照相应的城市人口 3.7 亿人计,人均城市居住建筑面积为 30.5 平方米。如将县(市)与城镇统计在内,城镇与城市总人口为 6.07 亿人,如按城市人均居住建筑面积 30.5 平方米计,则城市、城镇居住建筑面积为 181 亿平方米。在城镇人口 6.07 亿的统计口径中,城市、城镇暂住人口有 1.2 亿,这些人口基本上是农村外出的非农就业劳动力,其中包括公安部门的 1.04 亿的登记为城镇暂住人口和没有登记的农村外出劳动力人口,他们以暂时租用城市、城镇各类住宅为主,人均居住面积低。如按 10 平方米/人计,则为 12 亿平方米,占城市、城镇居住建筑总面积的 7.5%,相当

于 2008 年一年的商品住宅开发量。可见城市、城镇暂住人口占用的城市、城镇住宅空间很小。如果城市政府及时启动廉租房等安居工程建设,按照 20% 的廉租房比例,接纳这 2.5 亿人口的住宅空间,也只需 10 年时间即可。

三、村庄基础设施建设

(一)基础设施结构调整

中国农村基础设施一方面部分地区设置水准低、规模不足,对农村居民吸引力不强,如,中国中西部 22 个省、自治区、直辖市中的 27284 个乡镇中,近 50% 个乡镇没有中心幼儿园。另一方面,部分地区社会、市政基础设施相对过剩而产生闲置现象。据发达地区调查,2000 年以前建成的小学,因农村人口减少而部分处于闲置状态。提高农村公共设施服务水平应主要遵循如下两个原则:

1. 导控有序,循序渐进

按照城镇化的人口空间变化规律,调整整合农村居民点,避免农村人口分散布局。按照未来农村居民点的发展规模,配建"高标准"的农村地域公共服务设施。在规划的中心村与基层村,配建"城镇级"与"中心村级"的公共服务设施,而切不可按相关"规划标准"或"规范"要求,村村配建基层村的公共服务设施,尤其应严格控制有人口减少趋向的自然村落的配套设施。

2. 突出重点,修正规划

改变传统基础设施体系结构的规划模式,完善中心镇——一般镇——中心村——基层村的公共服务设施结构体系。按照服务地域范围和村落实际居住人口规模,提升农村地域部分公共设施标准。不要人为地按照城镇化和城镇体系结构和不切实际的撤乡并镇和行政村撤并的要求,降低实际居住人口规模较大的农村地域公共服务设施配置标准。

(二)基础设施资金投入

随着村庄用地规模的扩大,村庄基础设施投入也在不断加大。

全国县以下农村道路长度为 120 万公里,村内道路约在 250 万公里左右。按每公里 10 万元计,也需要近 4000 亿元资金。再加上其他基础设施的投入,如自来水、电力、污水排放、沼气池等,投资还会显著增加。

中国用于农村建设的投资占当年中央政府投资总规模的比重,已经由 2003 年的 36% 提高到 2007 年的约 48%。2003 至 2007 年,中央预算内和国债投资中用于农村建设的总量已超过 3000 亿元人民币。

据中国银监会官员披露的资料表明,到 2020 年,社会主义新农村建设需要新增资金为 15 万亿～20 万亿元。而实际支农资金按照每年 8% 的增长率计算,只能提供 10 万亿元左右。这些资金即使投放下去,由此产生的固定资产的维护更新成本也将会给国家和农民带来沉重压力。

当前与今后,中国农村基础设施建设的重点主要集中在农业增产、农民增收等最重要的环节上,放在改善农民生产生活最紧迫的方面。要大力推进现代农业建设,需紧紧围绕广大农民最关心、最直接、最现实的生活设施,加大乡村基础设施建设力度。要加大对农村义务教育、农村卫生、农村文化基础设施等社会事业发展的支持力度。同时,要进一步重视加强生态环境建设。

第四节　基本结论

一、中小企业在解决农村人口非农化方面已显不足

中国农村政策体制变革,旨在解放与发展农村生产力,为农村劳动力提供充裕的就业环境,增加农民收入。经过 30 多年的发展,以乡村、乡镇企业为主体的农村非农产业发展,彻底改变了农村的经济面貌。但是,随后的整合提高、调整重组发展表明,乡村、乡镇

企业的行业结构不仅在农村之间雷同,而且于城乡之间也存在一定的重复。乡村、乡镇企业的发展行业与农村、农业关系不密切,地域分工与特色不强。生产的产品在短缺经济环境下,乡村、乡镇企业的生产满足了国民内需释放的需求,从而使乡村、乡镇企业得到相应的发展。部分企业在20世纪90年代后,随着外资注入和外部消费市场的拓展,生产规模与产品质量得以持续的发展与提高。进入21世纪,全球市场空间有限性已显露无遗,中小企业面临前所未有的困难。再者,中国的"三农"问题仍未彻底解决。未来的农村经济走向何方,将是非常值得进一步研究的课题。

二、中小城市在推进城镇化方面已显乏力

中国靠中小城市、城镇非农产业发展和乡村、乡镇企业发展吸收了大量的农村劳动力。但是两次"危机"和农民工返乡再就业的经历说明,中国未来中小城市非农产业发展对农村劳动力的吸收力已非常有限(这与城市门槛太高,农民工在城市的生活成本支出相对高于其在城市收入的原因有关),外出至城市、城镇的农村劳动力非农就业人口将不会大量增加。

三、制约农村人口非农化与城镇化的因素较多

近年来,在农村外出务工人员中,受教育人口比例在逐渐提高,表明进入21世纪,职业教育和技能培训在提高劳动力素质,拓宽就业领域,促进农村劳动力转移方面的作用日益突出。尽管如此,但其制约因素也多。积极开展教育与技能培训并非是实现非农化和城镇化的前提条件和重要途径。当前决定非农化和城镇化的因素仍然是农村地域外出务工人员的收入,非农化与城镇化的距离仍很远。如前述甘肃务工农民中,能够在城市租得起或买得起有卫生间和厨房的单元房的人大约只有12%左右,而北京的一项资料估计,这个比例也仅在15%左右。

中国农村隐性劳动力失业人口已无法非农化、城镇化,中国

农村非农化人口面临着就业转移空间的重置将是个不可回避的问题。从沿海城市、城镇转向内陆城市、城镇,再从内陆城市、城镇转向以城镇为主的农村地域,这是中国未来发展的主要趋势。

四、农村劳动力规模稳定增长,城乡收入差距仍将不断扩大

中国农村劳动力规模稳定增长,第一产业劳动力(农业生产劳动力)比例在逐年降低,但其数量降低并不明显(在 2002 年前,第一产业劳动力数量绝对值一直在增加),农村劳动力的富余量仍相当大,隐性失业人口将在相当长的时期内存在于中国农村地域,亦工亦农等就地就业转移仍是农村地域人口非农化的主流。农村劳动力收入水平与城镇居民的收入水平相比,差距仍将不断扩大。

五、正视农村人口就业的发展态势和农村地域的发展问题

城镇化水平的提高和农村人口比例的减少,并不等于农村地域人口数量的相应减少。中国农村人口比例自 1978 年后一直处于递减状态,但农村人口数量实际上在 1978 年至 1995 年间仍在绝对增长。在 1996 年后其数量虽然有所减少,但至 2000 年,其仍然高于 1978 年统计的农村人口数量。随着农村人口数量的增长,农村非农就业人口数量也一直在增加,而拉动乡村非农人口就业转移的各种力量已显得有限,亦工亦农在就业转移方面已不突出。

单纯为迎合城镇化推进需要而进行撤乡并镇和撤并行政村的效果并不一定符合地区的发展实际,尤其是在农村农业人口不减少的情况下,任意减少与整合农村居民点,是不可取的。只有当农村农业人口减少和自然村落自然缩并时,政府适时地撤乡并镇和撤并行政村时,才能见其效。

中国农村就业人口占全国总就业人口的 67%,这一数值自 1980 年以来均保持相对稳定的态势。建立与农村就业发展相适应的经济体系,促使农村人口与就业保持动态平衡,发展农村产业,尤其是农村非农产业是当务之急。

　　农村人口数量的增加,农民生活水平的提高,势必会带来农村建设用地的增加和相应基础设施的进一步投入,不切实际地减少农村建设用地指标是不合理的。建立与农村就业人口规模、用地规模相适应的基础设施结构与布局,改变传统的规划建设模式,应是必然的趋势。

第三章　农村地域开发的社会经济目标要求

第一节　产业结构的演变趋势

一、产值构成的优化

在中国,一个地区经济的发展,基本上是先发展工业,使工业增加值占 GDP 的比重逐步提高,并逐渐占据主导地位。在沿海地区发达省份,第二产业增加值占 GDP 比重普遍在 50% 以上,即使是中部地区内陆省份,其第二产业增加值占 GDP 的比重也在 40%~50% 之间(见图 3-1、图 3-2 所示)。

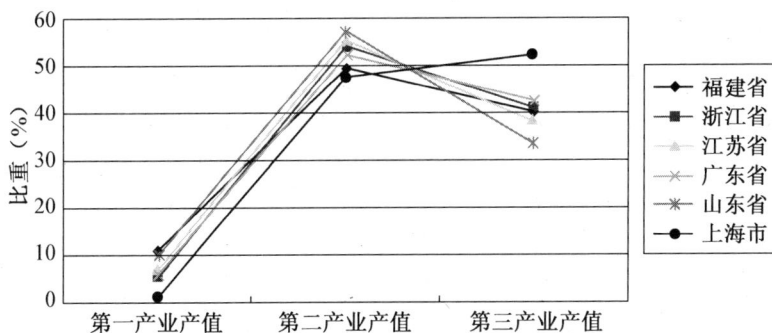

图 3-1　沿海地区产业结构比较

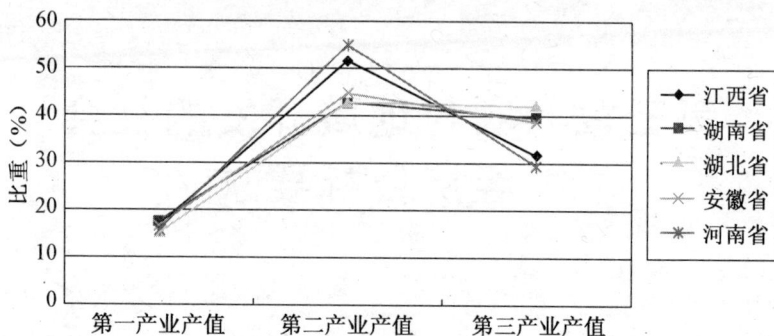

图 3-2　中部地区产业结构比较

2008 年开始的国际金融危机,对中国的出口贸易冲击很大,相应地影响了以出口为主的外向型工业企业的发展。尤其是在后危机时代,受人民币升值、贸易保护的双重影响,出口企业将面临前所未有的困难,低劳动力成本、低价格已不再是应对国际市场竞争的有效策略,拓展新兴产业市场、提高产品附加值将是企业新的选择。所以以工业为主导的地区会因之面临产业结构的调整。

（一）比较分析

在发达国家,产业结构的先进性主要体现在第三产业的总量与地位上。一般而言,发达国家第三产业不仅吸纳了劳动力 65%～70% 的就业份额,而且同样创造了 65%～70% 的 GDP 份额。以工业为主体的第二产业则退居"次要产业",它所吸纳的就业量与 GDP 的贡献份额大体相当,一般不超过 30%。而以农业为主体的第一产业则成为"最小产业",它所吸纳的就业量与 GDP 的贡献份额同样相当,一般不超过 5%。如日本,从 1965 年至 2000 年的产业发展与劳动力转移来看,35 年间,日本不仅产业发展与劳动力的转移是同步的,而且在第三产业发展的同时,也吸引了相应比例的劳动力,促进了第一产业劳动力有效转移。1965 年以来,除前 10 年第二产业劳动力比重提高 0.9 个百分点外,以后几十年均略有减少(见图3-3所示)。

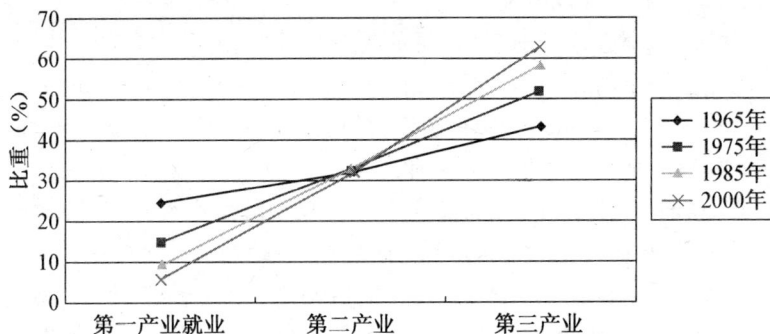

图 3-3 日本 1965—2000 年产业就业结构变化

相比之下,中国沿海较为发达的省份,第一产业增加值占 GDP 的比重接近发达国家的水平,而非农产业产值构成反差较大,其中,第二产业增加值占很大的比重,第三产业比重提高相对不快,在吸收农村非农化劳动力转移方面也显不足。如浙江省从 1978 年至 2008 年的 30 年间,第一产业增加值占 GDP 的比重已降至 10% 以下,而第二、三产业增加值发展较快分别达到 50%、40%,见图 3-5 所示,与日本等发达国家或地区相比,第三产业增加值比重提高不快,相应的第三产业发展对劳动力的吸收也并未同步增加,反而低于以工业为主的第二产业(见图 3-4 所示)。

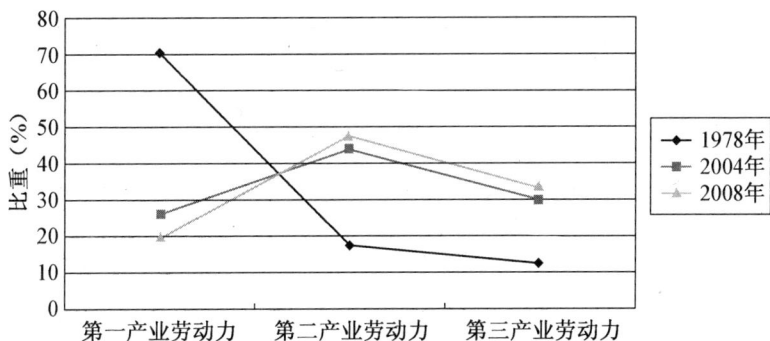

图 3-4 浙江省 1987—2008 年三次产业就业结构变化

(二)产值构成优化

在全球金融危机前后,中国的对外贸易出现了下滑,以出口外向型企业为主的第二产业受到相应的影响。为此,冲击较大的沿海省份先后提出发展现代服务业等的第三产业。如早在 2004 年,浙江省就提出加快发展现代服务业等第三产业,进一步降低第一、二产业增加值和劳动力的比重,虽然第三产业增加值占 GDP 的比重有所提高(见图 3-5 所示),但其在吸收农村地域人口非农化转移方面的效果并不显著,第二产业在吸引劳动力方面仍然较突出(见图 3-4所示)。与中等发达国家、发达国家相比,浙江省第三产业的不足与差距可见一斑(见图 3-6 所示)。

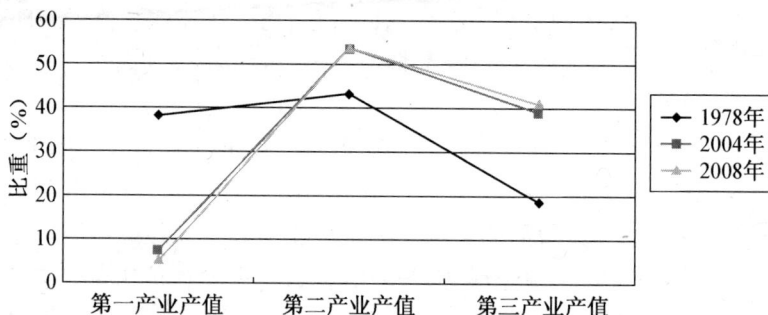

图 3-5 浙江省 1978-2008 年三次产业产值构成变化

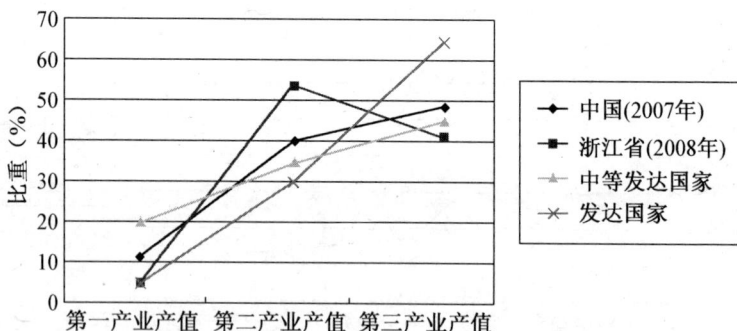

图 3-6 浙江省与发达国家产值构成比较

二、就业转移及结构调整的困境

中国大部分省份产业结构调整思路重在生产领域。如在第二产业内部,总是将加快发展高新技术产业,推动产业结构升级作为主要任务。尽管在金融危机背景下,中国东部、中西部省份的高新技术产业均逆势而上,在低碳城市发展策略引导下,节能、环保和生态产业也迎来了良好的发展机遇。这些高新技术、节能、生态环保产业的发展和产业结构的升级是生产部门"新陈代谢"与自我更新的结果,对某一地区某一部门生产能力和发展竞争力的提高,以及供应结构变化下的需求结构的调整是有利的,但其改变不了某一经济水平下的全社会市场需求与容量的提高;在第三产业领域,近年来,中国许多省份针对第三产业规模相对较小、结构层次不高的状况,普遍提出加快推进第三产业发展步伐,包括发展金融、保险、物流、信息和法律等现代服务业,扶持文化、旅游、社区服务等生活需求服务业,运用现代经营方式和信息技术,改造提升传统服务业等。总体看,现代服务业是生产和生活需求结构升级所必需的,这些更多的是运用现代经营方式和电子信息技术等手段来完成,是技术和资金密集型产业。这在一定时期内,对提升第三产业产值比重有一定的积极作用,但对促进产业就业转移见效不显著。也就是说,现代经营方式和电子技术在服务业中的运用,能提高相应服务行业的服务效率,并可以减少服务人口的工作时间,而对相应的产值提高,效果并不明显,尤其是现代物流业,其实质上是将货物运输、信息管理和酒店服务等行业在空间上进行再整合。同时信息技术的运用,使传统分散零星的信息服务行业得到整合,使其服务效率大为提高,但其在产值提升方面作用有限,在促进就业增量方面更显不足。而文化、旅游、社区服务等产业,需求潜力较大,尤其是文化、社区服务需求的大众化将是中国未来第三产业发展的主题。但是从文化产业看,中国快速城市化下的城市文化缺乏地域特色,新兴创意文化的时空局限性大,农村文化正在随着农村地域人口的外流而逐渐

"消失"。从社区服务看,以家政、医疗、教育为主的城市社区服务产业正在逐步形成,但规范化、产业化仍不足。与中国农村地域部分农产品自给自足经济相对应,农村社区服务也普遍存在自给自足的状况,完善的农村社区服务体系尚无法建立。

因此,在服务对象需求量不变的情况下,第二、三产业结构的内部调整,可以使其产业内部行业产值构成、就业比重发生变化,结构层次得以提升,而第二、三产业的总值之间的比例则不会有很大的变化。因此必须是从促进区域发展地位的变化出发,调整产业空间发展策略,从而实现第二、三产业比重的根本改变。

区域产业空间调整是在实现产业梯度升级的进程中,按照城乡资源与环境优势,采取适宜的产业政策措施,更加注重节约利用土地、水、能源等资源和环境保护,协调产业布局,以减少结构性污染。在工业布局方面,按照发展循环经济的要求,把清洁生产、生态工业、生态农业等措施整合起来,城乡统筹,以此来调整产业布局,进而合理调整三次产业的结构比例。与此同时,实现生产与消费的有机联系和产业间产供销的合理搭配,力求实现各产业的有序增长和协调发展。按照产业发展的次序和产业链条,发展优势产业和主导产业,构建生态工业园区。以中心城市为核心,搭建若干区域性高地,加强其现代服务业的发展,并以服务联结腹地,更好地为腹地城市提供更为全面的生产及生活服务,拉动区域经济发展,并不断向外辐射和拓展。按照农业发展与产业纵向拓展序列,以农村农业为基础,发展生态农业与农产品加工基地,农村地域、小城镇与农业加工基地相结合,形成农、工、贸产业共同发展的和谐局面。

中国的就业结构与产业结构的偏离太大,主要是第一产业劳动力就业转移没有按照市场经济规律配置到非农产业中去。这有劳动力自身素质的原因,也有非农产业设施对劳动力需求的因素。有关省份对其原因做了有益而值得商榷的探索(其数据见表3-1)。本节就此进行分析与论证。

表3-1　中国及其部分省份三次产业产值与劳动力偏离值

地域名称	第一产业			第二产业			第三产业		
	产值	劳动力	偏离值	产值	劳动力	偏离值	产值	劳动力	偏离值
浙江省	5.1	19.2	−14.1	54.1	47.6	+6.5	41	33.2	+7.8
广东省	5.7	28.8	−23.1	52.0	39.0	+13.0	42.3	32.2	+10.1
中国	11.3	39.6	−28.3	40.1	27.2	+12.9	48.6	33.2	+15.4

（一）商榷一：旧体制的惯性和工业偏好政策体制原因

在改革创新背景下，一切在发展中遇到的困难与阻力，大多被认为旧体制的束缚，在人口与就业转移方面也是如此。

1.“传统的城乡二元就业体制”扭曲了“中国的劳动就业市场”结构体系，劳动就业市场不完善。

城市内部的“国有经济部门和非国有经济部门、正规部门和非正规部门”分别有着不同的“劳动力配置机制”，在工资待遇和劳动保障等方面也存在多元化现象。致使“就业结构的顺畅升级”受阻，进而影响农村劳动力的就业转移。

事实上，在以企业为主体的市场经济环境下，进城就业的农村非农化人口在工资水平和待遇等方面要求较低，与在职或城镇待业职工相比，具有一定就业优势。中国沿海城市外向型企业也是利用大量“农民工”的廉价劳动力，从而获得相对低廉的产品成本，使其在海外市场上具备更大的价格优势。因此，大多数企业单位对农村劳动力非农化转移起着积极作用。国有经济部门、正规部门的“二元就业体制”存在的实质性问题是劳动力的“供”大于“求”，或者是说相应部门的就业岗位“供”不应“求”，继而对“求”职者“有计划、按比例”分配岗位。在这种岗位“短缺”的经济背景下，一旦有同类的工作岗位，或者有结构层次更高的新型“职位”诞生，就有合适的劳动力去“补给”。因而，从这一层面看，“就业结构的顺畅升级”与否的根本在于：第一，是否存在“层次”较高的就业岗位；第二，非农化人口是否具备相应的素质，因而，所有这些，并不是所谓"传统的城乡二元就业体制阻止就业结构的转移"。

2. 在固定资产投资规模和资源投入总量一定的前提下，以"工业为中心的旧体制"投放格局，推动了第二产业的发展，而第一产业和第三产业则由于"投入的相对缺乏，发展缓慢"。

虽然在 1990 年后，城镇化的推进加大了城镇三产投资比重。但是从各个已发展或正在发展的省份来看，发展工业仍然是主导的惯性思想。原有的注重第二产业投资格局促使第二产业比重仍高，第一产业比重下降，而第三产业上升不快，从而劳动力在三次产业之间转移缓慢。

回顾中国的改革发展历程，20 世纪 80 年代乡镇企业的快速发展和进入 90 年代后沿海外向型企业的发展，得益于当时国内短缺经济的释放和世界制造业的地域转移，致使国内市场的建立和国外市场的开拓。有了这样的内外市场基础，对以工业为主的第二产业的全面投入，加速了第二产业的发展和就业比重的提高，这是客观必然的，其并不影响农业劳动力就业转移，相反，在合适的时空条件下，促进了就业转移和升级。而第三产业的投入多寡，一方面与投入主体的财力有关，另一方面与所投入的设施的市场需求有关。但有财力无市场的投入是徒劳的，如 20 世纪 90 年代以来，中国地方政府先后在农村地域投入兴建农村学校和医疗设施，许多农村因人口的减少，上学就医人次的减少，面临空置的局面。而有市场无财力，则可以引进社会资金等多种融资渠道。培育发展第三产业，如诸多的酒店餐饮服务业等便是如此。因此，解决三次产业结构失衡问题的根本是市场的建立问题，而不是设施建设的投入问题。

3. "政府对教育等众多基础设施行业存在不同程度的垄断"，这"在资源配置上扭曲了市场经济规律，阻碍了就业结构的转变"。

浙江省在教育、金融、卫生、文化体育、水利和科技的全部固定资产存量中，国有经济占比分别为 88.4％、84.3％、81.5％、72.6％、64.9％、59％。由于"政府的垄断"，"非特定的资本和劳动力对这些产业的进入受到限制,从而导致就业结构转变滞后"。另外,"社会保障制度的不完善,户籍管制"等也阻碍了就业结构的转变。

　　教育、金融、卫生、文化体育、水利和科技在第三产业结构层次中属于较高的行业,它们随着居民生活水平整体提高而发展较快。但这些行业的就业人口规模较小,并且新型发展行业的素质要求与农村劳动力素质之间存在错位,无法就地安置农村的剩余劳动力。近几年发展起来的部分新型服务产业,对相应的技术、文化素质要求较高,如教育、社会保障、房地产业等服务产业。这些行业在解决就业转移过程中,也吸引了部分对口的非农业"高素质"就业人口。此处以江苏省灌南县为例,见表3-2所示。

表3-2　灌南县主要非农产业现状及其构成(2007年)

行　　业	就业数(万人)	其中:使用的农村劳动力(万人)	使用的农村劳动力比例(%)	专业技术人员比例(%)
制造业	4.92	3	0.57	12.43
电力、燃气及水的生产和供应业	0.16	0	0	23.71
信息传输、计算机服务和软件业	0.16	0	0	28.71
房地产业	0.11	0.05	0.45	41.94
租赁和商务服务业	0.04	0	0	52.78
科学研究、技术服务和地质业	0.07	0	0	63.27
教育	0.91	0	0	95.14
卫生、社会保障和社会福利业	0.89	0	0	72.17
文化、体育和娱乐业	0.03	0	0	35.47
公共管理和社会组织	1.16	0	0	22.48

因此,无论是从产值看,还是从就业结构看,教育业、金融业、卫生、文化体育、水利和科技对农村就业转移所起作用不强的原因不在于政府的"垄断"程度导致的"资源配置上的扭曲",而在于这些行业本身是"资金和技术"密集型的行业,农村劳动力综合素质现状与之有一定距离。

(二)商榷二:第三产业发展相对滞后的产业结构原因

从中国沿海省份的产业结构看,第三产业产值比重相对偏低。近年来,包括浙江、福建等省份先后重视发展现代服务业等第三产业,第三产业对省域经济的贡献越来越大。如浙江省 2000—2008 年,第三产业产值年均增速达到了 13.7%,而同期的 GDP 总量年均增长 12.8%,第三产业占 GDP 的比重基本保持在 40% 以上。尽管如此,部分人士认为第三产业在运行中仍存在一些问题。一是第三产业整体发展还相对滞后,认为"第三产业比重与第二产业相比仍然偏低,与全国平均水平及北京、上海等中心城市相比,沿海省份的第三产业发展水平仍相对滞后"。二是第三产业内部结构仍不合理,认为"金融业、房地产业、旅游业等近几年发展迅速,但仍未根本改变第三产业以传统的商业、服务业为主的旧格局,基础性产业和新兴产业仍然发育不足"。"就业弹性较大的信息传输、计算机服务和软件业,租赁和商务服务业,居民服务和其他服务业,教育、卫生等行业所占比重仍然很小",这是影响劳动力就业结构的重要原因。

事实上,对部分县(市)的调查可知,诸如房地产、金融保险等资金密集型行业的增加值,近几年增长很快,对第三产业增加值尤其是 GDP 的贡献很大,但在促进就业方面的作用不强,就业转移效果并非想象的那样理想,真正促进就业的还是传统商业服务行业。如江苏省灌南县,近几年来教育、卫生、社会保障和社会福利业,文化、体育和娱乐业,水利、环境和公共设施管理业等带有公共性、普遍性的公共服务业发展较快,快于第三产业的平均水平,尤其是教育产业增长最快,现已占据第三产业的主导地位,其数据见表 3-3。

表 3 - 3　2007 年灌南县第三产业内部结构

序号	产　业	增加值（万元）	所占比重（%）	2007 年比 2006 年增长（按可比价格,%）
1	第三产业合计	183910	100	17.9
2	房地产业	38600	20.9	12.8
3	批发和零售业	29400	15.9	10.9
4	交通运输、仓储和邮政业	23700	12.8	14.2
5	教育	22500	12.2	39.8
6	公共管理和社会组织	26200	14.2	13.3
7	卫生、社会保障和社会福利业	16100	8.75	26.2
8	金融业、信息传输、计算机、软件和科学技术服务	10650	5.7	7.4
9	餐饮业、住宿、租赁和商务服务业	7890	4.28	18.3
10	水利、环境设施管理、居民服务和其他服务业	7980	4.32	20.9
11	文化、体育和娱乐业	890	0.48	31.5

注：本表数据来自江苏省灌南县统计年鉴(2008 年)

　　然而,从产业结构内部就业构成比例看,第三产业中,就业人口最高的是交通运输、仓储及邮政业,公共管理和社会组织,批发和零售业,教育、卫生和社会福利业,其就业人数分别为 1.41 万人、1.16万人、1.1 万人、0.91 万人和 0.89 万人,分别占第三产业就业人数的 20.86%、17.15%、16.21%、13.5% 、13.2% 。其中对农村剩余劳动力吸收率较高的是交通运输、仓储及邮政业、批发和零售业、住宿和餐饮业,但其发展前景明显不如教育等,其数据见表 3 - 4。

表 3 - 4　灌南县第三产业劳动就业构成

行　　业	就业数（万人）	劳动力比例（%）
交通运输、仓储及邮政业	1. 41	20.86%
公共管理和社会组织	1. 16	17.15%
批发和零售业	1. 1	16.21%
教育	0.91	13.5%
卫生、社会保障和社会福利业	0.89	13.2%
金融业、房地产业、商务服务业、公共设施管理业和技术服务	0.4	5.91%
居民服务和其他服务业	0.33	6.86%

　　实际上,从日本 1965 年以后第三产业的就业构成变化中也可以看出,其就业比重最大还是商品批发零售业,并且就业增长速度在 20 世纪 80 年代之前还大于其他新兴服务业(见表 3 - 5 所示)。

表 3 - 5　日本 1965 年后第三产业就业变化一览表　（比重单位：%）

序号	行　　业	1965 年	1975 年	1985 年	2000 年
1	批发业	6.2	6.7	6.9	7.1
2	零售业	11.8	14.7	16	16.2
3	金融保险业	2.0	2.6	2.9	3.1
4	不动产业（房地产业）	0.4	0.7	0.9	1.1
5	交通运输仓储	4.8	5.1	5.2	5.2
6	通信业	1.2	1.1	1.0	0.9
7	电力、供热和供水等	0.6	0.6	0.6	0.6
8	生活服务业	3.8	3.6	3.7	4.0
9	娱乐	0.7	0.9	1.2	1.6
10	修理	0.9	1.0	1.1	1.0

续表

序号	行　　业	1965 年	1975 年	1985 年	2000 年
11	教育	2.7	3.1	3.3	3.2
12	医疗保健	1.8	2.8	3.7	4.5
13	生产服务业	1.2	3.5	5.6	7.6
14	其他服务业	2.0	2.0	2.2	2.6
15	机关团体	3.1	3.5	3.5	3.4
16	其他	0.1	0.1	0.3	0.6

　　比较中国与日本第三产业就业构成(见表3-6所示),可以认为,日本第三产业的发展与国民生活水平的提高,与提高人们的生活质量所要求的服务业相关,如金融保险、医疗保健等。此外,批发零售贸易也会随着第三产业的发展而有所发展。在中国,如不关心居民的生活状况,而仅从"提高城市产业结构档次"出发,一味追求所谓的"现代科技信息"服务业,将是不切实际的。从城市建设的角度看,其将建成的是"非以人为本"的城市设施体系与网络,最终将被空置而浪费。

表3-6　中日第三产业结构内部构成比较　　　(单位:%)

序号	第三产业	中国(2002 年)	日本(2000 年)
1	批发业	27.2	11.3
2	零售业		25.8
3	金融保险业	1.9	4.9
4	不动产业(房地产业)	(0.6)	1.8
5	交通运输仓储	11.4	8.3
6	通信业		1.4

序号	第三产业	中国(2002 年)	日本(2000 年)
7	电力、供热和供水等(地勘水利)	(0.5)	1.0
8	生活服务业(社会服务)	(6.0)	6.4
9	娱乐		2.6
10	修理		1.6
11	教育(教文艺影)	(8.6)	5.1
12	医疗保健(卫生体育福利)	(2.7)	7.2
13	生产服务业(科研技术)	(0.90)	12.1
14	其他服务业		4.1
15	机关团体	5.9	5.4
16	其他	34.2	1.0
	总计	100	100

注：括号内数据为中国的产业分类

（三）商榷三：关于劳动力素质不高的社会原因

劳动力素质特别农村劳动力素质在低层次上供给过剩和中高层次上供给不足，是影响农村劳动力顺利转移和制约产业结构升级的原因之一。相对文化程度较高者而言，文化程度较低的劳动力更容易受产业结构升级的影响，也更容易失业。一方面，由于文化程度较低，所以无法适应技术升级的需要；另一方面，较低的文化程度也制约了劳动者本身对其他行业技能的学习，以至无法适应行业转换的要求。这种现状决定了现阶段结构性失业的必然性和严重性。同时，受劳动力素质较低的影响，部分需要高素质劳动力的产业出现岗位空缺，其发展受到影响，中国近几年出现的严重技工荒便是较好的印证。这种现状影响了产业的发展，继而影响就业结构的调整。与此同时，中国每年有 600 多万大学生进入就业大军之中，而2007 年就业率仅 70%左右，如果教育体制没有问题的话，那么"高层次素质"岗位需求总体仍不足,这也说明这一类高层次服务行业的市场需求仍不足。这是市场容量的问题,而不能简单地归结为农村劳动力素质低下。

（四）商榷四：国际金融危机的波及和影响

美国次贷危机引发的全球性金融危机冲击着浙江经济生活的各个方面。其对就业的主要影响有：一是经济增速趋缓,对就业的拉动能力减弱。从劳动力市场监测情况看,企业用人需求有所下降,一些地区新增就业人员增速减缓。二是部分行业企业处于限产、减产、停产和半停产状态,导致就业存量减少。三是部分中小企业生产经营困难,对就业带来一些不利影响。四是外贸出口型企业由于对外依存度高,受世界金融危机影响较大,出口的减速也会减少对劳动力的需求。

应该说,金融危机是暴露中国部分沿海城市产业问题的导火索,中国沿海部分城市、城镇制造业利用劳动力低成本、产品价格低廉所显现的竞争优势空间的有限性日益显现。尤其是在其产品市场占有率大和全球市场容量不变的情况下,金融危机之后,贸易保护主义和人民币升值等因素,将在一定时期内,影响中国制造业的持续发展。因此,金融危机不是影响中国制造业和相应就业发展的主要原因,而是暴露了中国制造业发展的方向性和结构性问题的导火索。后危机时代,即使外需复苏,外贸增长得到恢复,相应职工收入得以持续提高,也改变不了占全国就业劳动力 67% 的农村就业人口的就业转移困境和相应收入差距,农村人口的消费需求量结构层次也无法得以提升。

第二节　消费需求与结构层次的提升

一、供求关系理论研究

根据劳动力商品价值理论,具备劳动能力的劳动者是否能提升自身的劳动素质,实现劳动力素质由低向高转移的动因,其一方面受市场（岗位）需求和劳动力价格决定；另一方面受劳动者需求结构层次制约。前者当劳动力供大于求时,劳动力工资水平和相应的素质提高大多难以实现。反之,则不仅推动工资水平的提高,而且在高工资高标准的工作岗位下,更易促使高素质人才的培养。中国深圳等部分城市曾出现技工短缺,但并没有推动年轻"农民工"积极提高自身的技能来再就业,补进技工岗位。这表明所谓短缺的技工相对生产企业来说是短缺,而相对于劳动者来说并不短缺,这只不过是一般的就业岗位而已,并没有特别的优势可言。发展职业教育与职业技术培训,提高职工素质,弥补技工和高素质职工短缺的状况,并不是劳动力市场对教育培训资源的配置行为,而是传统的生产计划的经济手段,这种计划经济手段如果不以市场为导向最终会造成职业教育培训资源和高素质劳动力资源的闲置和浪费。

(一)需求层次理论

美国社会心理学家、人格理论家和比较心理学家亚伯拉罕·马斯洛(Abraham Harold Maslow, 1908—1970)认为,人都潜藏着五种不同层次的需要,从低至高分别为生理上的需要、安全上的需要、感情上的需要、尊重的需要和自我实现的需要,而在不同时期表现出来的各种需要的迫切程度也是不同的。从一定意义上说,人的最迫切需要才是激励人行动的主要原因和动力。当低层次的需要基本得到满足以后,它的激励作用就会降低,其优势地位将不再保持下去,高层次的需要会取代它从而成为推动行为的主要原因。有的需要一经满足,便不能成为激发人们行为的起因,于是被其他需要取而代之(马斯洛的需求层次见图3-7所示)。

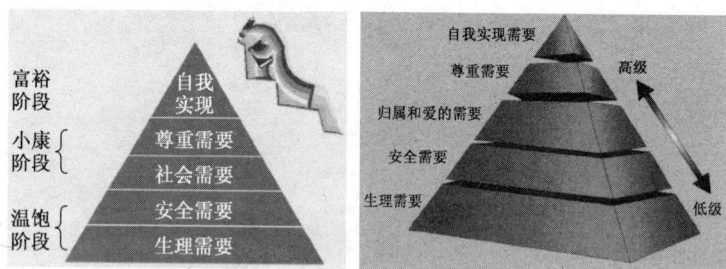

图3-7 马斯洛需求结构层次图

1. 生理上的需要

这是人类维持自身生存的最基本要求，如果这些需要得不到满足，人类的生存就成了问题。在这个意义上说，生理需要是推动人们行动的最强大动力。

2. 安全上的需要

这是人类要求保障自身安全、摆脱事业和丧失财产威胁、避免职业病的侵袭、接触严酷的监督等方面的需要。马斯洛认为，整个有机体是一个追求安全的机制，人的感受器官、效应器官、智能和其他能力主要是寻求安全的工具，甚至可以把科学和人生观都看成是满足安全需要的一部分。

3. 感情上的需要

这一层次的需要包括两个方面的内容：一是友爱的需要，即人人都需要伙伴之间、同事之间的关系融洽或保持友谊和忠诚；人人都希望得到爱情，希望爱别人，也渴望接受别人的爱。二是归属的需要，即人都有一种归属于一个群体的感情，希望成为群体中的一员，并相互关心和照顾。感情上的需要比生理上的需要来得细致，它和一个人的生理特性、经历、教育、宗教信仰都有关系。

4. 尊重的需要

人人都希望自己有稳定的社会地位，要求个人的能力和成就得到社会的承认。尊重的需要又可分为内部尊重和外部尊重两类。内部尊重是指一个人希望在各种不同情境中有实力、能胜任、充满信心、能独立自主，总之，内部尊重就是人的自尊。外部尊重是指一个人希望有地位、有威信，受到别人的尊重、信赖和高度评价。马斯洛认为，尊重需要得到满足，能使人对自己充满信心，对社会满腔热情，体验到自己活着的用处和价值。

5. 自我实现的需要

这是最高层次的需要，它是指实现个人理想、抱负，发挥个人的能力到最大限度，完成与自己的能力相称的一切事情的需要。也就是说，人必须干称职的工作，这样才会使他们感到最大的快乐。马斯洛提出,为满足自我实现需要所采取的途径是因人而异的。自我实现的需要是在努力实现自己的潜力,使自己越来越成为自己所期望的人。

生理上的需要、安全上的需要和感情上的需要都属于低一级的需要,这些需要通过外部条件就可以满足;而尊重的需要和自我实现的需要是高级需要,他们是通过内部因素才能满足的,而且一个人对尊重和自我实现的需要是无止境的。同一时期,一个人可能有几种需要,但每一时期总有一种需要占支配地位,对行为起决定作用。任何一种需要都不会因为更高层次需要的发展而消失。各层次的需要相互依赖和重叠,高层次的需要发展后,低层次的需要仍然存在,只是对行为影响的程度大大减小。

马斯洛和其他的行为科学家都认为,一个国家多数人的需要层次结构,是同这个国家的经济发展水平、科技发展水平、文化和人民受教育的程度直接相关的。在不发达国家,生理需要和安全需要占主导的人数比例较大,而高级需要占主导的人数比例较小;在发达国家,则刚好相反。在同一国家不同时期和不同的地区,人们的需要层次会随着生产和经济水平的变化而变化,这样就表现出消费需求结构的多样性。

(二)供应结构

供应是指某一地区在某一时期提供的物质和精神产品,它由社会生产力发展、经济技术水平、经济制度、产业结构和自然资源、生态环境等条件所决定。自然资源与生态环境决定着物质产品供应的最大限度。在自然资源和生态环境容量许可的前提下,社会生产力发展水平高和经济技术条件好,提供的产品能力强,供应的物质性与非物质性产品就越丰富。当今"低碳"经济环境的推行,会对物质产品的供应范围和供应结构产生一定制约作用,经济制度对完善供应结构有着必要的作用,社会主义市场经济体制的建立,促进了资源合理有效的配置,使商品的供应与市场需求相吻合,促使供应结构合理化。人文特点是构成精神产品的主要因素,历史文化基础和现代文明是精神产品的主要来源,其中,历史文化底蕴深,地域人文环境独特,能提供的精神产品丰富而独特。现代文明程度越高,则提供的精神产品越丰富,现代文化创意为新的文化产品生产提供了广阔的发展空间。产业结构直接影响着供应结构,在中国,调整产业结构大多从调整供应结构入手,一般认为调整了供应结构就调整了产业结构。实际上,决定供应结构的产业结构是否需要调整,还要看需求结构特点与变化规律。在某一社会集团消费需求总量一定的情况下,即使按照需求结构变化规律而调整产业结构时,其生产总值或供应总量一般是变化不大,只是在产业结构和供应结构内部的行业之间进行了"优胜劣汰"而进行自我更新和结构完善。只有当某一社会集团经济收入水平提高,消费能力增强下的消费结构层次提升时,适时调整与提升供应结构,才能使地区生产总值或供应总量与产业结构同步提高。这在下文的供求关系理论中将作进一步说明。

（三）供求关系理论

供应和需求是经济运行中的重要组成部分,需求决定供应,社会需求能力与需求量总体上决定了生产供应量与供应能力,需求结构是生产供应结构影响的重要因素之一。但是,供应结构对需求结构有着反作用。适度、合理的供应结构变化,能引领需求结构的变化,这种引领作用是在合理的价格水准和一定的居民购买能力下才能实现的。

居民的购买力、特定的商品价格,决定了居民的需求量,从而决定了商品的供应量与供应结构。从图 3－8 的供应曲线（supply curve）、需求曲线（demand curve）、均衡价格（equilibrium price）、均衡数量（equilibrium quantity）、消费者剩余（consumer surplus）、生产者剩余（producer surplus）的关系可知,在市场经济社会,已经形成的均衡价格和供需平衡条件下,人为提高或降低商品价格,都可能会产生一些不良后果,前者会带来产能过剩,后者会招致供不应求。

只有当价格达到均衡价格 P 时,供需达到平衡,所有商品的价值转变为交换价值。为此,当某一行业的生产商品价值没有转变为

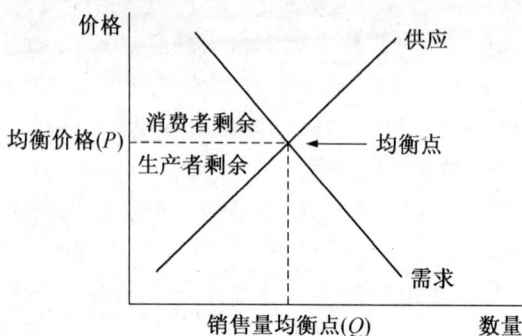

图 3-8 供应与需求关系分析

交换价值,或生产总值偏低、表现出结构性的问题时,其可能性有二:即价格偏高的供大于求或价格偏低的供不应求。而政府部门从宏观经济层面出发,通过投资渠道,增加供应来调整产业价格时,在价格偏低的供不应求的环境下较为有效,而在价格偏高或超出居民购买力的供相对大于求的情况下,其效果并不显著。如前几年,沿海省份为调整产业结构,发展以现代服务业为主的第三产业,其在GDP 中比重有所增加,但根本上改变不了产业结构层次的矛盾。即使是上海市,现代服务业相对较为发达,其与中等发达或发达国家的产业结构相比,仍有很大的滞后性(见图 3-9 和图 3-10)。

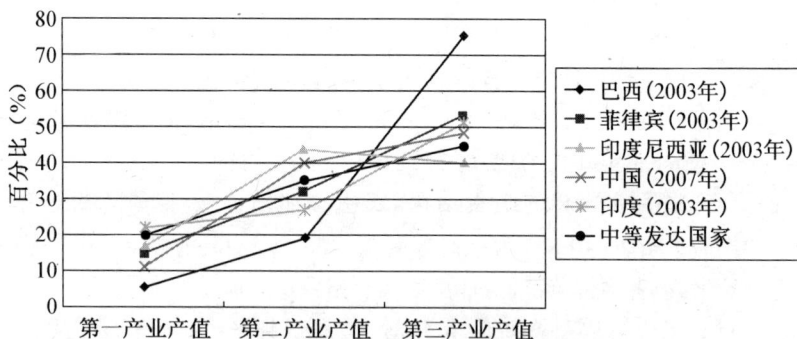

图 3-9 新兴市场国家等产业构成比较

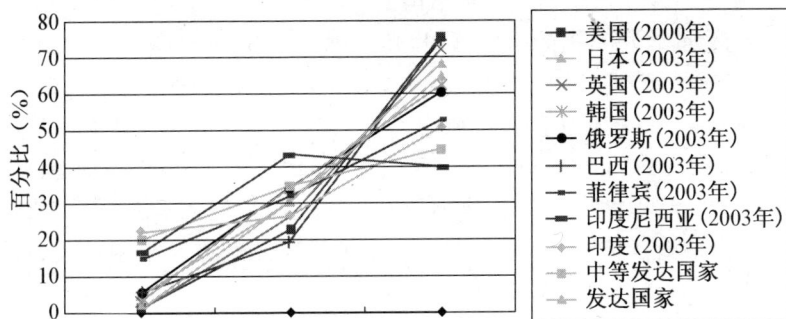

图 3-10　发达国家等产业构成比较

二、消费结构的提升

（一）消费结构

根据消费结构层次理论研究认为消费结构是指在一定社会的消费过程中受一定社会生产制约的由需求和供给的矛盾运动所规定的消费对象的种类和比例关系。按照消费结构理论与消费结构可以分为：

1. 实物消费结构和价值消费结构

前者由一系列消费资料和消费服务的实物名称和数量来表示，后者则通过人们收入中各项货币支出的数量和比例来表示。在中国，当前实际消费的实物结构中还包括一定量的自给性实物消费，这部分一般不通过价值结构来表现，如农村地域自给自足的农产品生产与消费，以及自建住房等便是如此。

2. 宏观消费结构与微观消费结构

前者指整个社会的消费结构，表明总体的消费数量和比例关系，从总体上反映一个国家或一个地区的消费结构状况。后者指某一家庭或个人的消费结构，它从一个消费单元上反映消费结构状况，并成为宏观消费结构的基础。前者与国民经济状况及国民收入水平相适应，后者与消费者收入及消费对象的价格变化相适应。

3. 不同社会集团的消费结构

例如,农民家庭的消费结构和城市职工家庭的消费结构。2008年,中国城镇职工工资平均为29229元/人,居民人均可支配收入为15781元/人,农村居民人均纯收入为4761元/人,分别比2007年增长11%、8.4%和8.0%。城乡居民收入的差别,直接影响居民消费需求的满足程度和消费结构的差异。而农村地域的居民是中国社会庞大的消费集团,其消费结构与需求量受其经济水平制约大,有待于进一步释放。

考察消费结构的目的在于探索和掌握消费需求的变动趋势,及时调整产业结构和产品结构,衔接好产需关系;同时,可以借此剖析和评价一定的产业系统的经济效益以及衡量与检验人们需求获得满足的状况。

(二)消费资料的合理性分析

1. 消费资料的层次划分

考察消费结构必须对消费资料加以科学分类。按照消费资料对人们生活的重要性及人们消费它们的形式,可作如下层次的划分:

(1)把消费资料分为生存资料、发展资料、享受资料三大类。生存资料是补偿劳动者必要劳动消耗所必需的消费资料;发展资料是劳动力扩大再生产所必需的消费资料;享受资料是提高劳动者生活水平、满足人们享乐需要的消费资料。在这三大类中,生存资料是消费资料中基础性层次,其消费需求的弹性最小。根据马斯洛的需求理论,人们只有在获得这一层次的消费之后,其消费需求才会向较高的层次延伸和发展。但是,随着社会生产力的发展和人们生活水平的改善,三类消费资料的数量和种类也不断增加和扩大,某些原来属于发展或享受的资料会转化成生存资料。因此,三类的区分只能是相对的、历史的。它们不仅在内容上有很多交叉和相互关联的"结合部",而且随着社会生产力的发展而不断变化。

(2)把三大类消费资料再划分为食品、衣着、住房、用品、交通、燃料、服务等不同消费对象。其中食品是基础性的层次,只有在这一层次的需要获得基本满足之后,消费力才会向其他各项消费扩展。消费结构就是指这些对象在消费支出中各自所占的比例。

(3)把用于各种消费形式的消费资料再划分成更具体的层次,进一步考察各个细项的消费比重。例如,把食品又分为主副食、烟酒茶、糖果糕点、水果等;把衣着又分为棉织品、化纤织品、呢绒绸缎等;把用品又分为耐用消费品、非耐用消费品等,然后分别计算消费者用于这些细项的支出在消费总支出中的比重。

2. 消费结构提升

一定的消费结构,是一定的需求结构和供给结构相互作用的产物。同时,一定的消费结构又转过来给需求结构和供给结构以积极的影响,或促进供给的改善与需求的满足,或延缓供给的改善与需求的满足。建立一个合理的消费结构模式是实行市场经济、实现国家经济发展战略的需要。分析见图 3-11。

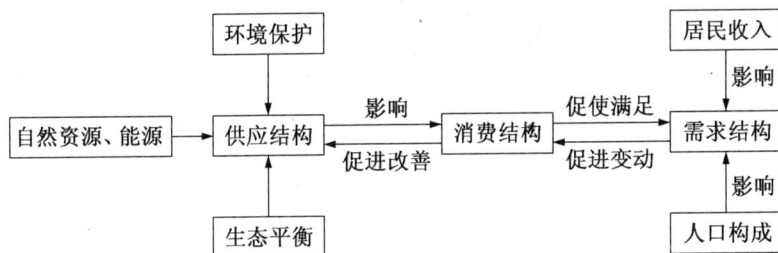

图 3-11　消费结构与供应、需求结构分布

在中国,当前人们公认的合理消费结构具备以下特点:消费构成要同社会的人口构成和需求构成相适应;要运用消费对生产的信息反馈,使供给结构同需求结构更加吻合;要同环境保护、自然资源的合理开发、能源的合理利用以及保持生态系统平衡相适应;要有利于社会主义精神文明建设。在有效需求相对不足的情况下,中国以投资供应为主导形成的供给结构,对某一时期 GDP 增长和产业结构的调整有一定的积极作用,但这并不一定与当时人口收入水平

与结构下的需求结构相吻合。这样会产生局部地区或某些产品的供大于求和产能过剩。如现实条件下,部分地区出现了低层次的教育和卫生等公共设施闲置,而高质量高标准的教育和卫生等公共设施却存在分布不均和供不应求。在住房领域也是如此,适应城市化需要和市民改善性住房要求的城市住宅开发,是合理的;而仅是从发展第三产业和提高财政收入的层面出发,开发的诸多房地产,必将与大多数城市居民的需求相背离,使住房供应结构与需求结构不协调。

消费结构随着需求与供给的矛盾运动而不断发展演变。考察消费结构的合理性,还应该考察它的演变提升规律(见图 3-12 所示)。一般来说,生存资料在消费支出中的比重逐步下降,发展资料

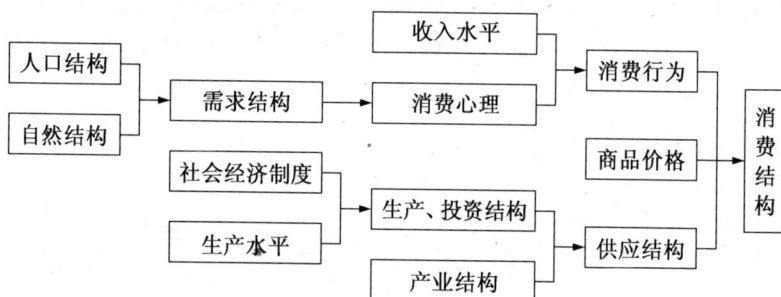

图 3-12 消费结构影响因素分布

和享受资料的比重逐步上升;在各种消费形式的支出中,食品比重逐步下降,衣着、日用品的比重逐步上升;食品的支出比重中,主食品的比重下降,副食品的比重上升;在穿用的消费支出中,购买中档、高档消费品和耐用消费品的支出比重上升,低档品比重下降;在住房建设中,新建扩建投资比重上升,维修投资比重下降;商品性消费比重增加,自给性消费比重下降;在消费总量中,服务性支出比重上升,商品性支出比重下降;用于精神消费比重上升,用于物质消费比重下降,等等(见图 3-13 所示)。在总的消费结构不断提升的趋势下,不排除个别时期内某个局部的逆向转化。如在金融危机下,

86

失业率的提高,会使人们收入相对减少,食品支出比例增大。2009年,在中国整体出口受挫的情况下,部分食品企业则在继续增长。另外物价上升过快,部分收入增幅相对较低的群体,消费结构层次则"不增反降",尤其在中国的农村地域,仍存在大量剩余劳动力,一方面农村年年粮食丰收,另一方面城市居民由于生活水平的提高,"食品比重逐步下降,衣着、日用品的比重逐步上升",致使农村经济收入比重相对降低,并在屡次"涨价加薪"的浪潮下,农民只能深受"涨价"之苦,而无缘"加薪"之幸。

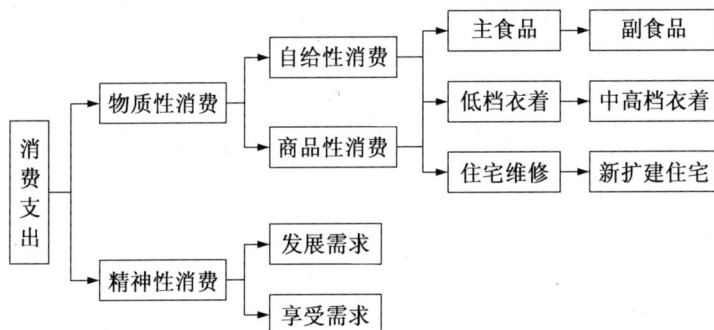

图 3-13　消费结构与层次分布

（三）影响消费结构提升的主要因素

消费结构提升的变动受多种因素影响,主要是:社会生产力发展水平、社会经济制度、产业结构、消费者的收入水平、消费品价格与消费决策（引导）、人口的社会结构和自然结构所决定的需求结构、消费者心理和消费行为、自然环境,等等。就中国而言,社会经济制度、消费品价格与消费决策（引导）、人口的社会结构和自然结构所决定的总体上相差不大,而社会生产力发展水平、地区产业结构、消费者收入水平的地域相差较大,相应的消费结构相差很大,尤其是占总人口 60% 的农村地域与占总人口 40% 的城市、城镇,城乡收入之比高达 3.5∶1,两者的消费结构不能一概而论。即使在收入同步增长的情况下,其新的消费需求领域的消费资料是大为不同的。实践证明,虽然中国多年来强调扩大内需,但未见明显的成效,2009 年金融危机后,中国为进一步扩大内需,通过家电下乡、汽车下乡和相关的财税补贴等措施,有效地促进了内需增长,全年的消费增长对 GDP 的贡献率达 50% 以上。这表明,中国农村农民的需求结构提升仍有一定的空间,但价格杠杆与农村地域居民的收入水平制约了消费需求增长。在未来,如果农村居民的收入增长并未随着中国经济的发展而同步提升,那么广大农村地域人口的消费结构提升是有限的。关于这一点,可以用城镇化水平来说明,中国提前演进的"S"型城镇化规律(本章第三节)表明,农村地域居民的消费空间拓展已受很大的限制。如果农村地域居民的消费空间不得到有效拓展,即使城市城镇居民和城镇化的非农人口需求结构在有效提升,其对中国社会需求增长的贡献也是有限的。为此,在研究整个社会宏观消费结构的同时,也应该深入研究不同地区、不同收入阶层的微观消费结构,为科学决策提供依据。

长期以来,以政府部门宏观调控为主导的产业结构调整思路,难免习惯用投资拉动经济某一方面的增长,以达结构相对合理的目的。投资与消费是相互对应的两方面,投资是从供应的角度,生产与提供更多的生产与消费物品,以达到经济增长的目的;而消费是从需求的角度,要求社会有相对足够的供应物品以满足人们生产与生活的需要。生产与提供的物品能否实现价值,消费者能否获得商品的使用价值,商品的价值与使用价值能否实现统一,还需通过交换价值来实现。而交换价值的实现与否,还要看全社会的供求关系与作用。只有国民收入水平与生产力水平、产业结构同步时,消费结构才能随之提升。

第三节　城镇化的新气象

过去的 30 年里,中国积极推进城镇化,取得了举世瞩目的成就。1978 年至 2008 年,中国设市城市数量从 193 个增加至 655 个,建制镇从 2174 个增加到 2 万多个；城镇人口由 1.7 亿增加至 6.06 亿，人口城市化率由 17.92％增加到 45.6％，年均提高 0.93％；而进城务工经商的农村非农化人口已达 1.2 亿人，初步形成了中国特色的城镇化道路。

一、多元的城镇化模式

20 世纪 90 年代以前，围绕农村经济发展和劳动力就业转移，中国进行了农村经济体制改革。1990 年后，随着农村非农化推进城镇化和城市问题的不断显露，中国的城镇化进入了一个新的发展时期，呈现出多重并举、快速推进的良好发展态势。依据城镇化发展的动力机制，可将中国城镇化模式作如下归类。

（一）城市城镇拉力型模式

这种模式的城镇化过程能够使农村剩余劳动力直接转移到城市中或新的工业镇中，其转移途径主要是通过三种形式进行的：行政引力型、重点项目拉动型和大城市产业要素扩散带动型。

拉力型的城镇化模式主要受如下因素的制约：国家的财力、物力状况，国家工业化的发展速度、工业技术构成的高低和城市经济规模等。据中国当前的国情，城市、城镇拉力型的模式，在全国城镇化推进过程中的作用，是十分有限的，但是在中心城市地区，随着城市功能的不断升级和扩散能力的提高，其对农村地域城镇化的带动作用也会逐渐加强。

1. 城市行政引力型

行政引力型是拉力型城镇化的主要形式。中国行政中心的乘数效应使各级行政中心均成为中国城镇化网络中的重要节点。因此一般情况下，在政治、经济和文化等方面都具有重要意义，大都市具有全国意义，省会城市具有全省意义，县城具有全县意义。一旦某一区域的行政中心迁移，则迁出地的城镇会相对有所衰落，而迁入地的城镇则会飞速发展。河北省省会由保定迁往石家庄，即引起了河北省城镇化中心地区的迅速变迁。浙江省台州市行政中心由临海市迁至原经济重心椒江市后,因为经济重心与行政中心的共同作用,该市经济出现跨越式发展。另外,低级层次行政中心的升格,如县级市升格为地级市,一般镇升为中心镇(或副处级中心镇)等,也会加速城镇化过程。相反,一个地区如果没有自我独立的行政中心,比如有县无城的话,即使其经济发展水平较高,城镇发展也可能会相对缓慢,如福建省的莆田县、江苏省的无锡县和原宁波市的鄞县等,这些县原有的县域经济发达,但城镇化程度却相对滞后。

2. 重点项目拉动型

国家级或省级重点工程项目(如交通枢纽、大型港口、大型工矿企业建设等)的布点,有可能在一个地区形成崭新的城镇,从而带动周围地区的城镇化发展,如历史上的攀枝花(钢铁)、包头(钢铁)、大庆(石油)、克拉玛依(石油)、六盘水(煤)、朔州(煤)、伊春(林)、黄骅(港口)、龙口(港口)、钦州(港口)等。大型工矿基地建设,大大促进了城镇化。20世纪80年代后,国家重点建设项目集中在基础设施领域,如机场、铁路站场和港口等,这些项目能带动相关配套设施建设,从而带动人口就业集聚,促进城镇化的进程。进入21世纪,随着中国基础设施网络的完善,特别是2009—2010两年中国政府重点投入4万亿建设资金,用于基础设施项目的建设后,后续工程和城镇建设由民间资本来共同完成。此外,诸如广东深圳、上海浦东和天津滨海新城等也是从国家战略层面出发,通过城市功能的提升,由国家对重点相关设施建设的投入,带动城市相关建设项目与设施的开发,最终快速推进城市发展。总体上看,重点项目拉动型具有重点突出性、区域战略性,而并不具有地域普遍性的作用。

3. 大城市产业要素扩散带动型

随着产业结构的更新调整,大城市的若干产业要素即有可能扩散到周围地区,从而使产业要素接受地的工业化过程加快,城镇化过程加速。如天津静海县的大邱庄镇,起初就是由于接受了天津市钢铁工业的扩散而发展起来的。另外,大城市的卫星城发展也可归为这一类,如上海市城郊县镇,由于接受中心城"退二进三"后的产业要素,城镇发展明显加快。

（二）农村推力型模式

这种模式的城镇化是中国由计划经济向市场经济过渡时所形成的一种独特过程,在中国人口稠密、商品经济较为发达和商品意识较强的长江三角洲地区最为典型。在这一模式的城镇化过程中,非农产业的形成主要通过如下几种途径:一是调整农业内部产业结构;二是发展乡村、乡镇企业;三是发展个体、合作工商和运输企业;四是劳务输出为途径的建筑业等。而人口的地域转移则多种多样,有"离土不离乡,进厂不进城",继续留在农村的;有"离乡不背井",进入城镇或边远地区的;也有"进厂又进城",进入城镇或小城市的。这种模式的城镇化,深刻地受制于国家对农村地域政策的变化,农业提供粮食的数量及粮食市场的供求关系,农村剩余劳动力的数量和农村劳动力的素质等。与城市、城镇拉力型相比,农村推力型模式的农村地域劳动力非农转移快,空间地域广度大,但较为有序。这种城镇化过程可再细分为如下几种类型。

1. 苏南模式

苏南模式主要发生在江苏南部地区,以苏锡常地区最为典型。该地区开发较早,经济发展水平较高,历史上素有农工相辅之传统,手工业一向发达。该地区城镇密度高,中心城市辐射力强,人多地少,乡村剩余劳动力压力大。改革开放以后,为解决剩余劳力过多的问题,在原有集体经济的社队企业基础之上,逐步发展起以村办企业和乡镇企业为主体的农村经济体系,城镇化得以较快发展。在市场经济驱动之下,乡镇企业向更大城镇集聚,从而使城镇化不断向前推进。

2. 温州模式

温州模式主要发生在浙江沿海地区,以温州、宁波和绍兴地区为典型。虽然地少人多,交通不便,但该区域素有经商传统,因此自改革开放后,即以商促工,发展以家庭工业为主体的农村个体经济,在生产领域发展家庭工业,在流通领域开辟专业市场,并通过个人外出经商,使生产与消费结为一体。遍布全国各大中小城市的浙江人聚落,以及遍布各边远地区的浙江人,无疑加快了中国城镇化的步伐和浙江本地区的城镇化过程。但由于个体经济的规模较小,规模经济效益难以发挥,技术构成难以提高,这种模式的城镇化面临一定的困难。

农村推力型的模式在江、浙地区带有普遍性,曾在20世纪80年代促使城镇快速发展。但是同一地区的城镇产业结构雷同,城镇发展地域特色不鲜明,发展后劲不足,这些问题在进入21世纪后更为突出,在今后的城镇化推进中,其作用将逐步减弱。

（三）外力推动模式

这种模式的城镇化是在外力推动下起步和发展的。随着中国改革开放步伐的加快,中国与世界经济的联系愈来愈密切,因此包括外资、外贸和旅游在内的外向型经济也获得了较快发展,从而带动了城镇化飞速发展。这种城镇化模式可细分为以下几种类型。

1. 外资带动型

该类型主要发生在经济特区、沿海开放城市、重点经济技术开发区等地区,以珠江三角洲最为典型。在这些地区,三资企业聚集,形成了较强的外向型经济体系。这些三资企业成片、成带布局,对乡村剩余劳动力引力巨大。深圳从30年前的小渔村一跃发展成为拥有几百万人口的特大城市,正是外资带动的结果。近几年来,整个珠江三角洲、海西福厦地区经济发展带以及若干经济技术开发区的发展也遵循了这一发展模式。

2. 边贸激发型

该类型主要发生在边境地区,以内陆口岸城市的诞生和发展为其典型。如中俄边境的黑河、额尔古纳,中缅边境的畹町、瑞丽等。双边贸易的增加,需要设立相应的物资集散地和相关口岸,而贸易量的逐步增大,则有可能使口岸发展成为城市,促进城镇化过程。

3. 旅游促动型

旅游是一种特殊的经济活动,能有效地刺激商业、房地产业、娱乐业、饮食业以及服务业等的发展,从而促进城镇化过程。中国以旅游业为其主导产业而设置的城市,如黑龙江省的五大连池市、宁安市,福建的武夷山市,江西的井冈山市,安徽的黄山市,山东的曲阜市,海南的三亚市,四川的峨眉山市以及甘肃的敦煌市等。

外资外贸企业的推动作用,有赖于中国充足的劳动力资源和相对低廉的劳动力市场基础。由于外资、外贸企业在产品质量、品牌方面具备一定的优势,中国部分地区通过相对优惠的税收等政策制定,引进国外先进的技术和管理经验,以增强地区经济发展能力。在新的国际、国内环境下,中国自主创新能力的提高和现代企业管理制度的建立与完善。再者,在人民币升值预期下,外资、外贸企业在中国的发展优势将不如昔日明显。外力推动模式可能会有所降低,进而会影响相应的区域城镇化步伐。

（四）多力综合型模式

多力综合型模式通过城市拉力、农村推力和外力推动等其中两种或三种作用力所形成的合力机制,促使农村地域城镇化,成都模式、重庆模式是其典型案例。西部大开发10年来的成都发展道路可概括为"三轴三阶梯"模式。"三轴三阶梯"以"复合城市化、要素市场化、城乡一体化"为路径,是一种从"全城谋划"到"全域统筹"再到"全球定位"的新型多力综合型发展模式。该模式引领着成都逐渐走向世界现代田园城市。

1. "三轴"。即"复合城市化、要素市场化、城乡一体化",是成都10年来城市化发展的三条路径。

（1）"复合城市化"。成都浓缩了发达国家典型城市从早期工业化到中期去工业化再到当前建设全球城市、信息城市的百年历程,在短短10年多时间,既推动了工业化,又调整了城市空间布局和产业结构。充分发挥成都中心城区在区域城镇化中的拉动作用,加速推进城镇化、全球化、信息化进程。

（2）"要素市场化"。在农村地域城镇化推力不够强劲的前提下,利用农村地域空间资源优势,以市场化运作方式,在更大程度上激发了市场活力,在更大空间范围内形成以市场为基础的要素集聚和产业载体,以此来推进地域城镇化。

(3)"城乡一体化"。在中国由沿海中心城市向中、西部内陆产业梯度推进过程中,成都以区域中心城市快速发展为基础,以大城市带动大农村,通过城乡统筹有效破解城乡二元结构难题,开拓发展空间,凝聚发展动力,为新一轮引进"外资"企业创造条件。

2. "三阶梯"。即"全城谋划"、"全域统筹"和"全球定位",是成都 10 年发展的三个阶段。

从 1999 年西部大开发战略启动到 2003 年是全城谋划阶段。这一时期成都的发展思路主要是通过放宽民营经济准入限制,改革行政审批制度,盘活土地、资本、劳动力等要素资源,建设城市,发展城市,经营城市,是拉动型城市化的主导时期。

2003—2009 年是"全域统筹"阶段。这一时期成都按照"五个统筹"要求,把战略视野从全城扩展到全域,从城市管理体制改革推进到破解城乡二元体制,在城乡统筹中推动了成都全域的均衡发展、协调发展,使农村推力在成都区域城镇化中加速形成。

2009 年后,成都进一步把战略视野拓展到全球,进入到新的"全球定位"阶段,其目标是打造"全球城市网络中的节点城市"和"世界现代田园城市",使成都城市参与世界城市群的分工与合作之中,让更多的全球外资企业融入其中,共同推进成都地域城镇化步伐,进而加速中国西部的发展。

10 多年来,成都城镇化模式主要是在城市拉力和农村推力双重作用下形成,外力作用尚待时日,成都发展模式仍然十分有限。统计表明近 10 年来,成都城市化转移的农村劳动力为 12 万人,其占城市总人口的比例很低。诸如"土地没了,工作也没着落,这样的建设有什么意思"等问题的暴露,一定程度上反映了成都模式的局限性。

二、提前演进的"S"型城镇化规律

(一)人口城镇化的一般规律

英国学者范登和美国地理学家诺瑟姆,根据对各国城市发展变化的实证研究得出结论：城市发展具有阶段性规律,整体趋势呈现为倒"S"平滑曲线。在初始阶段,农业经济占主导地位,城市化速度缓慢;当城市人口超过10％时,城市化水平逐步加快;当城市人口超过30％时,城市化进入加速阶段,工业规模迅速扩大,农业人口向城市快速聚集,这一趋势一直要延续到城市人口达到70％以后才逐步减缓;此时,城市化开始步入成熟阶段,农业人口经历大规模的迁移后,人口压力减小,而且农村经济和生活条件大为改善,城市就业市场日趋饱和,导致城市对农村的吸引力大大减弱,城乡间人口实现动态均衡。一般来说发达国家均为如此。

1. 初始缓慢发展阶段

城市化初始阶段,所经历的时间较长。日本城市化率由1920年(大正9年)至20世纪50年代是低速增长期,共计30年,城市化水平由18％逐年上升到35％左右。该时期日本城市化率年均增长0.63％,表现出低速平稳增长的特征。英国到工业革命前的18世纪60年代,农业人口仍占总人口的80％以上,城市化水平不足20％(相当于日本20世纪20年代和中国的20世纪70年代)。城市化率从20％提高到40％,英国大致用了120年,即至19世纪80年代实现。而同样的经历美国用了80年,韩国用了30年(见姚士谋、汤茂林等:《区域与城市发展论》,中国科技大学出版社2006年版)。

2. 快速发展时期

在快速发展时期,城市化水平提高普遍较快。20世纪50年代至70年代是日本经济高速增长期,该时期日本城市化率年均增长1.75％,从第二次世界大战后的37％快速提高至72％,基本上完成了城市化过程。19世纪40年代到工业革命后的19世纪末期,英国城市人口达到75％(相当于日本的20世纪70年代),而农业人口急剧下降到总人口的25％,城市化率从40％上升到70％,大体上用了70～80年。而相应过程美国用了近100年,日、韩两国仅用了30多年。

3. 成熟完善阶段

当一个国家的城市化水平达到70％后,其发展速度就会趋缓。

至 2004 年(平成 16 年)日本城市化率达到了 80％。回顾日本 20 世纪 70 年代至今的发展期,该时期日本城市化率虽然由 72％小幅上升至 80％,但城市化的质量不断提升,已步入完善发展阶段。英国在 1900 年城镇人口比重达到 75％,成为世界上第一个城市化国家。城市化成熟发展阶段,城市化水平提高缓慢,城市郊区化、逆城市化是这一时期的主要特征。尽管如此,但城市功能在逐步完善,城市环境也在不断改善。在城市空间布局上,也由相对集中向相对分散、城乡有机一体化方向发展。

（二）中国人口城镇化的特征

1. 城镇化的特征

城镇化作为一种伴随工业化、现代化进程的经济社会现象,是保持国民经济持续发展的客观要求,也是实现社会长期发展目标的内在要求。完成农村劳动力的转移是实现城镇化的重要条件。

中国城镇化经历了相当曲折的过程。在改革开放前的完全计划经济体制下,户籍管理制度使中国城镇化过程受到严格控制。当时,工业化是中央计划的优先目标,因此城镇化过程实际上就成为国家非农化过程的一种附带产物,非农化程度的高低也就在很大程度上代表和反映了城镇化水平的高低。尽管由于城镇化滞后于工业化,但城镇化程度被低估了。根据城镇非农业人口占总人口比重计算,中国 1949 年的城镇化程度为 10.6％,1957 年为 15.4％,1975 年为 12.2％,1978 年达到 18.6％。

1978 年实行改革开放政策以后,中国城镇化发展出现了新的契机:一是投资渠道多元化;二是城镇人口政策相对灵活化;三是城镇非正式部门的就业潜力增大;四是市镇建置标准发生了变化,使经济增长点分散化;五是城镇基础设施建设规模扩大,进一步提高了城镇吸引力和吸纳力;六是乡村劳动生产率大幅度提高,使农村剩余劳动力剧增,对城镇化形成巨大推力。在这些因素的综合作用之下,中国人口城镇化过程大大加速了。根据国家统计局城乡人口数据与构成分析,1982—1989 年,第四次人口普查口径调整后的城镇人口中含居住在城镇内和周边的村庄人口,不含城镇暂住流动人口。这一口径的"一增一减",能较为客观地反映中国的城镇人口数量。而1990年后,按第五次人口普查统计口径调整后,城镇人口数量在第四次人口普查基础上增加了暂住流动人口,这样城镇人口数量中多统计了城镇周边的村庄人口,城镇人口规模的统计值有所放大。为系统全面地分析城镇人口的变化规律,笔者按照国家统计局的城镇人口数量和比例的数据,分析中国1952年后城镇化水平的演进规律,见图3-14所示。

中国1978年、1982年的市镇人口比重分别为17.9%、21.13%,1984年为23.01%,1988年为25.81%,1990年为26.41%,1993年为28.14%。而2001年为37.7%,2008年为45.68%,城镇人口已达6.07亿,2009年为46.5%,城镇人口达6.21亿。

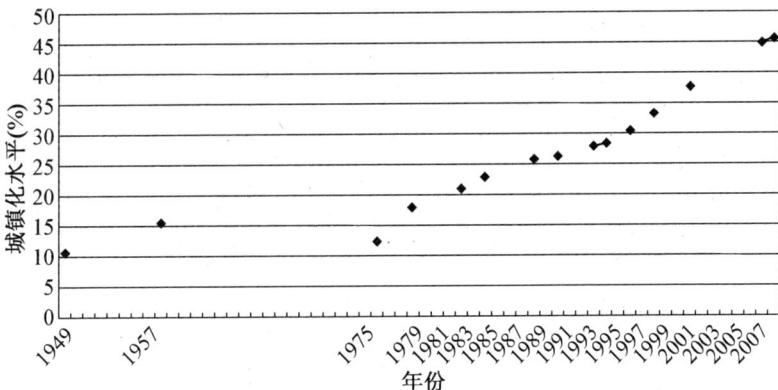

图3-14 新中国成立后城镇化水平变化

2. 城镇人口与构成特点

(1)城镇人口统计口径

中国的城镇人口统计口径一直以来处于不断变化与演进之中。20世纪80年代之前,中国的城市、城镇人口基本上由公安部门统计的城市、镇近郊区的户籍非农人口组成。《中华人民共和国城市规划法》(1990年4月1日实施)也以此为统计口径,划定大、中、小城市人口规模。进入20世纪90年代,由于城市、城镇内事实上有相当数量的农村户籍人口,这些在城镇中居住而未被公安部门登记为城镇非农业人口的农村户籍人口,实际上他们在城市、城镇从事城镇经济活动,并且其人口数量在大幅度增加。统计公布的人口城镇化程度与实际上的数值背离较大。为此在1990年第四次人口普查时,中国使用新的城镇人口统计标准,打破农业与非农业户籍的局限性,从地域上划分了城镇人口的统计范围,从而较好地修正先前人口城镇化统计上的偏差。第四次人口普查时的市镇总人口,是指设区的市所辖的区人口,不设区的市所辖街道人口和所辖镇的居民委员会以及县辖镇的居民委员会人口。但是第四次人口普查时所用的统计标准仍然未包括城镇中的长期暂住人口,理论上,其值仍会偏低。2000年第五次人口普查在第四次人口普查的基础上,将城市、城镇中的暂住人口(半年以上的非农就业的流动人口)统计为城市、城镇人口,显然这更为客观地反映了城镇人口的实际数值。由于按照行政区划划定的市辖区、县辖镇中包括了一定数量、在自然村居住生活的农业就业方式的农村实际居住人口,按照这一标准统计出的城镇人口规模实际上高于中国实际的城镇人口数据。

根据国家标准《城市用地分类与规划建设用地标准》(GBJ137-90)的规定和建设部城市规划司《关于上报核定城市规模材料的要求的通知》(建规字〔1997〕8号)精神,城市人口统计必须遵循"人、地"相一致的原则。根据城市、镇现状及发展趋向,确定城市人口的统计范围为:以城市、镇人民政府所在地为中心,基本上形成了紧密连片、基础设施共享的现状建成区统计为城市、镇人口,其由建成区范围内的户籍农业、非农业常住人口和暂住人口3部分组成。这一口径将第五次人口普查中已统计为城镇人口,而实际上远离城市、城镇城区的农业生产人口排除在城镇人口之外,更加符合城镇人口的实际。这一数据在某一个城市、镇统计时较易获得。但是,从中国范围看,不同地区的城市和城镇形态差异较大,很难采用统一的标准采集城镇人口。即使在同一个城市或城镇,在不同时间段,城市或城镇形态也处于动态变化之中,采用这一标准汇总城镇人口数量也不容易。

而统计部门的城市、镇人口统计标准,从地域上划分了城镇人口的统计范围。人口普查时的市镇总人口是指设区的市所辖的区人口,不设区的市所辖街道人口和所辖镇的居民委员会以及县辖镇的居民委员会人口。通常情况下,其统计的城镇人口以行政区划为单元,即市所辖的区、街道和镇,以及镇所辖的居委会和建成区范围所涉及行政村、自然村,均统计为城镇人口,与规划建设部门紧密连片、基础设施共享的现状建成区统计范围相比,统计部门的市镇人口规模偏大,但其数据较易从统计部门中获得,并可以进行多年的历史比较与分析。

(2) 城镇人口规模

国家统计局每年对全国城镇人口数量予以公布。1978 年,以非农户口为主的城镇人口为 1.7 亿,1980 年、1985 年和 1988 年,城镇人口分别为 1.91 亿、2.51 亿和 2.87 亿,年均增长 5.07%。1990 年、1992 年、1995 年和 1998 年,按第四次人口普查人口统计口径(增加了城镇内的农业户籍人口数)的城镇人口数量分别为 3.02 亿、3.22 亿、3.52 亿和 4.16 亿,年均增长 4.2%。进入 21 世纪,2000 年、2002 年、2005 年和 2007 年,按第五次人口普查人口统计口径(增加了城市城镇内的暂住人口数)并经修正后的城镇人口分别为 4.59 亿、5.02 亿、5.62 亿和 5.94 亿,年均增长 3.74%,至 2008 年末中国城镇人口已达 6.07 亿。从历年城镇人口统计数据看,30 年来,中国城镇人口数前 10 年增长最快,后 20 年相对缓慢,并在增幅逐步递减(此一过程见图 3-15)。城镇暂住人口占的比例较高,2008 年进城务工经商的"农民工"已达 1.2 亿人,占城镇人口的 20%。

国家统计局 1978—2008 年的城镇人口统计数据是在 1982 年、1990 年、2000 年的人口普查基础上作了不断的修正调整而取得的。相比之下,1990 年修正后的城镇人口数包含了城市、城镇周边按照行政区划划入的农村人口,弥补了城镇人口统计数中不含暂住人口而偏低的不足。1990 年后,修正调整的城镇人口数既含城镇暂住人口,又含城市、城镇城区周边按照行政村划入的农村人口,其值会高出实际城镇人口数。因而 20 世纪 90 年代后,实际的城镇人口增长速度可能不及图 3-15 中国家统计局公布的城镇人口增长速度。

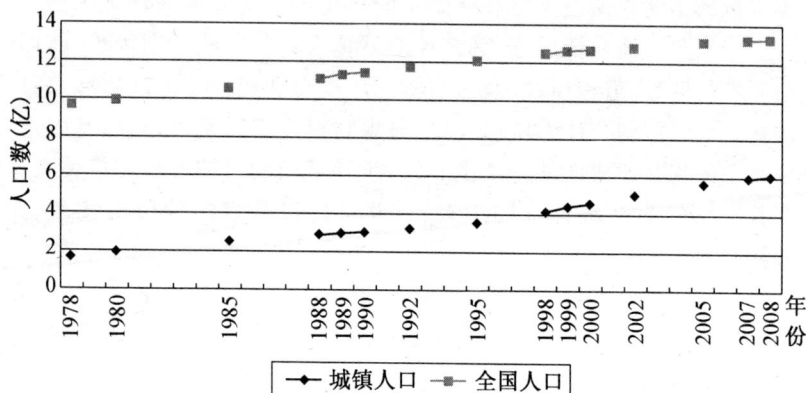

图 3-15 中国改革开放后城镇人口变化关系

（3）城镇暂住人口

"城镇化的过程从根本上说,就是一个如何让农民逐步比较稳定地在城市居住并生活的过程"。2008 年,据不完全统计,城镇暂住人口达 1.2 亿之多,是城镇总人口的 20%。在部分地区,户籍与暂住人口比例严重倒挂,如深圳、东莞等市的城市暂住人口规模达到了户籍人口的 3～4 倍。因此,城镇暂住人口对城镇人口规模影响甚大。

城镇暂住人口数一直没有明确的统计。一般认为,城市、城镇暂住人口起始于 20 世纪 80 年代,即从 80 年代中期开始出现"农村地域非农化劳动力异地城镇化"算起,至今已近 30 年。期间,人口流动的规模由小到大,由个人流动到家庭流动,由短期流动到长期流动,由近距离流动到跨省流动,人口流动形态不断变化。

2000 年第五次人口普查的统计资料显示,中国有 1.2 亿流动人口,其中,省内流动的占 65%,跨省流动的占 35%;15～35 岁的人口占全部流动人口的 80% 以上。从数量看跨省区流动人口达 4000 万,而 1160 万流入广东,数倍于北京、上海(分别是 365 万和 344 万)。

根据国家统计局对全国各角度抽样调查计算外出人口占全国各时期总人口的比例推算,中国流动人口数量从 1993 年的 0.7 亿,增加到 2003 年的 1.4 亿,超过全国人口总数的 10%,约占农村劳动力的 30%。至 2005 年达到最高,为 1.474 亿,其中,跨省流动人口 4779 万。与第五次全国人口普查相比,流动人口增加 296 万,跨省流动人口增加 537 万;而 2006 年后,呈现逐年下降趋势(见表 3-7)。2007 年,外出流动人口(含半年以上和以下)数为 1.2 亿,这与公安部统计(登记)的 1.04 亿较为相近(2004 年、2005 年、2006 年、2007 年,全国公安机关登记暂住人口分别为 7801 万、8673 万、9520 万、10441 万),比 2005 年减少 0.3 亿左右(见图 3-16)。通过对暂住流动人口的分析可知: ① 中国的暂住流动人口"充实"了城镇人口,使城镇人口规模提高了 20% 之多;② 中国的流动人口并非在逐年提高,在 2005 年后,出现了逐年递减的趋势,表明城镇化动力有减弱的趋势。

表 3-7　中国暂住人口变化一览表　　　　　　　(单位:亿)

年　份	1993	1996	1997	1999	2000	2003	2004	2005	2006	2007
暂住流动人口	0.7[1]	0.59	0.62	0.65	1.2[2]	1.4[1] 1.08	1.07	1.5	1.28	1.2
暂住半年以上人口比例		4.5	4.8	4.8		7.7	7.4	11.5	8.96	8.4
暂住不足半年人口比例		0.3	0.2	0.3		0.7	0.8		0.8	0.7
户籍地与居住地比例		94.6	94.4	94.4		91.1	91.3	88.1	89.7	90.4
总人口		12.23	12.36	12.66		12.9	13	13.07	13.14	13.21

注:[1]来自《人民日报》2005 年 7 月 27 日;[2]来自第五次人口普查人口统计;[3]其他来自各年的中国统计年鉴。其中暂住流动人口是统计年鉴上的亦工亦农人口。

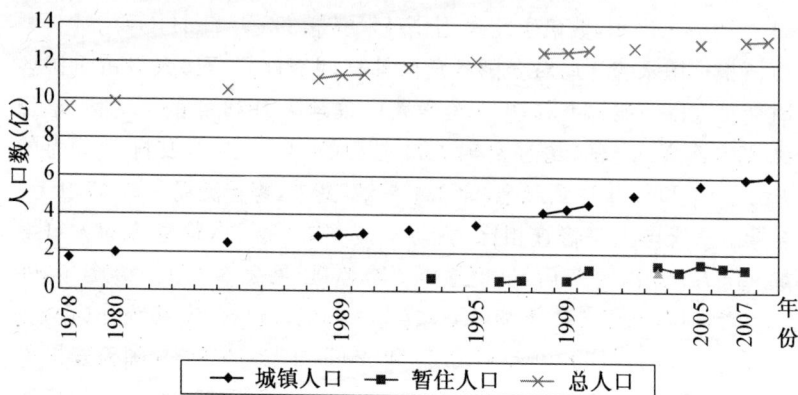

图 3-16　中国改革开放后城镇暂住人口变化关系图

导致中国暂住流动人口减少现象的原因有三：其一是城市、城镇产业发展的局限性显露；其二是"农民工"入城门槛相对其收入而言偏高，流动人口进城的生活成本太高；第三是进城"农民工"年龄大多在 15～35 岁之间，据人口年龄构成看，15～35 岁年龄段的人口数在逐年减少，相应的 35 岁以上的高龄劳动力人口在逐年增加。

（三）移位的"S"型城镇化提升规律

中国的城镇化自 1982 年开始进入快速提高期，那时城镇化水平为 20%多；1990 年后，城镇的暂住人口和城市、城镇周边的村庄人口均统计为城镇人口，城镇人口规模偏大，但是在曲线图上并未表现出城镇人口的骤增现象，反而延续 1980 年代的发展趋势。根据国家统计局的统计数据，1990—2003 年，中国人口城镇化水平一直保持快速发展的态势，城镇人口比重由 1995 年的 29.4%提高到 2003 年的 40.53%，8 年提高 11.13%。从 2004 年开始至 2008 年，中国人口城镇化速度开始减缓。这与欧、美、日等发达国家城镇化水平在 30%～70%之间进入快速增长期的规律不相吻合。中国人民大学劳动人事学院潘锦量教授认为，"城市容纳外来劳工能力的下降，原因是多方面的：金融危机是一方面，还有部分城市由于容纳能力有限，从政策上不太鼓励太多'农民工'进城"。当前出现的城市高房价可以说是城市提高城镇化门槛的一个阶段性反映。

据上述城镇化水平曲线的变化过程可以认为，中国的 S 型城镇化发展轨迹将不同于西方发达国家，中国的城镇化加速发展状态始于 20%，而在 2010 年前后，当城镇化水平达到 45%～50% 之间时，其增长速度可能会放慢。其原因主要在于以下几个方面。

1. 中国的城镇化速度与政策相关性大

中国的城镇化快速发展时期起于 1980 年前后，源于农村经济体制的改革和农村剩余劳动力的转移。其后，随着短缺经济的释放，乡镇企业的发展，加速了农村剩余劳动力的非农转移。1990 年后，针对中国乡镇企业布局分散，乡镇第二、三产业发展对农村剩余劳动力吸收能力相对不足，农村非农化人口没有随着就业转移而向城镇集中等的负面因素，中国开始将工作重心转到城镇化和城镇建设上来，这使得城镇化持续了 20 世纪 80 年代的发展速度，实际可以认为是"减弱控制"政策变革的结果。

2. 城市、城镇对城镇化的拉力开始有所减弱

根据中国城镇化的几种模式，可以认为，城镇化拉力作用较强的主要是各级中心城市、大城市，江、浙、粤沿海地区和部分沿边城市等，这些城市和地区对外开放程度高，外向型产业经济发达，对农村劳动力就业转移起的作用较大。但是，必须看到，这些城市、地区是通过发展以制造业为主的第二产业来带动人口就业的，部分行业产品已经占据全球市场较高的份额，扩大再生产的空间已十分有限。并且，一旦外部政治、经济环境不佳，致使外需减少，则必将会直接影响企业的生产，2008 年的国际金融危机是个最好的例子。因此，从长远看，这些城市和地区的产业结构和行业构成特点对产业人口就业转移，尤其是对农村人口的非农化作用潜力将十分有限，从而会影响城镇化的进程。

中国暂住流动人口占城镇人口为 20% 左右，总量已出现减少的

现象,其对城镇化水平贡献将降低,城镇化步伐将可能开始放缓。

3. 中国的城镇化历经时间短,农村人口收入低,结构独特

中国科学院一位院士对中国的城镇化发展速度做了一个比较:在城镇化率从 20％提高到 40％这个过程中,英国经历了 120 年,法国经历了 100 年,德国经历了 80 年,美国经历了 40 年,苏联和日本分别经历了 30 年,而中国仅用了 22 年。这一方面说明中国改革开放后,在人口城镇化方面取得的成就;另一方面也该注意,西方国家在经历漫长的城市化过程中,农村人口的减少,除部分转移为城市人口外,还有相当一部分人口由于年龄的增长而逐渐自然"消亡"。从劳动就业看,随着农业生产技术和组织的提高,部分农村劳动力也因年龄增长,失去劳动能力,退出第一产业就业岗位。虽然第一产业产值比重与就业比重自然"协同"减少,但农村劳动力平均收入与城市劳动力平均收入在同步提高。

而中国在短短的 20 多年时间里,虽然有 20％～30％的农村人口实现了城镇化,但仍有 70％～80％的农村人口仍在农村生活与生产,他们仍然具备劳动能力,却因农业生产总值增长的局限性,使他们与城镇从事第二、三产业的劳动者相比,收入差距在扩大;再者,他们的思想观念、生活习俗也很难具备城镇化的条件。因此短时期内,中国独特的农村人口结构特点,将会影响城镇化的推进速度。

仅据此,预计 2010 年至 2020 年间,中国城镇化的发展会以每年不足 1 个百分点左右的递增速度上升,城镇化将转入慢行通道。

第四节　基本结论

一、产业结构调整应与消费需求结构层次提升相协调

（一）产业结构调整有待于与就业转移相结合

中国有关省份产业结构调整的相关政策措施一般都是针对三

次产业产值构成的不协调而制定和实施的。由于三次产业内部对GDP 的增长的贡献率是不同的。一般情况下,第一产业发展速度缓慢,而第二、三次产业,在不同时期均有较大的贡献率表现。高新技术产业、现代服务业市场竞争力强、成长性好,对经济增长,尤其是GDP 增长的贡献大,是地方政府首选的目标。通过发展新兴产业,促使地区产业产值发展,其最终可能会调整产业的产值构成比例,但可能无助于真正的产业结构升级和农村地域就业的转移。上海市是我国的经济金融中心,与中国国内其他城市相比,第三产业相对发达,但其产业结构与发达国家、地区相差仍甚远(见图 3 - 17 和图 3 - 9、图 3 - 10)。

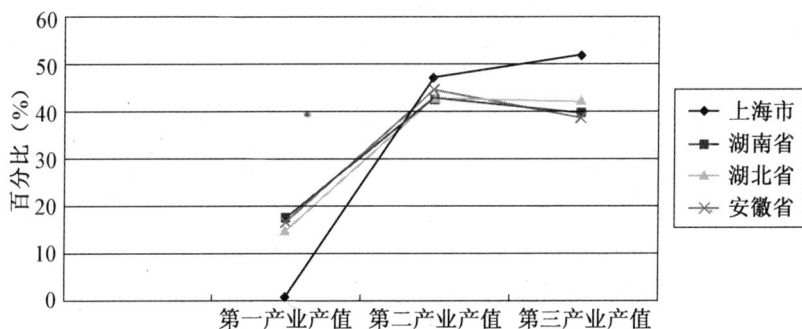

图 3 - 17　中国部分省、市产业结构图

（二）就业转移与消费结构层次是互促的关系

就业结构调整与农村劳动力就业转移与否,不是体制原因,也不是产业结构本身的原因,更不能归咎于劳动者技术素质低下的原因。国际金融危机和宏观经济环境表明,真正保持就业稳定转移的途径应该靠市场容量的拓展和消费需求的扩大对行业发展推动。行业的发展特点、生命力及其对劳动力的需求,是促进农村劳动力就业稳定转移的重要因素,其中的行业发展特点及其生命力深受社会消费与市场需求影响。现代服务业、高新技术产业是资金、技术密集型行业,能够创造较高产值,但不一定能够提供相应多的工作

岗位。拓展新兴行业在创造和改变新的消费需求与消费结构的同时,降低与减少了社会生活、生产对传统行业产品的需求量(可以产值形式表现)及其相应的工作岗位。调整产业结构,促进农村社会劳动力就业转移的宏观背景表明,靠城市、城镇发展诸如现代物流、高新技术等新兴行业的投入,不足以达到调整产业结构和促进就业转移的目标,只有靠稳定、持续的社会消费需求,才能有效地促进生产的稳定和相应就业的逐渐转移。

二、消费结构层次提升是供应结构同需求结构层次相互作用的结果

从需求结构层次看。人的需求是多层次的,其实现途径总是一个从低层次向高层次逐渐转变的过程。当低层次的需求得到满足时,消费力才指向更高层次。在这一过程中,人们的经济收入起决定作用。

从供应结构看。供应结构受自然资源、生态环境等因素制约。建立合理的消费结构,不仅要使供应结构与自然资源、环境和生态要素相适应,而且应确保供应结构与人的需求结构相吻合。

当供应结构转变为需求结构时,消费结构层次才能实现。分析消费结构层次和消费结构影响因素可知,当经济发展、社会生产力提高与居民收入增长协调同步时,才会带动消费结构层次提升和消费总量增长;如果仅注重增加投入,促进经济增长和社会生产力提高,而忽视居民收入同步增长,则会导致产能相对过剩或绝对过剩。

三、就业转移、非农化和城镇化之间的差距无法在短时期内消失

(一)城镇化动力机制持久力有限

上下联动、内外兼修的多模式城镇化动力机制,在过去的 30 年中有力地推动了中国城镇化的进程。多途径并举的城镇化模式,一方面迅速释放城镇化的推进动力,另一方面,"井喷"式的城镇发展动力,维持时间较短,难以持续、快速地推进,今后,以城镇拉动型为主的城镇化推进模式的发展空间已显得有限。

（二）暂住人口的城镇化压力大

城镇人口中,约有 20％的人口是农村非农就业的暂住人口,这些暂住人口是不彻底的城镇化人口,他们无法支付城市、城镇高成本的生活开支,暂住人口的城镇化压力大。

（三）城镇化"S"型曲线有位移的迹象

中国城镇化快速推进起于 1980 年前后,特别是 1996 年后,其源于农村政策体制的激活。随后至 21 世纪初,中国的城镇化态势保持一个相对稳定的局面。至 2008 年前后,中国的城镇化推进速度开始减缓,表明中国的城镇化"S"型曲线有位移的迹象。

第四章 发达国家与地区农村发展途径评析

第一节 城市化过程的农村劳动力转移

伴随着城市化步伐的向前迈进,农村劳动力的就业转移也在不断地进行着。英国等发达国家的城市化起步早,演进时间较长,并且市场经济发达,相对的劳动力就业转移较为充分。现以英国为例,研究其劳动力转移的发展历程及其原因。

一、英国劳动力转移的过程与原因

（一）劳动力转移的过程

与城市化的发展历程同步,英国是世界上劳动力转移起始最早、规模最大、最具代表性、城市化进程最充分的国家。借鉴英国劳动力转移的历史经验,对实现中国农村劳动力顺利转移具有十分重要的现实意义。

英国农村劳动力转移最早开始于 11～12 世纪,这是世界上出现的第一次农村人口向城市持续转移的浪潮。这一时期迁移的对象主要是穷人,迁移的主要目的是为了生存,距离也比较长。在16～17 世纪,英国开始了其工业化的道路,建立了许多劳动力密集型的纺织工厂与手工作坊,特别在伦敦、曼彻斯特和利物浦等地。就此,英国出现了第二次劳动力快速向城市转移的浪潮。这一时期迁移的对象主要是商人、工匠和青年女性,迁移的目的是为了更好的发展前途和获得更丰富的生活资料,迁移的距离较短。但是,英国劳动力流动最稳定、规模最大的时期是从 18 世纪下半叶的工业革命开始的。因为此前的两个阶段虽然劳动力转移规模比较大,但到工业革命前的 18 世纪 60 年代,英国的农业人口仍占总人口的 80%以上,而到工业革命后的 19 世纪中叶,英国的农业人口急剧下降到总人口的 25%。

（二）劳动力转移的原因

促进英国农村劳动力转移的原因,主要有以下几个方面:

1. 农村人口的持续增长导致人地矛盾突出

近代以来,英国的农村人口一直不断增加。适度的人口增长在开始时的确促进了经济的快速增长,但经济的增长反过来又加速了人口的不断增加。随着农村人口的快速增长以及英国土地长子继承制的制约,人口与土地的关系日趋紧张,许多没有继承权的贵族子女和一些佃农为了生存不得不移居他处,迁往的地方主要集中在城市和工矿区。

2. 圈地运动和农业革命使农村剩余劳动力产生

始于 15 世纪的英国圈地运动,是使农村劳动力转移的重要因素之一。在圈地运动中,许多农民丧失了自己的土地,失去了收入来源,在农村失去生存基础的农民不得不加入自由流动的人流。随着圈地运动中农村公用土地残余的消失,土地私有权的最终确立,以及农业中资本主义生产方式的普遍建立,农业生产者和生产资料进一步分离。这时,失地农民成为了城市中第二、三产业劳动力的重要来源。

此外,圈地运动还引发了农村经济变革,如大农场的建立、农村产业结构的调整、生产技术和管理水平的提高等。农村经济变革产生了大量的剩余劳动力,这主要有以下两方面原因:一方面,英国的农业属混合型结构,种植业和畜牧业差不多各占 50%。随着畜牧业比重的提高,农业对劳动力的需求下降,使相当一部分农村劳动力成为多余。另一方面,圈地运动以及后来的工业革命也推动了农业生产力的提高,引发了农业革命。随着农业生产力的提高,农业耕作制度、生产的规模化程度、农业机械化等都明显提高,使农业释放了大批的劳动力。

3. 工业革命及其引发的产业结构的变化直接吸引农村劳动力转向城市

18世纪中后期,英国发生了工业革命,机器生产开始代替手工劳动,工厂代替手工工场及家庭作坊,使国家的产业结构发生了重大变化。农业和手工业在国民经济中的比重逐年下降,从事制造业、采矿业、运输业、商业和家庭服务业等众多行业的人口逐年增多。随着生产要素和人口的集中以及工业化的继续推进,19世纪英国建立了一大批工业城市,如伦敦、曼彻斯特、利物浦和伯明翰等。除了城市中迅速发展的第二、三产业需要大量的劳动力,为农村剩余劳动力提供广泛的就业机会外,城市对农村剩余劳动力迁移的"拉力"还主要表现在以下三方面:首先,城市工资水平比农村要高,大量农村人口为了获取更多的利益而向城市迁移;其次,城市救济水平比农村高,很多农村的贫困者流向城市希望得到政府的救济;最后,城市的生活环境和文化娱乐设施等对生活单调的农民产生了巨大的吸引力。另外,工业革命也促进了交通运输业的革命。交通的发展为人员和货物运输提供了快速、廉价的交通工具,也为农村劳动力转移创造了良好的物质条件。可见,英国的工业革命引起的生产方式的变革和经济结构的变化,是推动劳动力转移的决定性因素。

4. 人口流动制度障碍的消除

中世纪,封建领主为了确保庄园拥有足够的劳动力建立了庄园劳役制度。他们采取各种措施实行财产扣押制度、担保制度和罚金制度等,把农民束缚在土地上,人为地限制了农村劳动力的转移。另外,工业革命以前的一些法律(主要是《济贫法》和《定居法》),也限制了人口的流动。在农奴制、劳役制度崩溃后,特别是在工业革命以后,为了满足工业对劳动力的大量需求,政府颁布和修改了一系列的法律制度,消除了限制人口流动的制度障碍。其中,1846年颁布的《贫民迁移法(修正案)》使一些贫民不再被遣返原籍;1865年议会通过的《联盟负担法》扩大了救济贫民的区域范围和贫民居住地范围,使限制定居地不再可能。这些约束性制度因素的消除,大大促进了劳动力的转移和英国的城市化进程。

二、英国农村劳动力转移的评析

(一)经验分析

农村劳动力向城镇转移是社会生产力发展的必然结果。农村人口向城市转移,从而实现城市化,是现代化的必然要求。当前,中国在迈向现代化的过程中正面临着城市化的一系列问题。英国农村劳动力转移的历史经验对中国有多方面的借鉴意义和启示。

1. 发展生产力,实现工业化是推进城市化的重要手段

促进英国农村人口流动的一个重要因素,就是生产力水平的提高。农业生产力水平的提高,推动了农村人口向城市转移;工业生产力水平的提高,迅速发展的第二、三产业需要大量的劳动力,拉动了农村劳动力的转移。也正是这些转移的劳动力为城市的经济和社会生活注入了活力。同时,工业化使工业生产的各个部门、各个生产环节及众多的服务业都集中到了城市,从而推动了城市化的进程。随着城市化进程的加快,城市对农产品的需求快速增长,促进了农业的发展。农业的发展又反过来满足了城市所需的原材料及生活资料,两者互相促进,良性循环从而实现现代化。

2. 发展小城镇是实现城市化的重要途径

英国劳动力转移的一个重要特点是短距离、波浪式逐级向城市推进。这种迁移方式使得一些农村地区逐渐成为农村与城市之间的小城镇。在英国的现代化工业没有完全建立时,农村剩余劳动力在这些小城镇从事编织、纺织、服装等各种工业活动。因此,英国小城镇的出现缓解了劳动力转移速度太快对大城市造成的就业压力以及大城市

人口过度膨胀的压力。可以说,英国小城镇的发展为农村人口向城市流动起到了"中转站"的作用,使城市经济能快速稳步地发展。

3. 消除劳动力转移的制度障碍并建立社会保障机制,是促进城市化的根本保证

从前面的论述可以看出,不论是英国中世纪盛行的庄园劳役制度,还是工业革命以前和早期的《济贫法》《定居法》等法律,都不同程度地阻碍了农村劳动力的流动。只有在政府取消了这些制度制约因素,为人口自由流动创造了条件之后,才能有效促进和加速了农村劳动力的转移,使英国走上了城市化的道路。

(二)借鉴评析

虽然英国的城市化过程与劳动力转移有许多值得借鉴,但是在借鉴过程中,对其不同点宜作深入的探讨。

1. 劳动力转移的基础不同,导致了非农化转移的根本性差别

英国早期推动人口城市化的主要内在因素是为生存的目的,即丧失继承权或失地的农民为了生存而远离家乡走向城市,这种"失根"的农民城市化比较彻底。而与之不同的是,中国较为长久而稳定的"土地承包责任制",作为农民生活保障的政策措施,使农民的生存之"根"仍在农村。因此在相当长的一段时期内,大多数农村非农化居民的城市化不会很彻底。

2. 城市化门槛高,社会保障政策无法普及

普遍认为,"中国的城乡二元经济结构、户籍制度是实现劳动力转移的制度障碍。要顺利实现中国农村劳动力的转移必须首先消除这些制度障碍"。而实际上,城乡居民基本生活保障的全覆盖在促进农村剩余劳动力就业转移的过程中也发挥着重要作用。英国在16~17世纪以及18世纪的圈地运动中,通过暴力剥夺农民的土地,使许多农民失去生存空间而流离失所,城市中充满大量的贫民、乞丐。而英国早期的社会保障政策——《济贫法》《定居法》的主要目的是控制下层民众,对民众以惩罚为主,基本上是一个反流民、反乞丐的政策,对申请救济贫民的认定条件也十分苛刻。如果英国政

府早期有足够的财力,建立健全各种社会保障制度,英国的城市化也许会进展得更快。在中国,如果为了实现劳动力转移,按第一产业增加值与各类生产部门劳动力平均收入,调整农村劳动力就业偏离的话,至少有 2.8 亿～3.5 亿农民会脱离农业生产而非农化。在现行条件下,如果按照城镇人口标准,政府建立失业救济、养老保险、劳动技能培训和医疗服务等社会保障体系,保障转移到城市的农村劳动力的最低生活需求,其所需财力巨大,中国的财政是无法承受的。因此,农村土地作为农民基本的生产资料及其使用权的承包经营收入成为农村农民基本的生活保障的事实,将在一定时期内不可改变。这不是所谓的"清除户籍制度、改善城乡二元体制"所能简单解决的。中国农村非农就业人口的就业收入,相对于在城市居住、医疗、教育支出的偏差所形成的城市门槛,对大多数非农化人口来说是偏高的。如上述提及,据甘肃农村调查总队的调查,当地务工农民中,能够在城市租得起或买得起有卫生间和厨房的单元房的大约只有 12% 左右;按北京的一项资料估计,这个比例也只有 15% 左右。

3. 城镇化拉动农村就业转移的空间有限

与英国工业革命时期的环境所不同的是,中国发展工业将面临生态环境、低碳经济等压力。再者,经 100 多年的发展,世界制造业重心已经多次转移,在市场空间容量拓展有限的情况下,工业企业竞争激烈程度远非工业革命时期所能比拟。城镇化对发展第三产业、拉动农村劳动力就业转移及其再城镇化有一定的促进作用。但是,中国城镇化门槛相对于非农就业人口来说偏高,农村非农人口的住房保障体系、最低生活保障体系无法建立,因而中国未来城镇化对非农人口的吸纳有限。

4. 非农化转移时间较短,农村人口无法彻底快速减少

城镇化水平不仅表征了城镇人口的增加,而且应该是农村人口数量与所占比例有着同步的减少。而农村人口的减少,一方面,源于"具有在城市生存能力"的农村非农化人口进城谋生,并转化为"市民";另一方面,归于"无法在城市谋生"的农村人口,经 100 多年

的"自然消亡"而减少。中国 2008 年有 7.24 亿农村人口(不含已非农化的城镇暂住人口),除年轻的具有非农化或城镇化的可能外,大多为无法城镇化的农村人口,这些人口的减少只能靠几十年的自然消亡,而不可能在近 10 年内骤减。

三、小　结

以英国为代表的发达国家,在工业化、城镇化过程中,农村劳动力的非农就业转移的情景与中国现实情况下的时空特征、社会制度等有着本质的不同,因此两者的劳动就业转移机制也有很大的差别。我们不能简单地照搬英国等发达国家关于农村劳动力就业转移的政策与措施,而应该走中国特色的农村劳动力转移之路:

其一,工业化与城镇化在地域上适当分离。农村地域工业化,带动劳动就业非农化,进而推进农村地域城镇化是中国城镇化推进的有效实施途径。

其二,实施农村集体土地使用权作为生活保障进行货币化尝试,同时与非农化人口或城镇最低生活就业保障相结合,实现农村居民生活保障总量的逐年提升,使部分农业人口逐渐脱离"农村土地使用权是唯一生活保障"的桎梏,而转向非农化就业生活保障之路。

其三,重新研究"离土不离乡"的农村劳动力就业转移的正负面因素,按照新农村建设标准,整治乡村环境,展示农村特色,避免重复建设与浪费。

第二节　乡村的发展与演变

一、乡村的发展规律

发达国家与地区城市化推进起始较早,乡村发展变化经历的时间较长,发展也较为成熟。考察世界发达国家和地区乡村发展和乡镇发展的历史经验,有助于在大方向上定性把握乡镇在未来社会经济发展中的地位,为制定决策提供理性依据。

第二次世界大战以后,随着西方发达国家城市化的不断成熟,农村地域社会经济相对落后的状态日益暴露。乡村合并、村庄数量递减已成为发达国家和地区的普遍现象。与此同时,各国政府对乡村开发建设的力度也在加强。在政策扶持、财政倾斜和基础设施建设等方面,做了不少努力,农村经济、村庄建设等亦有了大的改观。

（一）乡村地区发展类型

经过几十年的发展与演变,农村地区逐渐由单一农业型向多类型的小城镇转变,现以美国和中国的台湾地区为例。

1. 乡村地区工业化、商品化、居住化

中国台湾地区的乡镇大规模发展自 1945 年至今约 60 多年,其间主要分为三个发展阶段。分别为:1945—1952 年为重建期。该时期的台湾乡镇以农业生产为主,相关工业、服务业均依附于农业,农业乡镇成为这一时期台湾乡镇的最主要类型。1953—1986 年为乡镇分化期。随着农业生产率的不断提高,农产品产量和数量极大丰富,农村剩余劳动力大量出现,农村工业化随之而来,早先台湾较为单一的农业型乡镇逐渐转型为农业、农工、工业型乡镇,乡镇类型开始呈现多样化的趋势。1987 年至今为乡镇分化完成期。经过多年的工业化发展,台湾乡镇完成了由传统农业型向工业型的质变过程。目前台湾乡镇主要分化为四种类型:（1）以商品化农业为主要产业的乡镇;（2）具备较好交通区位与生态条件的居住型乡镇;（3）以工业园区形式发展的工业发展型乡镇;（4）自然条件限制发展的发展停滞型乡镇。2002 年全台湾 279 个乡镇中,工业发展型乡镇数为 32 个,占总数的 11.5%,商品化农业乡镇数量为 47 个,占总数的16.8%,居住型乡镇个数为 85 个,占总数的 30.5%,商品化农业与居住型为主的乡镇占到台湾所有乡镇总数的近一半。

美国和中国台湾地区的乡镇发展尽管地域不同,发展阶段有所差异,但有两个显著特点基本一致。其一,乡村、乡镇多元化发展趋势明显,不同类型、承担不同功能的乡镇大幅增加,代替了原先较为单一的农业、工业或者农工结合型的乡镇;其二,注重乡村景观的维持和保护,立足现代化农业,提高各种类型乡镇的宜居性,在景观上形成明显的城乡分异。

2. 乡村地区城镇化

美国超过 1/5 的人口居住在乡村,乡村面积占美国国土面积的 90％以上。经过多年的发展,美国乡村地区逐渐形成多种类型的小城镇。主要有:(1)大都市周边居住型、工业型(以工业园区为主)。(2)独立发展的工业型小镇。针对美国乡村工业企业规模小,布局分散、融资能力弱等特点,政府鼓励乡村企业的合并,以保持乡村工业的活力。(3)一直采取"环境友好"发展政策的旅游观光型城镇;(4)部分具有区位优势的乡村交通商贸中心等。农业经济已经不再是美国农民的主要收入来源,1970 年至 1990 年美国乡村经济发展出现强劲的反弹,大幅度增长的乡村经济主要是这四类城镇发展的结果。而数量众多、广泛分布的农业地区与相应的城镇发展几乎停滞,这对美国乡村经济的整体可持续发展带来隐患。

(二)乡村地区的发展变化

毫无疑问,随着城市化的不断推进,乡村人口都将不断地减少,然而空间变化也有一定的规律。

1. 乡村数量的减少

20 世纪 50 年代以来,美国以农业为主的城镇数量明显减少,由 1950 年的 2000 余个下降到 1990 年的不足 600 个,大部分城镇划分为农业社区、城镇社区(Town-ship),人口约为 1000～1500 人。

日本城市化水平与町村数量之间呈明显的负相关关系,尤其在 20 世纪 50 年代至 20 世纪 60 年代的 10 年时间内,町村个数急剧减少,数量由 1950 年的 10246 个下降到 1960 年的 3013 个,大量分散且规模较小的町村通过合并的方式,扩大了规模或是直接通过合并成为中小规模的城市。町村人口规模大多为 1500～20000 人,也有部分超过 5 万人。

20 世纪 70 年代以后，随着城市化进程的逐步减缓，市、町村个数的变化也逐步趋缓，町村数量的减少日趋平稳，至 2004 年，日本町村数量减幅仅为 10.9%。

这一转型时期中，日本进行了第二次全国范围的"市町村"合并运动(简称为"昭和大合并")，为配合当时市町村合并的顺利实施，分别于 1953 年(昭和 28 年)和 1961 年(昭和 36 年)出台了《町村合并促进法》和《新市町村建设促进法》。

2. 单个村庄地域范围与人口规模的变大

日本在 1950 年，5000 人以下的町村数量为 6682 个，5000～10000 人规模町村数为 2658 个，到 1960 年分别缩减至 343 个和 1144 个，而 1 万～2 万，以及 2 万～3 万人口的町村数量成倍增长，同时中小规模城市数量大幅增加(10 万人口以下城市数量较 1950 年增长近 3 倍)。

根据当时日本政府的相关数据显示：20 世纪 50 年代，日本实施"昭和市町村"合并政策，町村规模扩大。1953 年(昭和 28 年)，町村平均人口为 5396 人，平均居住面积为 34.98m²；到 1961 年(昭和 36 年)，町村平均人口增加为 11594 人，平均居住面积增为 97.91 m²，经济集聚规模进一步得到提高。此次市町村合并的力度大、影响深，不仅使日本城市化发展由"低速增长期"迅速步入"高速增长期"，而且为日本之后从"高度经济成长期"迈向"安定成长期"奠定了基础。对日本城市化进程与市町村数量关系的分析表明：第二次世界大战后日本城市化的快速发展与 1950—1960 年实施的"昭和市町村"合并运动息息相关，日本城市化率的快速提升，除了与当时经济的发展相关外，町村合并成市，城市数量大幅增加所导致统计数据的变化也是日本城市化率飞速提升的重要原因。

2004 年，日本町村按照人口规模可以分为五个等级：不到 5000 人、5000～9999 人、10000～19999 人、20000～29999 人以及 30000 人以上。对比分析 1920 年至 2000 年历年的日本不同规模町村发展进程，以"不同规模町村人口分布百分比"与"不同规模町村数量构成百分比"为主要研究对象,考察日本町村发展的规律与趋势。结果表明,日本80年来的町村发展可以划分为两个时段:(1)1920—1950年,这一时段日本乡村人口主要分布于规模小于5000人的町村中,约占日本总人口的50%,5000～9999人规模的町村人口约占约20%,中等规模以上的町村人口比例较低,1950年10000人以上人口规模的村町人口比重仅为30%。从不同规模町村的数量构成来看,1950年以前等级规模较小的町村数量占有绝对的优势地位,10000人规模以下的町村占到日本町村总数的90%。(2)1960—2000年,该时段内中等及其以上规模村町人口分布比重上升较快,自1960年后,10000人口以上规模町村人口分布比重一直保持在70%左右,并维持相对稳定,其中20000～29999人以及30000人以上规模町村人口分布比重有稳步上升的趋势,不到5000人的町村人口分布比重小幅攀升,这可能与该规模町村数量的增加有关,其根本原因可能是日本进入老龄化社会后,较大规模町村人口数量自然减少,同时大城市集聚效应的不断增强,也带来了村町人口迁移流失。从不同规模町村数量构成百分比来看,20000人口以下规模町村数量占绝对优势。1950—1960年的10年是日本城市化快速发展的转型期,经过"昭和大合并",日本町村数量急剧减少,与此同时中小规模城市的数量却迅速上升。通过重点考察这一时期日本村町人口与城市人口之间的消长关系可知。规模较小的町村(1万人口规模以下的町村)人口比重迅速下降,尤其是5000人不到的町村人口比重下降更为剧烈,从1950年的24.62%降至1960年的1.24%,大量町村人口向不同等级规模的城市集中,且分别集中在3万～5万人口的小城市和50万人口以上的大城市中。规模较大的村町(1万至2万人口)人口比重也有较为明显的上升。分析日本转型时期市町村人口分布比重的变化情况,有两点值得重视:第一,日本城市化的快速实现虽然主要依赖大规模的"市町村"合并运动,但其实质是一个逐步转化的过程,该过程中3万～5万人口的小城市承担了非常重要的角色。第二,尽管日本当时以实现城市化为主要目标,但对于农村发展依然重视,在町村合并中强调町村发展的集聚规模,在大力推进城市化目标实现的同时,重视农村社会经济的发展,保护和延续日本乡村景观。

3. 农村总人口规模变小

与城市化推进相对应,西方发达国家不仅乡村农业人口比例在减少,而且其数量也在绝对减少。如,1920 年以来,随着日本城市化水平的不断提高,日本不仅町村数量在减少,其乡村人口也在逐渐减少。日本于 1920 年的乡村人口比重为 82%,而乡村人口数量为0.46 亿;至 1953 年,日本乡村人口比重降至 51%,相应的人口数量减至 0.38 亿人;至 1961 乡村人口比重为 35%,而相应的人口数量减至 0.34 亿;至 2004 年,乡村人口比重降至 21.3%,相应的人口数量减至 0.27 亿;2008 年,日本全国约有 1.4 亿人左右,城镇化人口比重高达 78%左右。但同时,农村中还有许多兼业农民或半城市化人口。

二、农业开发途径

综观西方发达国家的农业发展过程可知,农村除工业化、商品化、居住化和城镇化外,农村经济的发展最终回归农业产业上,而农业产业产值与就业所占比重很低,但农村人均用地大。如英国,农业占国内生产总值的比重仅为 0.8%,其中农牧渔业主要包括畜牧、粮食、园艺、渔业,可满足国内食品需求总量的近 2/3。英国农业从业人数约 53.3 万,占总就业人数的 2%,占全国劳动力人口的1.4%。农林牧渔的总产值约 71 亿英镑,低于欧盟国家 5%的平均水平,为欧盟国家中最低。农村农业用地占国土面积的 77%,大大超过欧洲的平均数 40%,是欧洲农业土地占比最高的国家之一。农村土地中多数为草场和牧场,仅 1/4 用于耕种。农业人口人均拥有70 公顷土地,是欧盟平均水平的 4 倍。

西方发达国家在农业发展上采取超前的策略和先进的方式,其包括在产品打造上,以生态绿色和安全食品为方向;在农业耕作上,运用新兴农业科技、新工艺等手段;在农业经营管理上,采用市场化运作方式;在农村景观上,以传统乡村景观为特色,休闲旅游活动为重点,营造宜居、优美的景观与环境。

(一)生态绿色食品方向

虽然欧美发达国家的农业产值比重低,但是对农产品的质量安全方面要求较高。绿色、生态、安全的农产品生产应有高品质的生态环境。如在英国,导致农业收入减少除农产品价格下降及出口国币值坚挺或升值等经济环境因素外,疯牛病、口蹄疫和农药引发的食品安全问题也会使农业发展受到严重影响,田园般的农村生活才是英国农村最大的特色。因此,农村环境已经成为英国农村发展的最大无形资产。英国政府从 2005 年 4 月起,开始对农民从事有利于环境保护的经营行为实行补贴。农民与政府部门签订相关环保协议,在其农田边缘种植作为分界的灌木篱墙,既保护自家土地周围未开发地块中的野生植物自由生长,又便于为鸟类等动物提供栖息地,营造良好的生态环境。英国在农产品上主打生态与绿色品牌积极发展生态农业和具高附加值农产品的现代农业,提高了农产品竞争能力和地区出口能力增加农民收入。

(二)市场化的运作机制

农场是俄罗斯农业的主要载体。这些农场原为国家经营,自 20 世纪 70 年代起,国家开始逐步退出经营,20 世纪 80 年代的股份制风潮更把这些曾经的国营农场推到了市场的最前沿。

之后,不少具有开拓意识的俄罗斯农场主开始进行现代农业企业改革。莫斯科"白房子"农场就是这一改革的经典案例。改革之初,农场首先用现代公司的管理模式建立了一支管理团队,吸引了许多海外归来的人才加入,其中不少人曾在西方大公司中工作过。另外,农场努力找准自己的市场定位,通过和麦当劳、欧尚等跨国巨头合作,壮大公司规模。

据报道,现在莫斯科"白房子"农场的资产已达数亿美元,成为纳税大户,有效带动了当地经济的发展。而相对于"白房子"农场这种现代农场的过亿资产和高额利润,俄罗斯还有不少传统经营的农场在被动地等待政府救援,处于"死亡边缘"。由此可见,"只有掌握了市场经济方法的农业企业才能存活"。

（三）采用新技术新工艺的现代化耕作方式

自 20 世纪 50 年代以来,农业经济已经不再是美国农民的主要收入来源。美国政府在 2000 年之后制定了许多相关政策以促进乡村经济的繁荣,维护本国农业经济的稳定。在新科技方面,通过制定相关鼓励政策,推动高科技、高附加值的企业在乡村地区投资,为广大乡村地区的发展提供新的机遇。而澳大利亚亦如此。

1. 新技术运用

澳大利亚农业有一种特殊的魅力。每到一处,都可见洋房宽敞明亮,风格各异;农业机械成群,大、中、小型样样齐全;农民精神抖擞,劳作时浑身泥土,会客时西服革履。澳大利亚农业机械从传统化到现代化的发展令人惊叹不已,现代化机械可完全由计算机控制。由卫星导航的超大型拖拉机,耕作质量高、省工、省时、省能源。目前,澳大利亚 80％的农场利用卫星导航系统指挥耕作。

2. 新工艺、新流程

在新南威尔士州纳拉布里郡棉花生产基地,有许多酷似巨型理发推子的棉花采收机。过去,棉花成熟一批,棉农采收一批,效率较低。现在,棉花分批成熟,但不分批采收。待 2/3 棉桃成熟时,对棉田喷洒脱水剂,使整个棉株失水,促使全部棉叶迅速脱落,同时,强制顶部棉桃干裂吐絮。这时,用采棉机进行采收作业,机器一排排带有螺旋状刮齿般的"铁手指"会高速运转,将所有棉花一采而光。每台采棉机一天可完成上百公顷棉花的采收。

（四）新型特色农业与休闲旅游业

美国采取了非常严格的环境保护政策,以维持高质量的乡村生活品质,延续美国传统乡村景观特色。在业态上,以新型农业为主导提升农业经济发展水平,以地区乡村农业发展特色为基础,形成现代农业产业链。此外,乡村特色景观与旅游休闲结合,成为乡村发展的亮点。在英国,农村的社会功能已从单纯的农产品供应向休闲、旅游服务扩展。山清水秀、野生动物繁衍,优美的田园风光,吸引了越来越多的城市居民到乡村旅游、居住,也为人们野外休闲活动提供了更多的选择。

三、评析与结论

(一)国外农村与农业发展评析

农村地域已从单纯的农业生产为主向多元化发展转变。农村地域作为一个整体,不仅统一计划部署,而且其发展与所在地区的城镇、城市发展相结合,农村地域工业化、商品化、城镇化过程中,在促使农村人口减少的同时,提高了农村地域经济水平;增加了农村地域人均收入。这种多元发展在突出农村生态环境、景观特色的前提下,注重城乡产业链的关系和地域发展特色、重点,而又避免一哄而上、结构雷同的同构性竞争。农村地域村庄减少与人口减少相对应,农村撤并旨在以人口稀疏化为前提的整合发展,并配合多元化、就地城镇化发展而制定各项政策。这些做法不仅仅是为减少农村人口和转移农村劳动力而采取简单的迁村并点,而是做大了村庄人口规模,统筹了城乡互动协调多元发展,从而进行的地域空间整合。

西方发达国家农业利用现代市场运作机制与方式,采用新技术、新工艺,使农业生产效率大大提高,增强了人均耕作能力,提高农业劳动力人均收入,对三次产业劳动力的平均收入平均化极为有效。这种方式的前提是市场经济相对发达,并且农村土地相对于农村劳动力来说较为充足。采用现代生产组织与科技投入,可以节约农村农业劳动力,提高平均收入,但无法提高单位用地产出率。因此在农业用地总量不变的情况下,农业生产总值无法增加。

(二)结 论

只有当农村地域总人口在逐步减少时,才能按照地域联动、城乡统筹和产业链关系,采取农村居民点撤、扩、并的方法,进行村庄居民点整合。而简单地为减少村庄人口而采取村庄撤、扩、并是不可取的,尤其是对一些农村地域人口仍在增长的地区来说,更无必要进行行政村的撤、扩、并。西欧、日本等国家城镇化人口比重提高,主要依靠工业化的带动,工业企业增加的岗位,从而吸引农村劳动力的转化。

在人少地广的地区,依靠现代农业生产组织与管理,运用新科技、新工艺发展农业生产是较好的选择,这会提高农业生产效率,大大节约劳动时间,但很难提高单位用地的土地产出率和土地的总产出。在农村人口和劳动力不变的情况下,农村人均收入和劳均产量不会有大的提高。

第三节　国外欠发达地域开发事例与启示

一、法国欠发达农村地域开发

法国农业经济发达,是仅次于美国的世界第二大农产品出口国。法国农业经济中,农牧结合,综合发展,主产为小麦、大麦、玉米、甜菜、马铃薯、烟草、葡萄、苹果、蔬菜和花卉,其中葡萄酒产量居世界首位,乳、肉用畜牧业和禽蛋业产量也居世界前列。法国是欧盟最大的农业生产国,也是世界主要农副产品出口国。随着法国人口城市化,农村人口不断减少。法国共有土地面积 55.16 万平方公里,是浙江省的 5 倍,其中 61％为农业用地、27％为林业用地、12％为非农业用地。农业用地的 96％为家庭所有。农业的传统地区结构为:中北部地区是谷物、油料、蔬菜、甜菜的主产区,西部和山区为饲料作物主产区,地中海沿岸和西南部地区为多年生作物(葡萄、水果)的主产区。机械化是法国提高农业生产率的主要手段,法国已基本实现了农业机械化。农业食品加工业是法国外贸出口创汇的支柱产业之一。欧洲前 100 家农业食品工业集团有 24 家在法国,世界前 100 家农业食品工业集团有 7 家在法国,法国的农副产品出口居世界第一，占世界市场的 11％。法国也是世界著名的旅游国，首都巴黎、地中海和大西洋沿岸的风景区及阿尔卑斯山区都是旅游胜地，此外还有一些历史名城，如卢瓦尔河畔的古堡群、布列塔尼和诺曼底的渔村、科西嘉岛等。法国一些著名的博物馆收藏着世界文化的宝贵遗产。

图 4-1　法国国家行政区划图

（一）政策与措施

战后随着经济恢复，特别是从 20 世纪 50 年代中期起，法国国民经济全面进入高涨阶段，地区城乡经济发展不平衡问题变得突出。与东部及内陆的发达地区相对比，法国西部、西南部地区资源相对贫乏，交通落后，人口稀少，缺少工业和第三产业，被视为法国的欠发达地区。地区经济的这种不平衡发展状况引起了政府的极大关注，为此采取了多项政策来加强政府对地区经济的调控和指导，促使地区经济走向繁荣。

法国政府的国土整治行动是从 20 世纪 60 年代以后开始有计划、有步骤地在全国范围内大规模展开的，它包含"发达经济区的合理发展"、"开发欠发达地区"、"保护自然风景区"等 7 个方面，其中"开发欠发达地区"是其最主要的内容，并被列入国家中期计划加以实施。在政府的直接干预下，全国农村掀起了大规模的结构改革浪潮，法国西部、大西南和中部高原等农牧区成为重点"改革区"。为尽快改变欠发达地区落后面貌，政府采取了如下主要措施。

1. 加强农村基础设施建设，发展交通和通信网络，推进城镇化

法国西部、西南和中部农牧区交通落后，更加缺少通信手段。为了改变这种不合理状况，政府制定了旨在发展农村地域公路、铁路、内河航运和通信网络的远景规划，并通过国家计划实行投资倾斜。为加强政府的统一指导，设立了"农村改革基金"，为农村基础设施建设提供资金援助。此外，政府还通过与当地签署合同的方式，共同承担和实施与当地相关的大型基础设施项目。例如，1960年后在政府的扶持下，完成了巴黎通向西部布列塔尼，以及布列塔尼通往中部高原地区庞大的高速公路修筑工程和其他重要公路工程，沟通了北海至地中海的南北内河通航，使西部的交通状况得到极大的改善。在铁路运输方面，开辟了东部线、西部线和中部线等三条南北向的高速铁路新干线。通过这些基础设施的建设，东西部之间的交通网络不平衡局面已基本打破，同时上述建设对开发大西南、西部农牧区及中部高原山区发挥了重要作用。

2. 调整农业生产和组织结构，推进农业现代化

首先是实行农场结构改组。鼓励农场合并，扩大农场经营规模，为农业现代化经营创造必要条件。其次是实施农场现代化"开发计划"。政府通过与农场主单独签署合同，使签署合同的农场能够通过"农业信贷银行"发放"现代化特别贷款"，优先享受国家提供

的低息贷款以及其他资金赠与或补贴,用于农场购置设备及农场建设。另外,调整农业区与生产布局,大力推进专业化经营。为适应向以畜牧业为主的农业生产结构转变,政府鼓励某些地区实行转产,开辟新领域,例如在西北部把传统的燕麦种植区转变为马畜饲料种植区。农业区域生产布局的改变,还突出表现为区域专业化生产的加强,一些专业化程度很高的农牧产品逐渐向高产区集中和转移,区域生产分工日益走向明显,从而在全国形成了一些专业化程度很高的农牧业生产区。例如,葡萄种植业向地中海沿岸、加隆河流域和香槟等地区集中,特别是地中海沿岸,现已成为法国葡萄种植业最发达地区。畜牧业生产逐步向西北部、中部、东部和西南部等适宜地区集中。

3. 大力兴办农村工业和其他新兴经济活动,实现农村经济多样化

发挥地区优势,积极扶持和兴办适合各地区特点的工业、手工业和第三产业等,开展地区多种经营活动,以改变农业区的单一传统经济结构,这也是法国农村"结构改革"的重要内容。一方面,政府通过实施"产业分散"政策,引进和借助发达地区的资金和技术力量,支援地方和农村工业和第三产业的发展。从实践来看,大城市工业和第三产业的疏散对支援地方经济取得了较好的效果,尤其是汽车制造业、机械制造业、电子和化工等重要行业的厂房大量迁移,大大促进了地方和农村工业的发展。西部地区大约用了 20 年时间,到 1970 年基本实现了工业化,农业就业人口大幅度减少。另一方面,政府还制定了一些鼓励政策,因地制宜,发挥各地区资源优势,扶持当地政府和私人企业兴办和组织适合地区特点和需要的各种新型经营活动。在政府的鼓励和倡导下,工商业资本同农业资本加紧实行融合,出现了"农工商综合体"这一新的企业形式,既由工商业资本家与农场主通过控股或缔结同盟方式,把农业及同农业有关的工业、商业、运输业、信贷等部门组成一个联合企业,实行一体化经营。显然,"农工商综合体"对繁荣地方经济和安置农业过剩人

口就业发挥了重要作用。

4. 山区开发政策

法国山区面积约占国土面积的 1/5 强。为了充分开发山区资源,繁荣山区经济,又要使山区生态环境免遭破坏,保护山区资源,自 1960 年起,法国政府推出了一系列的"山区整治方案"。主要有:发展山区基础设施,重点改善山区交通;植树造林,加强水土保持,保护森林资源;严格限制非生产性建筑的占地,改善山村生活环境和保护山城。在发展山区经济活动方面,推进农牧业生产的现代化,因地制宜地鼓励发展适合本地区特点的各类经济活动,尤其是山区工业、手工业及旅游和公共服务业,为此设立了"农村整治和发展基金",主要用作改善山区公共服务设施、居民住房和生活环境方面的贷款;设立了"山区特别津贴",主要用作山区农场购置所需的生产设备和农场基础设施的建设。

5. 发展农村文化教育与科研事业

为提高农民文化素质,适应农业现代化迅速发展的需要,政府十分重视农村文化教育和科研的投入。政府采取了以下措施:一是大力发展农业正规教育,增办高等农业院校及中等农业技校,为农村输送农业专业人才;二是采取多种形式对在职农民,特别是青年农民进行职业培训,官办或民办各种农业技术培训班,并为此发放指定贷款或补贴。

(二)开发案例——法国阿基坦地区

阿基坦地区位于法国西南部,土地面积为 41308 平方公里,占法国土地面积的 7.6%,人口为 315.万,是法国相对落后的地区。长期以来,阿基坦地区人口少,经济发展依赖农业,工业化和城市化水平较低,地区经济落后,第二次世界大战后的人均国民总收入仅为全国的55%~65%。中央政府以及当地政府在战后实施农业一体化过程中,极为重视这些欠发达地区的开发,采取了以下有效策略。

1. 农林牧渔业综合开发和发展商品化生产相结合

利用本地区自然环境适宜发展农业并具有悠久的农业生产历

史的特点,政府通过转变生产方式、改进生产技术、发展机械化,使生产因地制宜,农林牧渔业各得其所,在结构上保持了各业的综合、平衡发展。

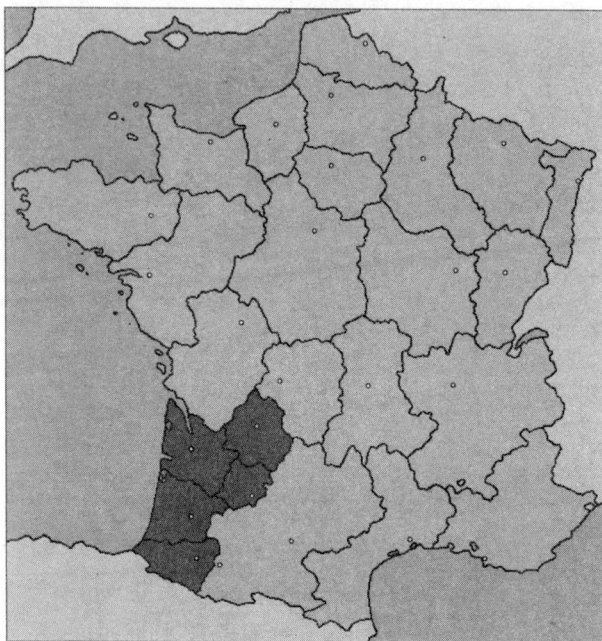

图4-2　法国阿基坦地区位置图

2. 农业开发与工业发展相结合

政府在开发农业的同时,利用当地的资源,发展其他工业产业,如在新资源发现的基础上,发展了炼油和化学工业,利用港口条件发展了造船业。这样,在地区结构上,除了与农业有关的食品加工、木材加工、造纸、制革等部门之外,新的工业部门的比重得到增加,同时对地区的农业现代化也起到很大的促进作用,为农业劳动力的转移提供了就业机会。

3. 扩大经营规模,发展农业合作社组织

在农业现代化过程中,强调土地的合并,对农业土地采取保护政策,鼓励农民购买土地,扩大生产规模。政府在这些地区设立了"土地整治和乡村安置公司",同样给予它们购买土地的优先权,然后再通过它们把土地转让给农民,用于扩大生产规模。另外,农场与农场的横向联系则通过各种形式的合作组织得到实现;农场与工、商合作的纵向联系也是合作的一部分。在这些合作组织的基础上,农业生产的前、中、后期各个环节相互之间联系得于强化。

4. 充分利用土地,保护生态环境

在阿基坦地区农业开发过程中,除调整土地利用结构,使之有利于综合发展和商品化生产外,还在开垦荒地、综合整治林地等方面采取了一系列有效的措施。政府专门成立了林区整治公司,以此进行小块林地的整治、更新,新建更大的林场。为了既充分发挥土地资源的潜力,又有利于生态环境的保护,该地区在开发利用沿海和山区时划定了保护区,以防止包括农业开发在内的经济活动对自然环境的破坏。

5. 实行财政上的倾斜

阿基坦地区作为一个发展水平较低的地区,得到了法国财政上的倾斜性支持。政府对其农业现代化的援助,每年都在 1 亿法郎以上,约占法国该项支出的 8% 左右。援助主要用于振兴农业,包括稳定农业劳动力,改善农业经营结构,扩大农场规模,整治土地,促进机械化进程等方面。例如,对愿意扩大经营规模和改变经营结构的农场主提供援助,对环境较差地区的排水、开荒工程等给予援助等。

二、日本欠发达农村地域开发

(一)开发措施

20 世纪 60 年代中期以前,日本的经济开发偏重于太平洋沿岸地区,而忽视了日本海沿岸及南北偏远地区的开发,曾造成地区差异一度扩大,人均收入的地区差异系数达到 19.8%。之后,日本政府开始注意到地区间的平衡发展问题,加强了对欠发达地区的发展

指导,取得了显著的成效,人均收入的地区差异系数在 1981 年降到11.4%。其主要做法有如下几个方面。

1. 在法律规制下,开展区域发展规划

在经济发展的各个阶段,日本政府对欠发达地区的开发都首先始于立法。在法律的规制下,日本制定了一系列针对欠发达地区的区域开发与振兴规划。这些规划按照开发对象的不同,分为全国综合发展规划、地方发展规划、都道府县发展规划和特定地区发展规划等 4 种类型。在这些规划中,对欠发达地区每一时期经济发展的目标都进行了明确的规定。全国综合发展规划是日本国土开发中最重要、最根本的一项规划,也是地方开发的基础。地方发展规划针对欠发达地区都有相应的开发促进措施和目标。特定地区发展规划则针对一些因特殊原因而落后的地区,如过疏地区、山区、渔村、海岛、豪雪地区等,经过政府批准划定为"特定开发地区"后,都制定了相应的开发计划和振兴计划。

2. 财政金融上的支持

日本欠发达地区的财政力量一般都很弱,大大低于全国平均水平。为此,日本政府采取了各项财政金融措施来支持欠发达地区的开发。

基础设施的建设。在欠发达地区的开发过程中,日本一直把充实交通手段、改善交通条件作为重点项目,中央和地方政府率先投资兴建大型交通设施。首先着眼于建立适合地区现状的综合交通体系,努力进行实地调查,制订计划与措施。其次在道路建设方面,积极加强高速公路建设,形成以高速公路、国道干线为主,以都道府县道路为辅的纵贯交错的有机交通网络。这些建设主要由中央和地方政府投资兴建,中央政府成立由国家控股的"道路公团",重点修建跨地区的干线道路和高速公路。

发行特别公债。根据有关法规,专门为欠发达地区的开发而发行公债,主要用于政府指定的欠发达地区筹措道路建设、渔港建设、住宅建设、医疗设施、福利设施、通信设施以及其他各种设施和振兴传统产业所用资金。特别公债成为日本欠发达地区开发的重要资金来源,并且公债本利可用来充当地税收。

图 4-3　日本国家行政区划图

优惠税收和贷款政策。在税收方面,日本对欠发达地区的开发事业用资产实行特别税制,对工业用机械设备实行加速折旧制度,对经营者实行减免税收制度,而且免收事业税,不动产所得税、固定资产税等则可充当地方税。在贷款方面,成立专门的金融机构,如农林渔业金融公库、住宅金融公库等,分别为欠发达地区的中小企业提供专项贷款给予保证。

文化生活环境的改善。为了振兴欠发达地区的文化教育,国家和地方政府逐年增加教育投资,在该地区修建老人、儿童福利设施及各种娱乐设施、医疗设施,同时为保健指导活动、建立公共医疗合作体制等所需费用给予特别补助。

3. 设立专门的行政管理机构

为促进欠发达地区的开发,日本设立了专门的行政管理机构,如北海道开发厅、冲绳开发厅等,负责制定开发计划、政策和措施。

4. 发展特色经济,增强自我发展能力

根据欠发达地区的自身特点,在深入调查的基础上,注重发挥地方优势,做到扬长避短、因地制宜地制定适合各地经济发展的措施,其中包括振兴传统产业的措施,大力发展特色经济的措施,发展旅游业的措施等。这些措施对落后地区振兴经济、增强自我发展能力、缩小地区经济差异起到了非常重要的作用。

(二)开发事例——日本大分县

大分县位于日本九州地区东北部,土地面积6338平方公里,人口121.9万。该县远离日本的三大都市圈,交通不便,耕地稀少,经济落后,1975年人均国民收入在47个都道府县中位列38位,为日本最落后的贫困地区之一。20世纪70年代后期开始,随着"一村一品"运动的开展,大分县的地区开发得到极大的促进,推动了整个县域社会经济的发展,其人均国民收入在全国的位次也上升到第29位(大分县人均国民收入变动情况见表4-1)。

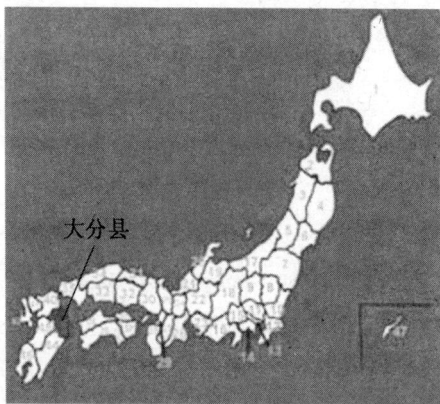

图4-4 日本大分县位置图

表 4-1   大分县与日本全国的人均国民收入的比较

年 份	全国 （万日元）	大分县 （万日元）	人均国民收入与 全国之比（％）	大分县在全 国的位次
1975	113.0	89.9	80	40
1980	171.8	140.3	82	35
1985	215.5	175.3	81	30
1995	310.9	263.8	85	33
2000	310.1	276.5	89	29

1. 提倡"一村一品"运动

作为地区振兴的一条有效途径，"一村一品"运动通过挖掘代表地区特色且驰名全国的产品，形成特有的地区形象，并以此来激发当地人建设家乡的热情。该运动在 20 世纪 70 年代中期首先由大分县知事提倡，随后在日本全国，乃至世界各地得到迅速推广。

2. "一村一品"运动的原则

从地方到全国。在保持地区特色与地区文化的基础上，创造出其他地区也通用的产品。

独立自主、不断创新。由当地群众来决定本地区的一村一品，也可以是一村两品或一村多品。政府所提供的援助更多地倾向于技术和市场营销方面。

人才的培育。人才的培育是"一村一品"运动的关键，运动的开展与推广需要有挑战精神的、富有创造力的人才。

3. "一村一品"运动的效应

大分县政府针对全县发展落后的局面，提出"一村一品"的倡议，其宗旨之一就是要振奋县民精神，克服惰性，而不只是局限于产品的开发和经济的振兴。正是站在这样的一个高度，运动使民心得到启动，取得了引人注目的成就，使具有悠久传统的地方土特产也成为地方经济中支柱性产业力量，并带动了大工业、重工业等资金密集型、技术密集型产业的发展。

"一村一品"运动的成功,首先在于它是一种以现代的科学观念与态度来改造和开发传统产品的全新行为。它的目标明确、实在,而且有着一整套推行的步骤和技巧。决策机构虽然对运动进行发起和推动,但不是包干,尤其在经济上不给予补助,而是由当地民众自我抉择,自筹资金,政府通过激发落后地区民众的自信心和创造力,协助人们对传统产品、产业进行现代化的构组、升级、换代和"质变式"跃进,使之与现代文明、现代生活方式和现代市场运作相适应相促进。另一方面,政府在推进运动的同时也进行了一定的投资,但其方向主要体现在现代化的宣传、鼓动和沟通上,例如瞄准和借助国际旅游节、文化节和古老传统复苏的机遇和市场,用现代的产业经营方式,包括通过电视节目、展览会、博览会和艺术节等来推广各地挖掘的传统产品(其运作过程见图4-5所示)。

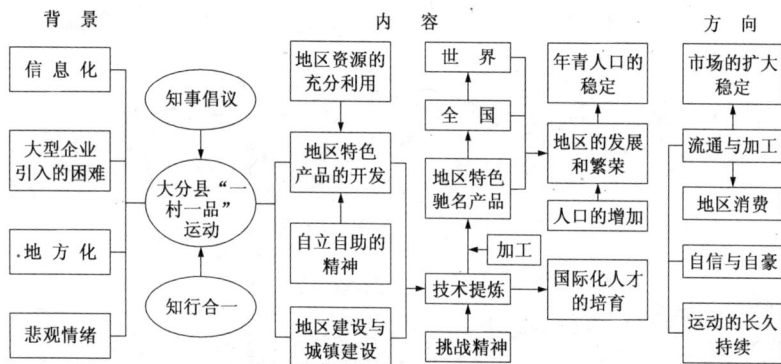

图4-5 "内生型"开发模式案例——日本大分县

三、欠发达农村地域开发的评析

欠发达的农村地区是相对于发达的城市地区而言的,对于造成其相对落后的原因,理论界有较多的观点和看法,其中最主要的观点是客体不完善论,即在欠发达地区受到诸如自然条件恶劣、地理区位差、资本积累不足、国土资源缺乏、地方性历史性贫困等因素的制约。同时宏观调控政策造成经济运行的非均衡性也被认为是造成地区相对落后的主要原因之一。分析以上不同国家开发欠发达地区的经验以及事例,可以看出,虽然地区不同,发展阶段不同,但开发措施仍然存在着较大的相同之处,例如政府对区域基础性设施的投资建设、对科研教育的扶助、因地制宜发展本地优势产业或优势项目等,其开发的差异更多地表现在扶助的投资手段上,如法国侧重于直接投资,而日本则侧重于财政融资。

从开发方式来看,可以将欠发达农村地域开发概括为两大类:"外部促进型"开发与"内生型"开发。"外部促进型"开发是指通过区域之外的力量,如政策的宏观调控、外部资金的投入、外部企业的移入等方式,来形成本地区新的增长条件和增长方式,最终达到促使本地区快速发展的一种开发模式。而"内生型"开发则是指通过不断挖掘本地区的内部潜力,充分利用本地区的人力、物力,自主自强地发展本地产业经济的一种模式。日本的"一村一品"运动是一种典型的"内生型"开发模式,它完全依赖于本地区的传统产业的再开发。之所以采取"内生型"开发,其背景之一就是外部资金、外部大型企业的引入非常艰难。而另一方面,法国阿基坦地区采取的是一种以"外部促进型"为主的开发方式。相对而言,中国许多欠发达农村地域的开发则是两种模式相辅相成、齐头并举。那么,一个地区应该选择什么样的开发模式呢?这仍然必须要通过对地区的现状及区域的宏观环境的具体分析,而决定。

四、国外欠发达地域开发启示

(一)地域开发目标明确

西方国家以欠发达地区作为对象,重点针对人口稀少的农村地域,通过制定开发政策和发展策略,完善地域基础设施,发展秉持地域特色而又多元的产业体系,促进欠发达地区经济整体发展,缩小与发达地区的差距。这既与中国以中心城市群(如皖江流域城市群、成渝城市群)规划为重点的中西部等欠发达地区开发有着本质的不同,也与普遍理解为以农村住区建设为主的新农村建设有着很大的差异。

西方国家的欠发达地区农村地域开发目标与中国的"生产发展、生活富裕、乡风文明、村容整洁"的目标也有一定的差别。西方欠发达地区农村地域开发是以农业生产和相应非农产业发展为主线,地域空间为承载体,具体政策和措施为切入点,生态环境为保障,开发计划、实施目标的标准与尺度显而易见,而中国的四个目标在这方面体现得较为抽象,必须根据不同地域环境作进一步细化。

（二）政策措施针对性强

法国、日本都是针对人均 GDP 相对低的欠发达地区所采取的开发措施,并且根据不同地域特点所采用的政策措施极为不同。虽然,中国在进入 21 世纪后,已针对农村地域落后状况,以多个 1 号文件形式,制定各项政策,通过财政、金融等多方投入与关注,力求破解"三农"问题。至 2010 年,中国各地已逐步实施"新农村建设"。但由于对新农村建设四个目标缺乏深刻的理解和针对不同地域特色的具体化,在农村地域开发过程中,制定的政策和采取的策略针对性不够强,使开发的措施无法适应广大不同地域的特点,最终影响实施效果。

（三）实施方案具体得当,取得预期效果

法国阿基坦地区因地制宜地在农业生产组织、工农综合开发、生态和环保等方面均采用了较为具体切实的措施,并且通过政府成立的"土地整治和乡村安置公司"、"林区整治公司"等实体,有效地保障了开发实施方案的落实。

日本大分县发展多种经济,倡导"一村一品"运动。其运用现代科学观念与态度来改造和开发传统产品是一种全新作为。政府通过激发落后地区民众的自信心和创造力,协助人们对传统产品、产业进行现代化的构组、升级、换代和"质变式"跃进,使之与现代文明、现代生活方式和现代市场运作相适应。

中国欠发达地区农村地域广阔,不同地域、不同层面体现的特点不同,农村地域作为欠发达地区开发的具体实施方案较为少见,更何况方案本身的操作性。

（四）欠发达地区开发适时适地

西方发达国家欠发达地区乡村开发均在城市化进程的中后期,其中,法国在 1950 年后,日本在 1970 年后。它们均是在城市化进程达到一定程度,城乡差别、地区差异日益明显后,由政府开始发起,多方加入,在人口稀疏化地区,以保护生态环境为前提,重点是产业振兴,最终走的是地域特色化与时代多元化并举的发展之路。

第五章　农村地域开发的途径选择

第一节　农村地域与城镇的互动关系

在城镇化的过程中,农村的发展与城镇化之间存在一定的相关性。农村发展与国家宏观农村政策体制变革分不开,农村生产力的发展使农村剩余劳动力脱离农业成为可能,从而形成使农村剩余劳动力转移的"推力"作用,加速城镇化步伐,促进区域城镇的整体发展。而区域城镇发展,产业结构升级与规模的扩大,促进农村人口集聚,这是城市(镇)的"拉力"作用,影响着周边地区农村地域的发展与变化。考察地区乡村的发展阶段与特点,可以从区域城镇的发展变化来分析。

一、农村地域开发对地区城镇发展的影响

(一)农村地域开发对地区城镇发展的推动作用

1. 农村地域开发促使城镇体系的形成与发展

(1)农村经济快速发展加速农村地域城镇群的形成

农村经济体制改革后,以乡镇企业、专业市场为主体的农村非农经济的快速发展,促使农村地域人口直接就地非农化,进而农村地域逐步城镇化,地区城镇数量快速增加,这在20世纪80年代初中期较为显著。如,中国城镇数量1978年为2174个,至1988年,发展到11481个,年均增长18.1%;2002年为18400个,城镇数量增长速

度减为 3.43％。2006 年,镇的数量达到 19369 个,比 2005 年增加约 2.5％。而 2007 年城镇数量为 19249 个,结束了年均正增长的趋势。

　　与中国城镇发展的总体趋势相似,杭州市周边地域也历经先增后减的不同阶段。在中心城市周边的农村地域,凭借有利的区位条件,非农产业首先得到发展,城镇发展更为迅速。如 1980—1988 年间,杭州市周边地域(包括杭州、嘉兴、湖州和绍兴 4 个市域的部分县市)城镇数量从 1980 年的 36 个剧增到 1988 年的 125 个,不到 10 年,城镇数量增加了 3.5 倍。城镇分布密度达到每千平方公里 9.4 个,比 1988 年浙江省平均高出 2 个/千平方公里,是当时全国的 8.5 倍(分别见图 5－1 和图 5－2 所示)。

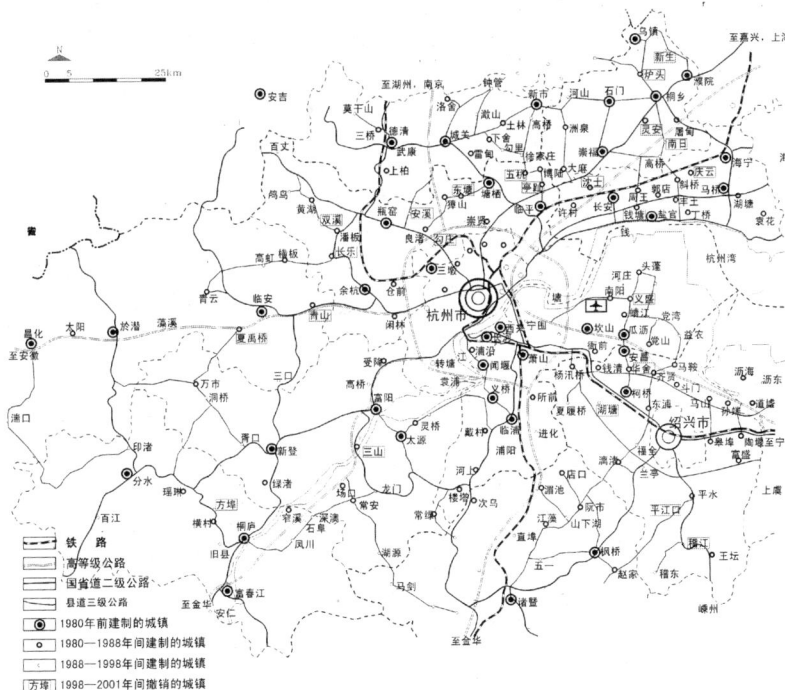

图 5－1　2001 年前杭州市周边地域城镇建制变化

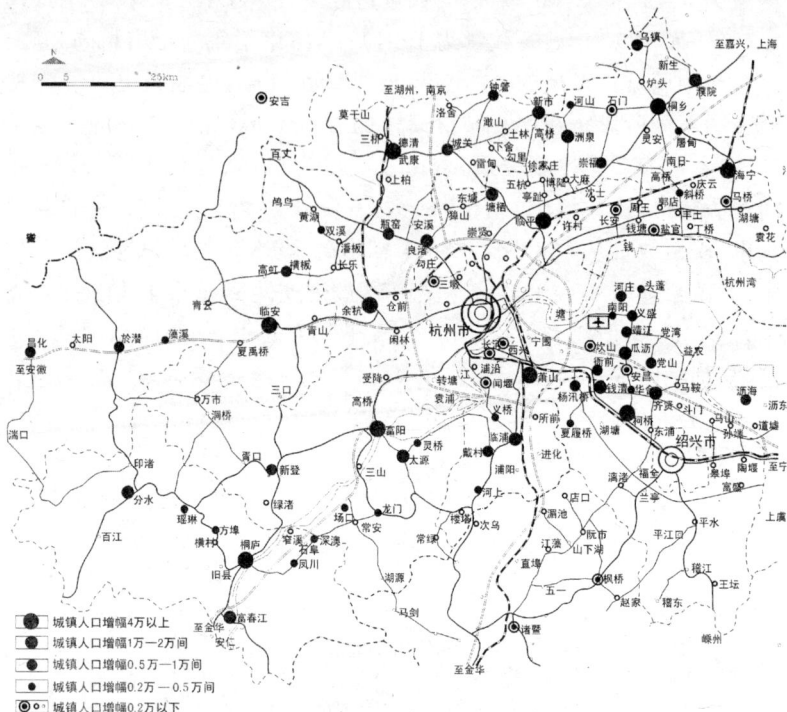

图 5-2　1988—2001 年杭州市周边地域城镇人口规模变化

（2）农村地域特色的形成，推进区域城镇产业分工，促使城镇体系的发展与完善

1980 年与 1990 年之间，在短时期内迅速发展壮大的非农产业生产在一定程度上解决了商品短缺时期所留下的空白。但农村地域经济结构趋同化，在轻工业结构中，无论是东部、中部还是西部地区，以农产品为原料的轻工业所占比重相差不大，分别为 52.4％、60.4％、57.3％。在重工业结构中，东部和中部地区制造业的比重分别为 78.9％、79.4％。产业结构相似，产品雷同，难以集中人力、物力、财力形成规模效益，这一切都给以后的持续发展埋下隐患。

这样缺乏地域分工的产业结构会导致国民经济发展后劲不足,农村对地区城镇化的推力减弱,城镇发展速度变慢,这在国家经济建设重心转向城市后更为明显。如 1988—1998 年,杭州市周边地域内城镇数量由 125 增至 164 个,仅净增 39 个,与上一阶段相比,城镇增长速度明显减慢。农村是城镇的基础,具备一定地域特色的农村地区是形成具有地域特色的城镇持续发展的必要条件。如条件改变,城镇体系发展基础就产生变化,如,杭州市周边地域,20 世纪 80 年代初,城镇工业普遍以纺织、印染、建筑材料和机械等工业为主,至 20 世纪 90 年代,经 10 多年的发展后,在市场容量饱和的情况下,城镇之间因职能同构而相互竞争,某些新兴小城镇因之失去发展后劲。相反,具备地域特色的小城镇,如具备人文、自然特色的旅游城镇,特色农产品加工城镇,发展较为平稳。区域城镇群开始由数量发展型向质量提高型转变,随着杭州市周边地域西部山丘欠发达地区特色农业和旅游经济的发展,城镇群开始发育,为山区居民下山脱贫创造条件。

2. 农村地域社会的进步促使城镇化水平与质量的提高

(1) 农村地域非农产业发展,加速农业人口就业转移,提高了城市化水平

20 世纪 90 年代以来,农村地域非农产业发展,大大推进了农业人口就业转移。从杭州市周边地域县(市)看,1988 年,各县(市)域农业人口占总人口的比重明显偏低,即使是农业基础较好的德清县和临安县,其第一产业从业人口占就业总人口的比重仅为 50%。考察台州、温州城市近郊部分城镇的镇域人口就业结构也可以得出同样的结论,2000 年前后的台州市的横街镇、温州市的郭溪镇,其非农化水平已达 50% 以上。农村地域非农化水平的提高,为区域城市化水平的提高奠定了基础。

(2) 农村人口非农化、城镇化,利于接纳现代文明,提高了城镇化的质量

相对于传统的自给自足农业生产方式和农村人脉社区环境,以企业为主体的现代化生产组织与市场化环境,维系非农人口的生存

与发展,对非农人口的生产方式和生活观念影响很大。非农化人口主动或被动地吮吸多元而开放的现代城市文明的营养。因而,与滞留在农村的农业人口相比,非农化人口接受现代城市文明的机会较多,影响深刻。这不仅使其在就业行为上城市化,而且在思想意识上城市化,稳固了人口城市化的基础。

(二)农村地区发展对城镇发展的影响

1. 地区产业同构发展,影响城镇发展质量与水平

(1)城镇发展质量上的制约

在短时期内,发展机遇、发展环境相似的农村地域,乡镇企业、村办企业和专业市场的大量兴办,会产生低水平重复建设,有限的财力下,会延缓了全面提高配套高质量的基础设施的进程,城镇建设质量难以提高,进而导致城镇对农村的吸引力不强,带动能力不足。中国 20 世纪 90 年代自下而上的城镇化推进过程中,"户户点火,村村冒烟"的农村非农化,曾经引发地域重复建设、浪费的现象和对环境的负面影响,使国家的有关决策机构对一度盛行的"离土不离乡"农村非农化模式产生质疑。20 世纪 90 年代中后期,中国经济工作重心逐渐转向城市和中心城镇,结构雷同的农村地域和小城镇发展速度趋缓,对农村非农人口的吸收能力降低,城镇化的步伐有所减缓。中国仍有大量非农人口没有城镇化和农村剩余劳动力无法脱离农业、农村便是当时的实际情况。

(2)城镇发展水平上的影响

乡村非农产业的发展,使本该集中于城镇的非农业产业要素分散布局,城镇非农产业规模和水平受到严重影响。由于城镇产业没有得到有效的集聚,城镇产业规模增长乏力,非农就业岗位提供有限,直接影响农村剩余劳动力的转移和城镇规模的扩大,进而影响城镇服务能力的提高。

2. 农村地域开发方式的转变对城镇发展的影响

(1)农村地域开发政策调整与小城镇整合发展

农村村办、乡镇企业在发展过程,曾带来了一系列社会、环境等

问题，一些地方曾以"农村病"称之。浙江省 1998 年第十次党代会提出城市化发展战略后，全面开展县（市）域镇体系规划，并陆续地着手县（市）域行政区划调整工作，拆扩部分乡镇。至 2001 年底，杭州市周边地域城镇由原来的 164 个减少到 128 个，城镇群发展转向以县（市）政府驻地为中心、县（市）域片区重点镇为纽带，集约化发展的格局（见图 5-2 所示）。2001 年至 2007 年，由于杭州中心城市和中心城镇的极化发展，相应的周边小城镇随着行政区划的调整而整合，集约发展成为中心城市都市区、城市市区或中心城镇城区组成部分，小城镇数量进一步减少。截至 2007 年底，杭州市周边地域小城镇数量仅为 115 个（见图 5-3 所示）。

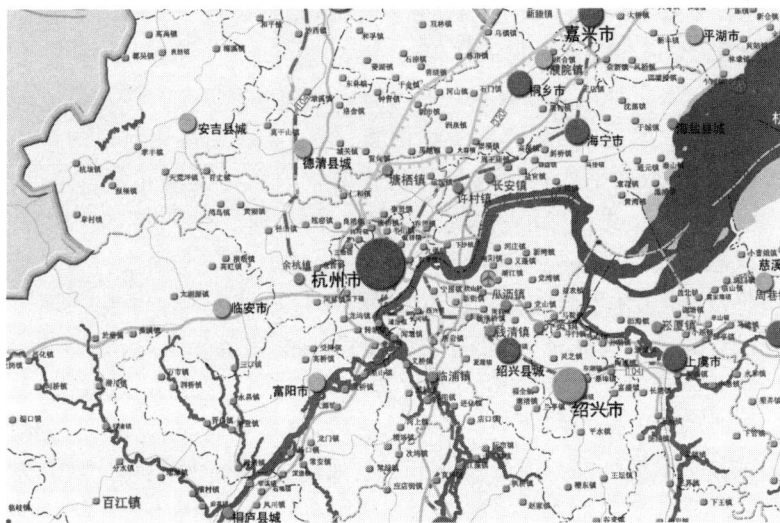

图 5-3　2007 年杭州市周边地域城镇布局

杭州市周边地域城镇空间布局变化特征，从 30 年来的维度看，城镇发展数量经历由快速发展——缓慢发展——绝对减少的演变过程，这一过程与乡村发展基本上是同步的。1978—1984 年乡村的快速发展，推动了小城镇在 1980—1988 年间的快速发展。1988 年后，由于中国的经济发展重点由农村转向城市，乡村因经济结构调整而发展速度开始放慢,促进小城镇发展的农村推力变弱,相应的广大小城镇发展速度也随之变慢。期间,中心城市、中心城镇进入绝对的快速发展时期,周边的小城镇受到极化的负面影响。尤其是近10年,即1998—2007年间,城市的发展是建立在城市结构体系调整、规模扩大、空间整合和小城镇衰退的基础上的,即通过整合集中发展城市和中心城镇,促使城市(镇)体系整体质量提高。1998年后,小城镇出现"衰退"所呈现的反向效应,显然是城市或中心城镇资源整合和集约发展所必然的。但乡村发展并未随之而停止,相反,在经济发达地区,因重视新农村建设,农村地域开发速度重新加快,这与城市体系加快发展同步。这一方面是因为广大小城镇的衰退,减少了对乡村的极化作用;另一方面,则是得益于乡村政策体系的变革,是城市反哺农村的体现。

(2)农村地域开发模式转变与城镇发展展望

如前文所述,很多西方发达国家,为了实现欠发达地区的产业振兴,所采取的是特色化和多元化相结合的农村地域开发思路,改变农村地域历史上以单一农业发展为主的格局。1996年,中国农村人口总量虽然出现了减少的趋势,但是至2000年,全国农村人口总量仍然与1978年的相近。况且,中国农村地域人口非农化的同时并没有完全实现城镇化,仍存在大量的农村剩余劳动力,农村单一的农业经济已无法适应中国农村劳动力现状。与此同时,城市、城镇吸收农村劳动力转移的空间已为有限,促使中国农村人口与劳动力持续下降的外部拉力已显不足。因地制宜,多元的农村地域开发模式将是客观的选择。根据西方发达国家的经验和中国20世纪80年代"离土不离乡"的经验教训,中国农村地域在产业发展上,应以农业为基础,积极推进工业化、商品化;在空间设施上,力求居住空间与产业类型相结合,建设与完善社会设施,形成若干宜居的农村居住社区;在生态环境与景观风貌上,重视保护生态环境,力促居住环境、生态优化、景观风貌特色化。同时,促使部分农村地域城镇化,完善城镇体系网络,提高城镇发展水平。

二、城镇建设对乡村发展的影响

（一）城镇建设对乡村发展的促进作用

1. 社会经济的推动作用

（1）促进与引导农村产业发展

城镇非农产业的发展,会带动农村农业的持续高效发展。农村经济责任制实施初期,农村生产力得到极大解放,农村经济发展较快,农村的温饱问题基本解决。但农村土地使用权包产到户后,以个体为单位的农业生产经营活动也存在一些弊端。如农村相对闭塞,农业经营分散,缺乏有效引导,传统自给自足的小农经济还影响着农民的经营思路,不适应现代农村生产的市场化和专业化要求。相对农村来说,城镇市场的信息渠道较为集中,建设资金相对充足,且交通便捷,有利于发展农产品加工工业和服务于农村的物资储运业等,从而带动和引导农村地域开发方向和发展规模。

（2）引导农村人口就业转移

城镇非农产业的发展和产业链的延伸,非农就业岗位的增加,有利农村人口就业转移和城镇化水平的提高。1980年后的发展初期,乡镇企业、村办企业在农村劳动就业转移过程中发挥了重要作用,但由于行政体制上的一些问题,产业发展和乡镇建设缺乏有效引导,探索性的"先发展、后环境"与农民的"离土不离乡"的发展道路曾遭质疑,政府对乡镇企业、村办企业在空间上无序发展等问题进行了不同程度的治理。但是,这种发展道路仍符合亦工亦农的农村人口就业转移模式。虽然1990年以来,在江浙沿海发达地区的县(市),先后通过调整乡镇行政区域,整合了乡镇建制。整合后的中心镇、重点镇成为村镇体系中非农产业发展的主要载体,在带动乡村人口就业转移过程中起到了重要作用,但是这种带动作用并没有改变中国特有的亦工亦农的农村人口就业转化模式。

中国大多数的中心城镇、重点城镇以发展制造业为主,其行业参与区域竞争能力较强,影响的区域范围较广,对劳动力素质要求较高,同时,发展前景受宏观总体经济影响相对较大。从长远看,对农村的就业转移潜力有限。因此,进一步吸收农村地域剩余劳动力的动力将依靠发展县镇的第三产业。

调查县级产业结构,第三产业占 GDP 的比重一般在 30% 左右。其中,交通运输业、社会零售业等吸纳农村剩余劳动力能力较强的商业服务业,发展速度有所变慢,而教育、科技、信息服务和房地产等在 2007 年之前,普遍发展较快,但在促进农村就业转移方面作用极为有限。第三产业的发展和结构升级,如果仅靠发展科技信息服务、教育和医疗等,其可以迅速提高相应产业的产值及其比重,但对吸收原有的农村地域劳动力就业转移贡献不大。

2008 年以后受全球金融危机的影响,中国以出口为主的实体经济受到很大的冲击,全国大约曾有 2000 万农民工返乡再就业。这进一步说明了各级城市、中心城镇在吸收农村劳动力方面的空间容量已显有限,因此亦工亦农的农村人口就业转移模式更显得符合中国的实际,当然这些就业人口只能在中心镇以下的小城镇或中心村中解决。进入 21 世纪以来,中国政府进一步重视"三农"问题,农村基础设施逐步完善,城乡设施差别不断缩小,"根"在农村的"老一代"农村剩余劳动力人口将有可能回归本该属于自己的故土,重新思考创业的天地。因而,农村经济体制改革以来的农村生产力释放与经济发展要持续,就要求未来的农村地域需进一步促使产业发展与结构提升,从而带动农村劳动力新的就业转移。为此,在当前形势下,在中国广大的小城镇和中心村中,重新思考的"离土不离乡"就业转移方式将是必然的选择。结合已有小城镇的基础与建设要求,新的"离土不离乡"应与农村工业化、商品市场化、社会文化、生态环境的综合开发与保护等领域结合,以促进乡村产业的发展和就业岗位的增加。

(3)社会生活的辐射作用

与广大农村相比,城镇人口相对集中,社会设施相对完备,小城镇在农村中的中心地位基本确立。小城镇为周边地区的农村就学、医疗和文化生活等各方面提供方便。在教育方面,城镇拥有中心小学、中学,有的甚至于拥有职业技术学校和老年学校等,城镇的教育设施和水平状况对培养农村后备人才和农村劳动力素质的提高有很大作用。在医疗文化设施方面,城镇卫生院、县级医院是乡村医疗保健的基础设施,城镇医疗设施完善,不仅方便了乡村居民就医条件,而且会减少村民不必要的开支与代价。在文化生活方面,城镇是农村精神文明建设的重点地区,具备丰富农村文化生活的设施环境。在当前推进城镇化的进程中,城镇成为农村现代化和向农村传输现代文明的主要窗口,也是农村地域特色文明的"缩影"。

2. 乡村建设的促进作用

(1) 城镇功能延伸至乡村,增强了城镇整体功能

从亦工亦农兼业至完全的非农化,乡村就业转移是中国大多乡村人口发展普遍发展规律。20 世纪 80 年代以来,从沿海发达地区乡镇企业发展较早的村庄看,以户籍人口所在地的农民建房和农村居住社区形态一直没有改变。近几年来,在社会主义新农村建设目标指引下,农村基础设施不断投入,乡村居住聚落得以稳固,乡村居民随着人口就业非农化而就地城镇化,城镇化的农村居民点与农村生产设施整合,从而成为"城镇体系不可缺少的组成部分"。这也是城镇在产业集聚过程中所进行的城镇要素扩散过程,是城镇功能向农村的延伸。

(2) 完善与延伸了城镇化空间加快了城镇化进程

农村地域直接城镇化,减轻了城镇化的压力,节约了城镇基础设施投入和土地的投入。与此同时,城镇化水平大大提高,加快了城镇化进程。

乡村企业的发展,农村地域的工业化,更为有效地调整了农村地域劳动就业结构,促进农村地域特定地区人口就地非农化,增加农村非农化人口的人均收入,有效调整和提高非农化人口消费结构和消费水平,促进农村地域以商业服务业为主的第三产业的发展,为农村地域就地城镇化和区域快速城镇化创造条件。继而,也为推

进农村地域农业专业化、规模化和产业化经营做准备。

乡村工业类型一定要符合农村地域的特点与优势,前者包括与农村农业发展相关的行业,如农产品加工业、生态型工业等;后者包括劳动密集型、土地耗费型工业等。目前这些工业企业大多已在城市、城镇中布局,在乡村规划中,宜按照梯度转移规律,从城市、城镇中逐步转移而来。

(3)城镇形态变革

新一轮城镇空间形态将不仅是临近城镇群空间之间的横向组合的形式,而是城镇城区与城镇化后的新农村之间的纵向组合发展形态。这一城镇空间形态是中国新时期下的城镇体系的末端,是中国城镇化过程中独特的空间形态。

(二)小城镇建设对乡村发展的制约

1. 用地发展空间的制约

(1)用地指标规模的间接约束

预计到2020年,中国人口有可能达到16亿。考虑到中国的人均消耗粮食量、耕地质量,以及平均亩产等因素,要保障粮食安全,新一轮全国土地利用总体规划修编(从2006年到2020年)提出18亿亩耕地底线(人均1.39亩),即从目前到2020年,中国耕地减少量必须控制在2700万亩(人均0.02亩)以内,这还包括相当比例的生态退耕和农业结构调整,这个数字不及"十五"期间耕地减少量的1/3。从这个意义上看,建设用地指标控制将是中国一项长期的国策。在城市化的推进过程中,城镇建设用地仍有大量需求,这必将减少对农村建设用地的供给,从而间接制约农村的发展。

(2)用地发展空间的控制

城镇、城市按照总体规划空间布局,或多或少涉及村庄用地。在城市、城镇规划区范围内的村庄建设与规划必须按照城市、城镇规划的要求,服从城市、城镇规划管理。为此,村庄建设与发展空间势必会受城市、城镇发展的制约。这是由中国城市化进程中特有阶段下的城乡规划管理体制所决定的。

2.建设资金的制约

2009 年底,中国国内生产总值 GDP 已达 33.4 万亿人民币,折合 4.5 万亿美元,已成为仅次于美国、日本的世界第三大经济体。人均 GDP 为 2.4 万人民币,折合美元为 3860 元,已达到世界中等发达国家的水平。但是由于地区、城乡之间的不平衡,中国的科学教育、医疗卫生等社会设施和交通环境等市政基础设施建设资金投入占 GDP 的比重仍不高。尤其是在中国农村人口比例高、地域广阔的客观条件下,部分地区在社会设施、基础设施建设资金的分配上,重城镇、轻农村的状况在所难免。这也会影响农村的建设水平。

除此之外,由于城市化推进过程中,农村地域人口规模减小是客观的发展趋势。从长远看,全面的农村建设已带来不必要的浪费,这也是部分城镇工作者仍存在"重城镇、轻农村"建设的主观原因。

第二节　农村地域开发的基本思路

一、新农村建设目标评析与判断

(一) 新农村建设的内涵

"社会主义新农村"是指在社会主义制度下,反映一定时期农村社会以经济发展为基础,以社会全面进步为标志的社会状态。主要包括以下几个方面:

发展经济、增加收入。这是建设社会主义新农村的首要前提。要通过高产高效、优质特色、规模经营等产业化手段,提高农业生产效益。

建设村镇、改善环境。包括住房改造、垃圾处理、安全用水、道路整治、村庄绿化等内容。

扩大公益、促进和谐。要办好义务教育,使适龄儿童都能入学并受到基本教育;要实施新型农村合作医疗,使农民享受基本的公共卫生服务;要加强农村养老和贫困户的社会保障;要统筹城乡就业,为农民进城提供方便。

培育农民、提高素质。要加强精神文明建设,倡导健康文明的社会风尚;要发展农村文化设施,丰富农民精神文化生活;要加强村级自治组织建设,引导农民主动有序参与乡村建设事业。

概括而言,所谓"新农村"包括几个"新",即新房舍、新设施、新环境、新农民、新风尚。

（二）新农村建设目标的基本判断

新农村建设的目标包括:生产发展、生活宽裕、乡风文明、村容整洁、管理民主。现评析如下。

1. 生产发展,形成多元的农村产业结构

农村农业生产发展已不能为广大农村劳动力提供足够的劳动就业岗位和社会平均劳动力的平均收入,这一点已被30年来中国农村发展和"三农"问题所证实。要改变农村现有的社会经济状况,必须有重点地发展农村非农产业,并以此为基础发展农村经济和进行社会主义新农村建设。20世纪80年代以来,中国涌现了不少农村经济发展的成功案例,如江苏的华西村、东北的元宝村和河南的商街村。这些村自20世纪80年代起,结合农村自身特色,发展村办企业,农村非农产业得到快速发展,进而促进农村规模经营,农业生产也得到进一步发展。农民、农业、农村同步发展。

中国广大农村剩余劳动力曾以外出务工的形式,在城市(城镇)就业生活,为中国城镇化推进作出了不可磨灭的贡献。但每次宏观经济背景下的结构调整,这些务工人员都选择返乡就地安居的道路。换言之,在中国尚未全面建成小康社会的历史背景下,中国大多数农村剩余劳动力进城务工,不具备长久在城镇、城市就业和居住的条件和能力。另一方面,长期以来,农村户籍管理制度的有关政策没有实质性改变,外出的农村劳动力一般都能享受户籍地的相关政策,如土地政策、建房政策、计划生育政策、医疗保障政策等。

农民在农村的"根植"体系尚无改变,而农村的"根植"体系也在一定程度上决定了农民在农村的生活成本相对较低,对于农民,农村是抗经济风险能力较强的"港湾"。这也是中国改革开放 30 年来,大多数进城农民曾经脱离过,而实际无法完全脱离故土的重要原因。为了彻底解决农村剩余劳动力就业问题,就必须改变中国农村的落后面貌,发展农村社会经济,必须以中国农民的根植体系为基础。

中国农村普遍存在人多地少,剩余劳动力富足的状况,仅靠发展农村农业生产不能解决农村的发展问题,也实现不了农村现代化。这在 20 世纪 80 年代以来的改革初期就有所体现。而靠城镇、城市"拉力"的城市化、城镇化,促进农村剩余劳动力异地就业转移也已显得乏力。中国近几年所表现出的城镇化提升步伐逐渐减缓的事实表明,城市、城镇的"拉力"作用空间已为有限。通过城市反哺农村、工业反哺农业的发展模式,实际的结果是在城市、城镇扩大建设规模的同时,农村建设规模也以新的方式在扩展。因而,因地制宜,在农村社会经济发展过程中,要结合农村地域各种不同类型和特点,发展适合农村地域特点的非农产业(包括地方特色农产品加工工业、农村社会综合服务业等),这是中国农村地域经济社会发展不可避免的选择。需要特别指出的是,20 世纪 80 年代中期,中国有关专家曾提出的"离土不离乡"、发展乡镇企业和村办企业的以发展小城镇为主的城镇化模式,是有远见且适合中国乡村发展规律的城镇化模式。而其后来出现的"村村点火、户户冒烟"的负面影响,是当时"井喷"式的农村地域非农产业发展中,由于急功近利导致产业结构雷同和设施重复建设,乡、村行政管理体制过于僵化、分散,同时又缺乏有力的产业政策引导和实施管理等所致,而不是这种城镇化模式的基本思路有问题。

2. 生活富裕,建设新型农村社区物质环境

这是新农村建设的核心目标,也是保障民生的需要。在农村人口递减有限,而人口基数庞大的前提下,实现农村居民生活富裕的根本路径只能是发展多元化的农村产业与经营方式,拓宽就业领域,促使

农村居民就地充分就业,提高劳动人均收入水平。农民经济收入提高后,有效消费需求得以释放,有利于消费结构层次的提升。

与城镇居民相比,中国农村居民收入处于中低水平,其消费结构层次相对低下。农民消费结构层次的提升,更有利于大众消费品制造业和第三产业的发展,进而推进经济的发展。此外,农村物质生活变得宽裕,生活方式将逐渐产生变化,精神生活将丰富多彩,这要求社会事业进一步发展,社会基础设施水平不断提高。其结果是农村社会结构也将出现变革。

适应现代农村生产、生活方式的变化,应形成多元化的农村不同地区的住宅类型。如,为农业生产服务的农庄型住宅,为非农产业服务的公寓式住宅。在此基础上,形成以农村社区为单元的多元的社区结构。从新农村的建设布点来看,其中包括为广大农业生产服务的农庄型居民点、适应农村非农产业人口服务的相对集中的中心村等服务型聚落空间,因而,整个农村的居民点体系应该是多点有机联系的聚落体系。在这个体系中,部分农村地域升格为城镇镇区,进而完善了地域城乡空间体系。

3. 乡风文明、村容整洁,建设特色农村社区环境

乡风即为乡土风情,村容即为村庄风貌。前者为非物质地域文化,后者为物化的地域特色文明,包括特色景观与空间环境等。乡风是农村乡土非物质文化遗产所在,是农村地域特色的一个代表,具备地域特色的乡风丰富了现代社会文化内涵。乡风文明更易被广大城市居民所接受,也更有利于农村地域特色文化的展现,从而将具有更强的生命力。低俗的乡土文化易遭现代文明的唾弃,其生命力较弱。在建设农村友好物质文明环境的同时,要注重适合于现代生产与生活的精神环境(非物质环境)与文明化场所(物质环境)的建设,应在农村社区中心,建设与城市、城镇同品质而具备农村乡土风情的文化设施。较高文化品质有利于吸引各种人流共享文化设施,增强农村社区的凝聚力,这更加有利于促进农村地域开发。

村容整洁是乡风文明的物化内容之一,是农村生产方式、生活

习俗转变的标志及其在物质空间上的体现,具体应由政府倡导,多方人士参与。建设村容村貌,要突出重点,体现特色,用艺术表现手法,有序展现,并整治和建设相关基础设施。与此同时,与促进农村就业转移相对应,组建与城镇相当的村容村貌建设与管理队伍,确立村容村貌整治的考核标准、措施和途径,以塑造城乡统一标准的景观环境与风貌。

新农村建设目标的落实要与具体开发的农村地域空间相结合,与农村居民点结构和总体布局相对应,重点在加强相对集中的中心村环境设施建设,应杜绝新农村建设中的环境污染问题,同时完善村庄周边的生态环境,凸显农村绿色生态空间。

二、农村地域开发机制与条件

(一)有待解决的问题

1. 农村生产方式和经营模式有待于转变

家庭联产承包责任制开启了改革开放后中国农业生产模式的第一次革命,粮食产量实现了快速增长。从1984年开始,中国城镇化快速推进,城市经济快速发展,而农村经济发展相对缓慢,农民增收十分困难,城乡二元结构的矛盾日益突出。

目前中国农村普遍存在单打独斗式的低效农业生产方式和分散的小规模的农村经营模式,虽然有着较高的地均产出率,但是适应市场能力低。在全球经济一体化环境下,中国的这种农业生产模式既无法与农业发达国家和地区农业产业化、规模化的低成本优势相竞争,也因更多农业人口经营农业,劳动人均收入增长缓慢,不能满足日益增长的生活要求。

国际金融危机引发的全球经济危机对中国的出口和经济发展的影响,曾造成中国2000万"农民工"失业。这表明中国的出口企业对外依赖性强,城市、城镇就业环境不稳定。而单一的农业生产与经营方式,分散小规模的农村经营模式,虽然保持了较高的单位土地农业产值,但是这提高不了农村人均产值和人均收入。从长远看,如果不改变落后的农业生产模式,农村的社会稳定将面临严峻形势。因此,目前中国单一农业生产方式和小规模经营模式必须变革,应积极发展多业并举、多种经营模式,使中国农业重新焕发生机与活力。这对保持经济增长和稳定就业形势至关重要。

然而,农业是一个有其自身发展规律的产业,农村非农产业发展的问题也较多,土地经营权的流转不会一蹴而就,经营模式涉及经济体制和人的素质,因而,农业效益的提高也不是一朝一夕就能完成的,从短期看,农业和农村发展未必会发生大的变化。

2. 原有特色风貌与空间在消失,新的特色空间尚未形成

农村的特色建筑与空间存在于传统村落,传统村落至今保留完好的主要有农庄化和部分栖息化村落。传统村落空间与建筑不适应现代农业经济特点和生活方式的改变要求,因此,在农村城镇化和部分栖息化的背景下,大部分农村建筑将被拆除,传统院落空间将遭到不同程度的破坏,农村传统特色将逐渐消失。

30年来,在中国城乡 GDP 快速增长的历史条件下,城乡住宅与建设以空前的速度在迈进,建筑师们以惊人的效率和速度应对繁忙的设计任务,但他们很少深思,也无力践行由业主主导下能够体现地方传统建筑风貌与空间特色的建设项目。再者新型建筑材料的推广和建筑施工技术的机械化,使得 1980—1990 年之间建成的农村住宅大多缺乏特色,建筑风貌单一,地方特色在逐渐消失。虽然部分地区也总出现标以如新徽派、江南水乡特色的建筑,但很快时间大江南北不同地区争相模仿。当同一建筑类型出现在不同地域,而这些建筑符号、风貌、元素无法与大环境相协调时,就会显得不伦不类,城市如此,乡村也不乏其例。这样次区域特色的建筑和风貌不复存在。

3. 环境质量下降,生态环境承载能力降低

首先,农村居民生活水平提高,人均生活垃圾产生量、污水排放量均增加,有害物质增多,如塑料袋、废电池等。与 20 世纪 80 年代相比,在生态环境容量不变的情况下,农村地域对环境污染物的接纳能力势必降低,生态环境有所恶化。

其次,农业生产垃圾、废物(水)排放污染严重。农业产业化和规模经营机制形成后,大规模的农业机械化耕作逐渐替代传统精耕细作的生产方式,有机施肥率不高,生活污水和有机垃圾直接循环回收利用率降低,取而代之的是农药、化肥使用量增加,次生危害加大。据湖北省的一项调查,每年仅农药包装袋垃圾就达 2 亿个,产生超过 1000 吨的农药废弃物。农膜使用量从 1990 年的 2.3 万吨增加到 2008 年的 5 万余吨,其中约有 30% 残留在土壤中。另外,猪、禽等畜牧养殖也产生大量的污染物。一个年产 2000 头仔猪的小型猪场,每年至少向周围排污 6000 吨以上。这些大大增加了农村地域生态环境负担,增加了生活污水、生活垃圾的净化压力。目前,农村地域生态环境质量普遍下降,可利用的净水资源日益减少。

4. 基础设施建设面广,设施落后,难以适应现代生产与生活方式

农村改革开放以来的几种发展模式表明,随着中国城市化的不断推进,农村居民点、村庄形态不会因此而出现相应的衰减。根据浙江乡村的变迁看,20 世纪 90 年代以来,除一些山区的零星村居,因交通不便、山地农业资源相对贫乏而满足不了村民生产与生活要求,进行有组织的逐步搬迁外,一般建设和发展条件较好的村庄,其建设用地规模均在不断地扩大。随着 21 世纪中央政府对"三农"问题的重视和社会主义新农村建设步伐的加快,以及农村医疗卫生、养老保障体系的建立,推动了农村以新的方式持续发展。尤其是村村通公路,各类水电工程的配套实施,农村地域的适居性大大提高。在城市、城镇产业结构不断升级,就业增加量无保障的宏观背景下,农村作为新时期下人口回流的"蓄水池"和"栖息地",在老一代农村非农化人口中起重要的作用,在建和已建的农村基础设施将继续得到使用。但全国有 60 多万行政村,全面建设基础设施面广量大,如全面建成适应现代农业生产、农村居民生活的基础设施,资金需求量将更大,实施难度也很大。

5. 土地消耗量及其消费结构同城乡发展规律相悖

在城市化推进过程中,城市、城镇在做强做大的过程中,用地增

长很快。尤其在城市、城镇总体规划编制中,预测城市规划期内的人口规模时,城市人口将增长一倍多,规划中将大量的非农化人口计算为城市、城镇人口,相应的城市、城镇用地规模因此而急剧扩大。而实际上,农村地域城市化、栖息化在中国城市进程中起了十分重要的作用,它的发展是中国"三农"问题解决过程中的客观必然结果。中国当今城市、城镇大量建设的住宅区,为城市化人口安居创造了条件,然而各个城市大量空置住宅表明,中国大量的农村非农化人口是否会像规划师想象的那样完全城市、城镇化,是值得进一步研究的。在相应的在用地指标下达时,如仅按照一般的城市化规律要求,优先用于城市、城镇建设而控制中国农村的发展,这是不符合中国城乡发展的特殊规律的。

(二)农村地域开发的机制

1. 农业生产方式转变,促使村庄空间形态产生变化

传统的农村耕作方式与耕作能力,促使传统村庄结合农业生产地域特点,形成独家独户的相对均衡布局。

随着农业产业化、规模化经营及大量农村劳动力从土地中脱离出来,外出务工人员的增加,农村呈现季节性和非季节性的空心化,村庄有不断衰落的趋向。农业现代化、机械化程度提高,农村劳均耕作能力与耕作半径在加大。伴随着部分农村劳动力脱离农业生产、农村合作经济组织和合作经营模式的形成,农村规模经济发展的效益日益显现,使得农业生产地与居住地有逐渐分离的趋势。农业生产方式变革的这种趋势,让村庄布点整合和相对集中成为可能。成渝地区城乡空间统筹发展模式,不失为行之有效的方式。

2. 传统思想和政策惯性,制约农村非农化人口空间转移的阻力更为持久

中国的城市化水平在 1978—2009 年间,由 18.6% 提高到46.5%左右。在这短短的 30 多年,城市、城镇设施的建设和完善,城市、城镇功能的提升,城市化水平的提高,均是由勤劳的这两代人完成的,这两代人中大多生长于农村地域,他们靠劳动就业转移和加入城乡非农产

业的生产(劳动力投入)推动经济发展,从而促进社会进步和城市化水平提高。拉动经济发展的三要素(资金、科技和劳动力)中,劳动力投入不是永久的,它对经济的拉动作用逐渐减弱的趋势目前已经显现。随着原始资金积累的结束和科技水平的提高,部分产业大军必将从非农产业中脱离出来,尤其对中国这种人口众多、资源相对贫乏的国家来说更为如此。因而,在这种形势下,"根"在农村的这两代就业转移人口,不可能完全随着劳动力非农化而城镇化。即使其行为城镇化了,其思想未必随之而城镇化。也就是说,他们的思想与农村保持着千丝万缕的关系,尤其这30年来,中国农村经济曾经历了由快速发展至缓慢发展(甚至是部分的倒退)的曲折复杂的过程,"根"在农村的非农化人口依赖祖居地过上安定持久生活的惯性思维与愿望不但没有被削弱,甚至有所强化,这种思维与愿望也表现在规划选址上。从另一角度看,不同地区的经济发展条件是不同的,那么在某一时期,地区间经济水平、发展阶段、劳动力非农化、城市化等均是不同的,如果不考虑这些差别,在农村实行统一的政策,其效果将很难预期。如,按照《中华人民共和国土地法》的要求,农村每户家庭拥有一处宅基地,各地政府基本上按照农村户籍人口数来审批农村宅基地面积,这符合农民"根"在农村的要求,但却不适应农民异地非农化、城市化的规律。在这一政策条件下,农村会同时存在"过疏"和"集聚"两种状态。"过疏",即农村人口非农化后外出就业,使农村大多数时期处于人口稀少的"空心村"状态。"集聚",即农村人口按照户籍口径计,仍在缓慢增长。随着农民经济收入的提高,农村住宅拆、扩、建一直在延续,按户籍条件批建农村住宅的农村住宅区、村落规模必定不断集聚、扩大。2000年后,由于政府对"三农"问题的进一步重视,社会主义新农村建设步伐的加快,农村基础设施建设投入正不断加大,村落形态将会沿袭原有结构,继续蔓延扩张。若按照发达国家需上百年来完成城市化的演进规律,在未来20年内,任何旨在短时期内通过规划整合、缩减中国的农村地域居民点与发展规模的做法,都是不现实的,其代价将是惨重的。

3. 不同的气候和自然环境条件,造就了各具特色的传统村落建筑和空间环境

千百年来,祖先们通过对中国沿海与内陆、南方与北方不同的自然环境条件和气候特点的认识和改造,逐步形成了因地制宜的地方传统特色建筑和空间。在次区域,也因独特的地理环境和地方文化因素,派生了各具特色的传统建筑风貌与空间环境。如浙江省,因不同地域所遭受台风暴雨的强弱不同,所在的山水环境各异,并且又因南北交汇、多宗传承的文化特点,传统特色建筑与空间呈现明显的地域多元化。次区域传统特色建筑与空间的挖掘与研究,有利于避免当今新农村建设中出现千村一面的现象,也为弘扬中国多元的历史文化和创造富有地域特色的新型农村奠定基础。

(三)农村地域开发的基本原则

1. 顺应乡村发现客观规律性

中国城镇化推进并非全然伴随农村常住户籍人口的同步减少,相反,在某些农村地域因为非农化程度的提高,促使人口进一步集聚,进而为发展村办企业、乡镇企业和经商等非农产业提供客观条件。中共中央连续多年出台的 1 号文件和社会主义新农村建设有关政策的落实,使农村经济发展更有政策保障。外出务工的农村剩余劳动力在农村整体原始资金积累中发挥了巨大作用,这也为部分农村地域进一步发展非农经济提供资金基础。最后,农村集体所有的土地关系和农民植根于农村的社区关系,降低了发展农村非农产业的前期成本,这些因素巩固了农村地域经济发展和社会进步的基础,尤其在几次"农民工"回流热潮中,表现得更为突出和明显。新农村建设在促进农业现代化、产业化和农村经济发展的同时,通过城乡基础设施的一体化建设与完善,促使部分农村非农人口就地城镇化,农村城镇化成为一种客观的趋势。在某种意义上,新农村建设使部分地区的城镇化跨越城镇集聚阶段,而直接进入城镇化的扩散阶段(即郊区化或逆城市化阶段),这是中国城镇化过程独特的现象。

2. 有利于城乡统筹一体化发展

新农村建设的重点在于农村,其标准则雷同于城镇,如基础设施、社会设施的建设,大多情况下是以城镇为中心进行组织配置;而诸如居住条件等标准,则超过了城镇和城市的建设要求。如浙江省2007年推出的小康型农村住宅,其建筑面积和占地空间大大高于城镇经济适用房和廉租房的建筑用地标准。成都城乡区域统筹、一体化的发展模式,大大节约了农村建设用地,保护了耕地,是一个有效的尝试。

3. 消除城乡规划建设的"二元"结构之"重城镇、轻乡村"的状况

村镇体系中的乡村建设趋于城乡体系中的末端,长期以来,在城乡规划编制和实施政策等方面,普遍重视在城镇化趋势中起主导作用的城镇、城市的建设与发展,而不同程度地存在轻乡村的现象。在规划编制方面,表现为重城市、城镇的流域城市群规划和城镇群规划;在建设占用耕地指标方面,重向中心城市、中心镇倾斜,如:笔者调查浙江省常山县芳村镇洁湖村时,发现该村已有几年未得建房指标,村庄村居建设一直受到控制。有些地区乡村在建设指标长期控制的情况下,部分村民擅自违章建设已较为普遍,乡镇政府已无能力处理这些矛盾。待若干年后,一次性部署"整顿运动"时,整体处罚后而成为合法建筑,这是长期对农村建设严控下的无奈之举。新农村建设的提出,使政府从政策制定到规划实施,都将按照农村的发展规律,合理地引导乡村建设,消除城乡二元建设管理体制。

第三节　农村地域开发模式

一、产业发展与就业转移

(一)产业发展与开发模式

1. 产业发展方式转变

农业生产产业化,调整农产品结构,积极开展农工商贸多种经营,

其中,农业产业化是调整农业产业结构的前提,农村产业结构调整为开展多种经营奠定基础,而多种经营又是完善农业产业化的保障。

(1) 农业产业化

据农业部 1999 年对 28 个省、自治区、直辖市 1650 个县(市、区)的调查,1998 年底,中国农业产业化经营已发展到 30344 个,带动农户 3900 多万户,占全国农户总数的 15% 左右。在多种类型的产业经营组织中,龙头企业带动型是主要形式,各种加工、销售龙头企业近 2 万个,占总数的 66%。中国的农业产业化道路已由少数地区的试点延展为整个国家的农业及农村经济发展的基本方向。农业产业化经营已给中国农业发展带来了相当大的积极影响,促进了农业结构的调整和高附加值农产品的生产及出口,是在家庭承包责任制基础上实现农业现代化的必由之路。它也是组织农业多种经营、加工、运销的一种组织载体,会不断创造就业机会,调整农村就业结构,增加农民收入。随着经济全球化时代的到来,发展农业产业化经营也是提高中国农业国际竞争力的有效措施。然而农业产业化经营,可调整优化农业生产组织与经营方式,提高单位劳动力的作业效率,但是无法改变单位土地的产出率和生产总值。相反,中国农村劳动力对土地的精耕细作的生产方式使土地产出率在全球是较高的,但生产总值的继续增加潜力不大。从全国看,在农村农业总产值提高有限的情况下,以农业企业为主的中间商介入农业生产组织,不仅较难提高农业生产总值,反而增加了农业产出中初次分配的非农部分,农民在农业生产总值中的分配比例会有所降低。因此,中国农业产业化经营的目标与准则,应不仅限于实现"农业现代化",而应同时注重通过农村地域劳动力就业转移和结构调整、工业化生产、商品化开发和市场化经营等途径,以拓宽农村劳动力中的非农就业领域,增加农村居民收入。

另外,农业产业化要以市场为导向,提高农村农业主体对市场的适应能力。发达国家的经验表明,农业产业化从商品化初期到现在,大体经历了三个阶段。第一阶段,农民组织起来进入市场;第二阶段,一些中间商与农场结合推动一体化进展;第三阶段,农民合作组织制度和结构发生深刻变革。然而,中国由于农村市场体制不够健全,市场主体适应市场环境的能力不一,对市场反应不够敏锐,市场信用机制也不完善。当农产品市场需求旺盛、价格看涨供不应求时,有的农民就违背合同,自己去市场上出售产品,使企业遭受损失;而当某种产品销售不畅,价格低落供大于求时,有的企业又不愿以合同价格收购农户的产品,从而把风险转嫁给农户。由于目前中国农户和龙头企业之间明显地位相差悬殊,经常会出现第二种情况,不稳定的市场环境和外销不畅便是如此。这种脆弱的信用关系不利于中国农业产业化的长远发展和巩固。再者,政府角色不当,存在推动过度和推动不足现象。各级政府都能认识到产业化的意义,因此都投入了极高的热情进行了大量的工作。由于政府习惯于计划经济体制下的政策思路,因此在农业产业化进程中不能正确找准自己的角色,往往出现两种错误的倾向:一种是为了提升地方政府的政绩,人为硬性地"拉郎配",不顾农民意愿和当地情况,缺乏科学合理的政策导向,甚至用行政命令来控制农民的生产,龙头企业和农户无相互选择权,完全由政府来捏合。这就是所谓的"推动过度"现象。另一种是一些地方政府并没有在实地调查的基础上制定适合本地农业发展的产业政策,而只是发一些文件,没有具体的、行之有效的政策措施,从而使农业产业化缺乏必要的政策指导,流于口号,如2008—2009年,生猪价格的大起大落与政府有关部门的政策引导有关。这会造成农业结构不合理,农产品附加值低,区域产业雷同,资源浪费等现象。

因此,农业产业化经营的根本是以消费市场为导向,拓宽流通领域,一方面稳定已有的农产品生产规模,调整就业结构;另一方面,根据市场需求情况,及时调整生产结构,稳定农业、农村的发展和农民收入。为此,不同地域从事同一产业的农民或经营者,应按照产业化和自主经营思路,合作组织,以优势品牌为目标,以消费市场为标杆,跨区域联动规模经营。而政府可通过制定和实施相关政策对市场进行引导和适度调控,而不必直接干预市场的供求关系。

（2）农业产业结构调整

调整优化农业结构，是农业进入新阶段、增强自身发展能力的客观要求，也是农业市场改革与发展的必然产物。

改革开放以来，中国一直在调整农业产业结构，经过几十年的努力，中国农业产业结构已经得到极大改善，其合理化程度有了明显的提高。首先，农业结构中，种植业比重有了明显下降，林牧渔业比重有了显著上升。其次，种植业中，粮食作物比重明显下降，经济作物比重显著上升。再次，粮食总产量有了大幅度提高，人均粮食产量有了明显增加。最后，市场上农产品供给充裕，过去长期供不应求的状况有了极大改观。农业产业结构合理化程度的明显提高，对发展农业生产、增加农民收入、保证市场供给发挥了重要的作用。

从农业产业结构看，过去的调整主要是在数量上做文章，是适应性的调整，而非战略性的调整。这种调整思路已证明完全不能适应当前城乡居民生活水平对农业发展提出的新要求。随着城乡居民生活的逐步提高，居民食品消费需求结构层次提升，中国农业产业结构的缺陷也日趋明显地暴露出来。其主要问题在于：

第一，产品结构层次不高。在低质农产品普遍供大于求的情况下，某些优质农产品却供给不足，不得不借助于进口，出现了同一种农产品过剩与短缺并存的奇怪现象。

第二，区域专业化分工不明。区域结构趋同现象严重，无论是粮食主产区还是主销区，都在强调粮食自给，区域优势无从形成和发挥，区域间的农业专业分工和特色农业有待于形成。

第三，就业结构急待优化。与农产品生产与区域结构相对应，农业产业结构层次低，主要表现为：农民就业过于集中在农业，尤其是传统低质农产品生产，加工、流通服务业发展严重滞后，农产品多处于初级产品阶段，农业比较效益低，农民增收受到极大限制。优质农产品缺乏，生产与销售靠外贸实现，对中国农民的就业贡献不足，进而影响农民收入，这是中国农产品的低质化、初级化造成的。

另外，对自然资源利用不合理，一些地方生态环境遭到了破坏。

生态农业、有机食品的生产管理不到位，这其中有管理层的问题，也有农民自身的问题。如对有机食品认证机构、咨询机构管理不规范（见 2009 年 10 有 28 日《南方周末》赵一海撰写的《有机食品认证背后的密码》）、农民对农产品的用药有很强的随意性等（见《中国新闻周刊》第 44 期高胜科撰写的《追问农药残留——谁解餐桌之忧》）。

（3）农工商贸并举，积极开展多种经营

1981 年 3 月 30 日，中共中央和国务院转发了国家农委《关于积极发展农村多种经营的报告》，向全国各级党组织和各级人民政府发出通知。通知指出，中国农业就总体来说有两个基本特点：一个是每人平均耕地较少，但山多，水面、草原大。自然资源丰富，但自然灾害较多，农业产量不稳定；另一个是技术装备落后，但劳动力资源丰富。发展农村经济必须从这一实际情况出发。只有继续坚持党的十一届三中全会以来确定的一系列方针、政策，尊重客观规律，真正信任和依靠亿万农民，精耕细作，因地制宜，合理利用和开发各种资源，大力发展商品经济，才能保证中国农业建设的正常进行。

开展多种经营，要发挥集体和个人两个积极性。生产队（当时的用语）要根据当地自然资源、劳动力资源的状况和生产习惯，推行在统一经营的前提下，按专业承包、联产计酬的生产责任制，组织各种形式的专业队、专业组、专业户、专业工。同时要通过订立合同和其他形式，积极鼓励和支持农民个人或合伙经营服务业、手工业、养殖业、运销业等。凡是适宜农民个人经营的项目，尽量由农户自己去搞，生产队加以组织和扶助。

经过近 30 年的发展，伴随着农村产业化和结构调整，农村经济已取得了长足进展，但也暴露出一些问题，尤其是在目前金融危机席卷全球，中国出口贸易下降，国际农产品市场不景气，部分"农民工"返乡再就业压力加大的形势下，更加有必要反思新时期，中国新农村开展多种经营的意义。

中国农村在新的历史条件下，开展多种经营应不局限于农业和相应的农村服务业。从国外经验及中国近几年的农村发展历程看，农业产业化和生产的机械化在促进农村生态效益提高的同时,农村剩余劳动力大量脱离了农业,农业生产总值比例逐渐减少。农村地域单纯的农业经济和相应的服务业已不足以解决中国农村的发展问题。因而,新时期,农村开展多种经营、拓宽就业领域必须从延伸农村产业链入手,即拉长农村产业链条,实现农业的产业升级。按照一般产业理论,产业升级的一般顺序是从第一产业到第二产业,从第二产业到第三产业。如果应用到休闲农业上,则就是使农业从单一的种植业过渡到包括第一、二、三产业在内的门类众多的农业、工业、商贸和旅游业并举的综合体系。

2. 产业空间开发模式

农村地域的产业空间开发,应着眼于农业的产业升级和相关产业链的延伸:农业及相关产业运作过程商品化、组织规模经济化、产业关联效应化、空间布局基地化、集中化和区域规模经济化等。而在推进农业产业升级的过程中,主要有以下几种基本模式。

(1)对农业产业组织进行改造

通过扩大经营规模、开展合作及逐渐一体化的经营体系等方式,提高资源配置效率和竞争力。针对中国地域辽阔、市场容量大的特点,农业产业组织改造可以按照某一产业化体系,协调组织关系,实现跨地区的共同合作。就某一地域单元而言,在明确主导产业空间体系的基础上,重点研究专业化的运作方式和高效化生产流程组织路径,不应只局限于地区内的规模化组织,更不能片面地追求所谓的机械化、自动化等生产方式和生产组织。

(2)调整和优化产业空间结构

根据地域特色,通过选择与确定主导产业空间体系,对主导产业体系的空间进行区划与组织,尤其重视农村地域非农产业空间的区划与组织。包括农产品加工运输业、商业贸易业、特色文化旅游业等。按照专业化的运作方式、高效化的生产流程空间组织的要求,确定相关产业设施空间。根据相关产业的配置关系,以建立主导产业特色鲜明而相关产业关联程度高、产业关联效应显著的农业及相关产业空间结构体系。

（3）对产业布局进行调整

通过特色产业的培育，尤其是非农产业的规划，打破地区自给自足、结构雷同的农业产业体系，促进主导产业分布于各自适宜的经济区域，提高农业及其相关产业布局的集聚效应。

开展农村多种经营，调整农村地域产业结构与空间布局，确立主导产业，尤其是工副业、商贸业和特色文化与休闲旅游业建设区域性的农产品生产基地，这都是实现农村地域产业化的基础和内容，从中国农村地域产业化的具体实践也可以得出这种结论。中国农业中粮棉油生产已基本满足需要，增长放慢；而适应生活水平提高的蔬菜、水果、畜牧、水产等则发展较快。与这种结构调整相联系，农村地域产业化经营首先开始于畜牧业，然后才扩展到工副业、商贸物流业和休闲文化旅游业。据统计，目前80%的产业化组织集中在市场开放早、收入需求弹性系数高的蔬菜、水果等产业。今后，随着农村地域市场化的进一步成熟，产业化组织将向第二、三产业等更高层次推进，形成既组织有序，又经营多元的产业结构空间体系。

（二）就业转移路径

农村地域产业空间开发，吸引农村剩余劳动力就地就业转移，为城市、城镇就业"拉力"不足而作必要的补充，为新一轮城镇化快速推进奠定了基础。

1. 当前农村面临的就业问题与原因

人口发展与就业转移是同时存在的，就农村而言，大多数情况下，人口就业转移以人口外出打工来实现。尤其是在欠发达地区，劳动力资源丰富，当地非农就业岗位严重不足，大量劳动人口异地就业转移。从全国来看，农村劳动力富余的局面仍无法改变。2007年，全国农村劳动力为4.76亿人，占全国总劳动力7.86亿人的60.56%。按就业结构分，从事第一产业的劳动力为3.14亿人，三次劳动力比重为40.8%、26.8%、32.4%，第一产业劳动力与产值比重的偏差为29.5（见图5-4所示）。欠发达地区农村劳动力富余人口部分靠外出异地就业,而另一部分成为隐形失业人口。

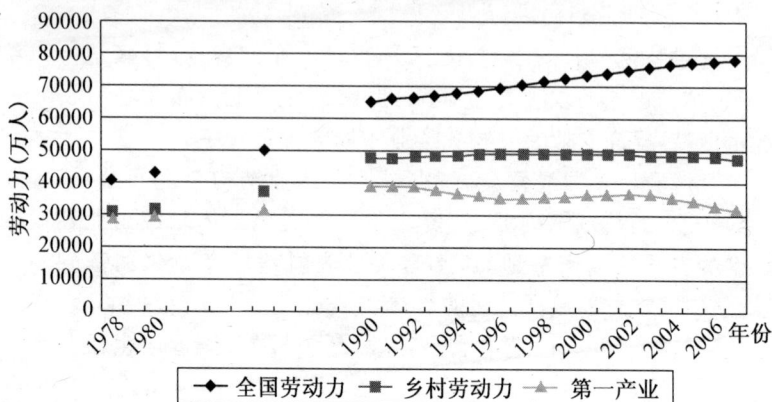

图 5 - 4　中国农村劳动力发展变化图

　　江苏省灌南县就是较为典型的例子。江苏省灌南县 2007 年常住人口为 63.49 万。比较各地域户籍人口数据资料可发现,各城镇(乡)常住人口除县城、李集乡有所增加外,其余乡镇常住人口均有所减少,平均每个乡镇减少数为 1.0 万左右,其中边远乡镇高达 1.4 万左右,产业基础较好的乡镇如堆沟港、长茂、汤沟则在 0.7 万左右,说明农村地域因就业岗位缺乏,人口外流较为普遍(见表 5 - 1 所示)。

表 5 - 1　灌南县各乡镇人口现状一览表　　　　(单位:万)

镇 名	户籍人口	其中:城镇或集镇人口	常住人口	其中:城镇或集镇人口
新安镇	16.01	9.38	16.56	12.64(注 1)
堆沟港镇	3.89	1.32	3.05	1.35(不含化工园区约 1.8 万人)
长茂镇	3.97	0.70	3.21	0.69
北陈集镇	3.92	0.72	2.97	0.73
张店镇	3.68	0.54	2.58	0.55
三口镇	5.86	1.31	4.46	1.34

续表

镇 名	户籍人口	其中：城镇或集镇人口	常住人口	其中：城镇或集镇人口
孟兴庄镇	6.00	1.56	4.88	1.60
汤沟镇	2.96	1.36	2.34	1.38
百禄镇	6.29	0.96	4.88	1.00
五队乡	4.44	0.91	3.44	0.89
田楼乡	3.56	1.08	2.57	1.09
李集乡	6.54	1.29	6.97	1.29
新集乡	3.55	1.21	2.84	1.28
花园乡	3.47	0.64	2.78	0.59
合计	74.14	22.98	63.49	（其中城镇人口21.3）

注1：包括属于中心城市的李集乡和花园乡的区域

灌南县劳动力资源结构中，第一产业劳动力比重大，第二、三产业劳动力比重偏低。2007年全县劳动力总数为37.1万人。其中，第一产业劳动力为19.1万人，第二产业劳动力8.24万人，第三产业劳动力为9.76万人，其比例分别为51.5%、22.2%、26.3%。扣除长期在外的劳动力，全县劳动力为32.06万人，其中第一产业劳动力为19.1万人，第二产业劳动力6.3万人，第三产业劳动力为6.7万人，其比例分别为59.5%、19.6%、20.9%（见表5-2所示）。

表5-2 灌南县劳动力就业结构（2007年）

产 业	劳动力数（万人）	劳动力比例（%）
第一产业劳动力	19.1	59.5%（51.5%）
第二产业劳动力	6.4（8.24）	19.6%（22.2%）
第三产业劳动力	6.76（9.7）	20.9%（26.3%）
总 计	32.26（37.10）	100%

与其他欠发达地区一样,灌南县非农产业规模小、行业构成独特,在农村劳动力就业转移过程中所起作用不够强劲。尤其是广阔的农村地区,吸引农业人口就地就业转移能力有限。

根据统计,灌南县2007年各乡镇共有外出劳动力23.9万人(包括短期外出),其中包括就近就地转移的32315人,仅占外出农村劳动力的13.5%。分乡镇来看,最高的外出劳动力比例竟然达到90%以上,如汤沟镇、北陈集镇等(见表5-3所示)。

表5-3 灌南县各乡镇劳动力转移情况(2007年)

乡 镇	期末在外就业人数(万人)	就近就地转移人数(人)	在外县与户户籍人口之比	在外县与实有劳动力之比
新安镇	33500	5300	0.320	0.584
堆沟港镇	13000	5010	0.249	0.472
长茂镇	15400	1130	0.391	0.756
北陈集镇	16400	520	0.435	0.897
张店镇	15700	870	0.416	0.741
三口镇	19100	1725	0.328	0.655
孟兴庄镇	15700	1405	0.273	0.588
汤沟镇	12200	520	0.463	0.911
百禄镇	21000	995	0.337	0.711
五队乡	16900	902	0.380	0.831
田楼乡	14200	488	0.403	0.813
李集乡	22600	10005	0.200	0.425
新集乡	12200	890	0.341	0.793
花园乡	11100	2555	0.259	0.546
合计	239000	32315		

　　中国已有 1.2 亿农村劳动力外出,农村未就业隐性失业的富余人口尚约有 2.3 亿人,仅靠现有城市、城镇,吸收这 2.3 亿人的主客观条件尚不具备。2008 年世界金融危机爆发,大量的(全国约有 2000 万～3000 万)"农民工"返乡再就业。这再次表明,中国现有城市、城镇在吸收农村劳动力方面,已趋饱和,特别是遭遇经济波动时,这种矛盾愈加突出。靠农村劳动力外出就业打工,将无法彻底解决中国农村普遍存在的劳动力相对过剩问题。深圳、温州和天津等沿海城市相继出现民工短缺现象,如深圳曾一度缺少 20 万"农民工",其中包括大量的技术工人。而大部分农村隐性失业人口的文化素质和技术技能状况,目前尚不适应城镇就业的要求。同时,从长远看,中国出口导向的"中国制造"的制造业终将被"中国创造"的新型资金、技术密集型产业所取代。而随着农业机械化、自动化的运用与推广,体力劳动者将会减少,如在环卫部门,由于垃圾清扫车的运用,其工作效率大为提高,而从事环卫工作的体力劳动人员大为减少。这些都会降低对农村劳动力就业转移的需求,因而促使农村就业人口非农化转移仍将依靠农村就地吸收为主。

　　沿海地区这种就业的结构性问题,不能单靠"老一代""农民工"就业再培训来解决,也即所谓的技术工人等人才工程来解决,甚至不能靠一代人就能完成,而是需要几代人来共同实现。虽然 2009 年底,中国启动 4 万亿元的投资拉动经济的计划,这将在一定程度上缓解"农民工"再就业难的问题,但通过投资拉动经济增长从而解决"农民工"再就业不可能是长久之计。农村地域,尤其是欠发达农村地区的劳动力相对过剩,将是伴随社会经济发展而长期存在的问题。造成这方面问题的原因可以归结为如下几方面。

　　(1) 第一产业增加值无法满足农村劳动力人均要求

　　这是部分农村劳动人口离开乡村地域的原因之一,是劳动输出地的第一产业增加值无法满足日益增长的生活需求对劳动力平均收入的要求。中国长期以来 GDP 以两位数的速度增长,即使在

2008年世界金融危机爆发后,中国在一揽子经济刺激计划下,2009年GDP以超过8%的速度增长,而前三季度为7.7%,这其中投资拉动7.3%,内需拉动4%,而外需为-3.6%。从中可以看出,中国经济高增长的情况下,促使经济增长主要依靠第二、三产业。在第一产业劳动力不变的情况下,第一产业劳均增长速度总是赶不上第二、三两个产业的劳均增长速度。调查江苏省灌南县现状,根据其产业规模及其与非农劳动力劳均的比较,尚有7万~8万农村劳动力有待转移。另外,随着农业机械化的提高,农村剩余劳动力不断增加,农村劳动人口离开乡村的趋势仍将存在。

(2)非农产业规模偏小,使农业地域县(市)的非农产业无法吸收大量农村的剩余劳动力

中国东部、中部和西部地区,以及中心城市与相对边远地区在经济水平与人均收入方面存在着较大差异,这种差异更多地体现在非农产业规模上。农业县的农村剩余劳动力人口逐步走出本县,到城市化较为发达的城市地区,寻求非农就业岗位。如灌南县2007年,农村的剩余劳动力基本上以建筑劳务外出(2万)和其他服务人员(3万)外出为主。从长远看,后危机时代背景下,中国沿海发达地区经济结构转型,发展速度相对放慢,城市化步伐也相对趋缓。而在传统的农业县,通过工业化推动城市化的作用,在其中心城区或重点城镇提供必要的非农就业岗位,以解决农村剩余劳动力的就地转移,是未来要考虑的问题。江苏省灌南县的新安、李集、花园、堆沟港镇是个较好例子。该县以相对集中的4个镇、乡作为全县的两极,在发展工业等非农产业方面发挥了很大的作用,对促使人口集聚也产生了积极影响。

(3)传统行业对就业转移的作用较大,但其经济产出率不高,增长速度慢,发展前景欠佳

国际经济危机时期,中国的服装、纺织和家具等传统行业出口受到很大冲击,这些劳动密集型的行业劳动附加值低,市场竞争能力弱,发展前景有限。钢铁、水泥等,在快速城市化以及出口导向

背景下快速成长起来的行业,将面临产能过剩的局面;从第三产业内部看,上述行业的宏观发展压力,也会进一步传导、加剧交通运输、邮政等劳动密集型的服务行业,相应的就业压力就会加大。如江苏省灌南县,从产业结构内部就业构成比例看,第三产业中就业人口比例较高的行业有交通运输、仓储及邮政业,公共管理和社会组织,批发和零售业,教育,卫生和社会福利业,其就业人数分别为1.41万人、1.16万人、1.1万人、0.91万人和0.89万人,分别占第三产业就业人数的20.86%、17.15%、16.21%、13.5%、13.2%。其中对农村剩余劳动力吸收率较高的是交通运输、仓储及邮政业、批发和零售业、住宿和餐饮业,但它们的发展前景明显不如教育等行业(见表5-4)。

表5-4 灌南县第三产业劳动就业构成(2007年)

行 业	就业数(万)	劳动力比例(%)
交通运输、仓储及邮政业	1.41	20.86
公共管理和社会组织	1.16	17.15
批发和零售业	1.1	16.21
教育	0.91	13.5
卫生、社会保障和社会福利业	0.89	13.2
金融业、房地产业、商务服务业、公共设施管理业和技术服务	0.4	
居民服务和其他服务业	0.33	

　　第二产业中,就业人员比例从高到低依次为化工医药(25%),纺织服装(24%),竹木材加工(14%),食品、饮料制造业(10%),金属非金属加工业(10%),设备制造业(7%),电气、通信和电子设备(4%),其中高新技术产业占20%。总体上看,传统行业对当地的就业贡献仍然很大,但其经济产出率不高,近几年,其发展地位逐渐降

低。从单位用地面积就业人口密度看,较高的行业中除设备制造业外,传统的竹木材加工和纺织服装业均在其中。新型行业的劳均工资和劳均工业增加值较高,对当地的经济发展、税收提高起更为重要的作用,而对改善当地就业机会作用并不十分明显。

(4)新型发展行业与农村劳动力素质之间存在错位,无法就地安置农村的剩余劳动力

20世纪90年代从农村脱离出来的农村剩余劳动力,以从事简单的体力劳动为主。如今,这一代劳动力人口因年龄的增长,较难接受新的劳动技能培训。新一代有城市化倾向的农村青年,受传统教育体制的影响和"脑、体"劳动观念的制约,普遍趋向高等教育,而轻视中等职业技术教育和培训。2009年中国大学生就业率仅为70%,而同期中国沿海地区部分城市却发生技术工人短缺现象,其中深圳的缺口为2万多。

江苏省灌南县也如此。近几年来,灌南县引进和发展了部分其他城市转移过来的工业企业和新型服务产业,这些企业对相应的技术、文化素质要求较高,有一定的专业技能要求,而占相应就业人口的比重较低,如精细化工、船舶制造工业,以及社会保障、房地产业等。企业为便于生产与管理,在招工时,以曾经的生产地工人为主,而非灌南县本地的农村剩余劳动力人口。这样,诸如灌南县等欠发达地区,在替代农业的主导产业还没有完全形成、工业经济尚不能为本地农村剩余劳动力解决最终就业问题时,在未来的若干年里,一方面有待于提高农村劳动力的素质;另一方面,还需积极扶持和改造劳动密集型产业,重视相关机制的建立,以促进欠发达地区农村劳动力的有效转移和城乡社会的全面进步。目前灌南县主要非农产业现状及其构成见表5-5所示。

表5-5 灌南县主要非农产业现状及其构成(2007年)

行 业	就业数 (万)	其中:使用 农村劳 动力(万)	使用农 村劳动力 比例(%)	专业技术 人员比例 (%)
制造业	4.92	3	57	12.43
电力、燃气及水的生产和供应业	0.16		0	23.71
信息传输、计算机服务和软件业	0.16		0	28.71
房地产业	0.11	0.05	45	41.94
租赁和商务服务业	0.04		0	52.78
科学研究、技术服务和地质业	0.07		0	63.27
教育	0.91	0	0	95.14
卫生、社会保障和社会福利业	0.89	0		72.17
文化、体育和娱乐业	0.03		0	35.47
公共管理和社会组织	1.16	0	0	22.48

2. 就业转移途径

农村地域产业空间的开发,为农村劳动力提供了广泛的就业基础。农村地域开发与建设,形成农村地域非农化就业人口的"蓄水池"是可以预期的结果。但是,在中国的农村地域,最迫切的课题是如何建成适应农村劳动力特点的就业人口"蓄水池"。其原因主要在于以下几点。

(1) 城镇化的"拉力"已显不足

在外需不足的情况下,中国东部地区城市和城镇不可能像以前一样吸引和转移众多农村劳动力人口为非农劳动力人口。近几年,西部大开发战略下的成都发展模式,虽然就地消化了12万左右农村劳动力,但其相对于成都市城市人口来说,比例仍较低,对于整个四川省来说,其吸收能力也非常有限。因此,促使农村就业人口非农化转移仍将依靠农村就地吸收为主,根本的解决方法是从农业地区的县(市)的自身条件出发,促进农业人口的就业就地转移。

（2）农村对城镇化的"推力"有增无减

农业劳动力就业比重大于第一产业产值占 GDP 的比重。2008年,中国全部就业中,第二产业就业比重为 27.2％,第三产业就业比重为 33.2％,而第一产业就业比重占 39.6％,与相应的产值构成40.1％、48.6％、11.3％相比,农业劳动力比重仍偏高。另一方面,按照中国城镇化水平与发展阶段,参照中等收入国家进入工业化成熟时期,第三产业就业比重在 40％左右,工业人口就业比重在 35％左右,而农业人口就业比重在 25％以下。中国远高于此,这使得降低中国农村劳动力比重已为十分必要,消化农村富余劳动力将是长期的战略方针。

西方发达国家城市化进程经历的时间较长,农村人口减少的很大因素是随着地区人口稀疏化而自然消亡。中国也应从长计议,进行较为准确的客观预期。根据江苏省灌南县的调查,预计 20 年后,劳动者因年龄增加而逐渐丧失劳动能力,从而达到自然减少将成为农业劳动力减少的主要原因。原有的第一产业人口将由 19.1 万减少至 9.7 万,其劳动力占全县总劳动力人口的比重由 2007 年的59.5％下降为 23％,见表 5－6。

表 5－6　灌南县劳动力结构一览表

年　限		第一产业	第二产业	第三产业
2015 年		40％	30％	30％
2030 年（共 44.22 万）		23％（10 万）	37％（15.5 万）	40％（17.7 万）
现 状（2007 年）		59.5％	19.0％	20.9％
实际劳动人口	按常住人口计	19.1 万	6.3 万	6.7 万
	按户籍人口计（含外出非农化人口）	19.1 万	8.241 万	9.76 万

经过 20 年的时间,灌南县农业劳动力人口将减少 50％左右。从劳动年龄结构看,农业人口就业年龄为 18～55 岁,其中 35～55 岁

之间的劳动力人口是 18~35 之间劳动力人口的 2 倍多。粗略加权分析,现状近 20 万劳动力人口中,随着年龄增长丧失的劳动力人口为 14 万。而农村青少年不断加入就业大军的约为 8 万人,新增的年轻劳动力有 50%(即 4 万人)以上转移为非农产业人口,这势必导致城市化过程中,农村劳动力对城市化的"推力"有增无减。

(3)扩大内需,提升消费需求结构,必须缩小城乡收入差距

中国的经济结构调整将是不可回避的问题,相应的就业结构也将产生变革。经济结构调整是为了中国经济持续平稳发展,而如果经济结构与"农村劳动力就业转移、城乡收入差距的减少"相结合,那么 7.24 亿的农村人口消费结构将会得到有效提升,进而推动经济结构新的调整,以此循环往复。

现代商贸服务业、电子信息技术产业等新型第三产业的发展,提升了城市经济结构,促进城市经济增长,但在推动农村劳动力就业转移方面作用十分有限;而与农村居民消费群体消费需求结构提升相对应的农村地域三次产业结构的提升,不仅适应需求结构提升和扩大内需的要求,而且有利于促进农村居民就业,进而促进农村居民收入增长和相应的需求结构提升。

因此,在城镇化过程中,农村"推力"有增无减,而城市"拉力"却在渐渐减弱的情况下,城市、城镇对简单地以体力劳动为主的第二、三产业劳动力的需求会减少。按照城市化的"推拉说"理论,在两种力量不平衡的情况下,在城与乡之间,结合产业发展模式,因地制宜、加速推进第二、三产业劳动力为主的城乡劳动"就业人口蓄水池"建设,显得尤为必要。在产业发展方面,应以培育简单体力劳动为主,有一定规模非农产业就业岗位的行业;在人口集聚和社区建设上,既重视农村特定地域文化背景,又着眼现代文明社区环境的培育。

二、农村地域开发事业模式

(一)开发建设事业

一直以来,中国农村地域开发建设面广、量大。由于农村建设

事業的市場化基礎不穩固,專業化、產業化條件遠遠不足,因此,中國農村地域的建設事業一直以來處於"自給自足"或半市場化、專業化狀態,這極大地制約了農村建設事業的發展和建築、環境質量的提高。農村地域20世紀90年代前後形成的農村建築與環境設施,成為21世紀以來更新改造的對象。快速發展→快速投入→快速建設→快速改造(拆除)的"快速"循環模式,不僅帶來極大的浪費,而且對生態環境影響很大,不適宜低碳條件下的發展方式。為此,各級政府在重視農業、農村和農民的反哺過程中,必須重視農村建設事業的發展。

1. 建立事業化的農村地域建設機構

堅持由政府主導、順應城市反哺農村的思路,組建農村地域開發建設事業機構,其中的機構應包括農村住宅建築開發機構、舊村落文化保護機構、市政工程建設機構、環境衛生建設和生態環境維護機構等,而每類機構內應涵蓋規劃設計、施工至日常維護等全過程的服務。

2. 加強城鄉一體化的農村地域建設事業隊伍的建設

農村地域開發建設事業機構的服務範圍是農村地域,其構成人員不僅包括具備一定素質的技術人員,而且更要有廣大致力於農村地域工作的"鄉土"人士。為此,可以結合中國廣大農村地域勞動力的富餘的特點,就地吸收各個層次的農村勞動力成為農村地域建設事業隊伍的成員。這樣才能使農村地域開發建設事業能永葆青春。

3. 轉變城市反哺農村的工作思路

中國農村、農業、農民的根本問題是土地資源相對不足而帶來的農民收入相對低下、消費能力相對不足的消費需求問題,而不是農產品供應不足和土地產出率低下的投入不足問題。建立與農村地域農業人口消費能力提高相適應的反哺農村機制,應該是今後工作的重點。結合當前中國農村地域的住宅建築、特色舊村落保護、市政工程建設、環境衛生和生態環境等諸多開發建設事業中的問題,改變當前政府以對農業、水利投入為重點的反哺思路,建立以促进农村地域劳动力就业转移、增加农村人口劳动力收入为重点的农村建设事业反哺机制是较为合理的选择途径。

（二）开发建设模式

一般情况下，城市周边地区村庄受城市产业要素、信息的扩散影响大，经济发展起步早、速度快。村庄经济得以持续快速发展主要依靠非农产业，这在浙江省沿海地区不乏其例，江苏省华西村，辽宁省元宝村和河南省的南街村也均如此。这些村的发展始于20世纪80年代的初中期，伴随着国家宏观政策的落实而得到迅速发展。

根据农村地域开发机制和区位条件，农村的开发建设模式主要有三种。

1. 农村地域城镇化模式

农村非农产业发展及其产业链向纵横向延伸，以某主导产业为核心的产业集群的形成，使大部分农村劳动力从农业生产中就地转移出来从事非农产业，包括工副业、商品市场贸易业和生态休闲、特色文化旅游业等。随着非农产业规模的扩大和对非农劳动力需求的增多，农村地域某一些地区农村剩余劳动力在数量和质量上均满足不了这种需要，外村、外地人口逐渐进入该农村地区，致使非农业人口规模进一步扩大，相应的社会设施、福利保障体系进一步完善，基础设施水平进一步提高。这类村庄发展到一定程度后，原有的以农村农业生产经营为主的特点逐渐消失，从而走向城镇化的道路，如华西村、元宝村等。但在土地权属、社会关系和社区特征等方面，仍然呈现农村社会网络的特征。

作为农村地域就业"蓄水池"的部分农村开发非农产业，为部分进城"农民工"回流创业创造条件，进而建设成新的农村社区。与原有的农村农业生产方式下的生活居住区有一定的差异，其主要表现为人口就业方式改变引发的生活方式变化，致使生活空间场所有所不同（详见地域建筑特色研究）。因而，可以将之认为是农村地域城镇化的发展模式。

2. 农村地域农庄化模式

农村土地承包责任制落实后,中国大部分农村因生产力的解放,农村生产率大大提高,农业经济得以快速发展,大量农村剩余劳动力产生并离开土地而异地非农化、城镇化。一些边远村庄尤其是山区自然村,村落人口规模减小,仅剩下从事种植业、林业等农业生产的劳动人口。结果是村庄分布密度变小,并按照农业机械化水平、农村劳动力耕作能力和耕作半径,相对地均衡分布。留下的村庄成为农业生产者居住和相关作业的场所。

3. 农村地域栖息化模式

农村栖息化是指农村村落逐渐成为城乡居民暂时或永久聚居地,其包括四种类型。

(1)城市(镇)居民暂时聚居地

农村自然环境较佳,住房费用支出低,一些城市居民已于20世纪90年代起,在农村购置旧宅或宅基地,拆、翻旧房,另建别墅等,作为节假日定期或不定期的休闲度假的场所。温州市郊区部分村庄已出现这种情况。

(2)市(镇)居民永久聚居地

城市(镇)居民在住宅郊区化的过程中,选择已有一定基础、位于城市或城镇边缘的村庄,作为居住生活场所。在大中城市,于20世纪90年代时期,已有部分城市(镇)居民购置农村住宅并进行拆迁和改造,作为城市(镇)居民的住宅。进入21世纪后,国家政策体系进一步完善,通过私下买卖农村住宅进行改造的方式有所减少,但通过开发商征租农村集体土地或整理农村宅基地统一开发的"经济适用房"在各地都存在。如北京郊区的三无住宅区、温州市温溪镇的老年公寓、温岭市的无产权公寓等。

(3)乡村居民暂时聚居地

20世纪80年代中后期,非农化进城就业的农民,仍保留乡村宅基地和原有旧宅。随着进城务工人员收入水平的提高,大多数农民改善居住条件的首选途径是利用村庄旧宅或宅基地翻建或新建农村住宅,这些翻、新建农村住宅成为进城务工人员季节性和非季节性回流暂时聚居生活的场所。在农民非农就业没有完全保障的情况下,这是农民必然的选择。当然,部分农村住宅随着进城务工人员收入进一步提高和二次置业居住条件得到改善,会成为永久性闲置的空宅。这在零星的山丘村落中较为常见。

(4)乡村居民永久聚居地

乡村居民永久聚居地,即为在农村就业的非农业生产人口聚居场所,包括农村工矿点、副业等从业人员,以及农村失业人员、老人和留守在家的儿童等的居住场所。这些居住地的居住环境相对较好,社会设施齐全。近几年来,村庄规模随着新建小康型住宅等不断开发而逐渐扩大,农村社会经济也在持续发展。

应该指出,就某一村庄而言,其开发建设模式并不一定是上述模式的一种,而可能是两种及其以上。尤其在新的历史时期,新农村建设全面铺开,农村地区域范围内,更多乡村将践行上述诸多开发建设模式。当然,在前期,则重点是集中有限的财力、物力,着重对具有“乡村蓄水池”功能的乡村中心进行建设。

第六章 城乡统筹与农村地域发展规划

第一节 城乡统筹规划

一、城乡统筹规划的法定依据

城乡统筹是科学发展观的根本方法,是城乡区域协调发展的战略体现。城乡统筹的内容较多,其包括城乡经济、社会事业和生态环境等各个方面。

《中华人民共和国城乡规划法》基于城乡社会经济活动唇齿相依、空间一体化发展的趋向,将包括城镇体系规划、城市规划、镇规划(城市规划、镇规划分为总体规划和详细规划,详细规划分为控制性详细规划和修建性详细规划)、乡规划和村庄规划在内的城乡规划制定、实施和修改等加以法定规范,并在第七条中明确规定:"经依法批准的城乡规划,是城乡建设和规划管理的依据,未经法定程序不得修改。"据此,可以认为,城乡统筹规划并不是法定城乡规划,但其有关内容可以体现在城乡规划的各个层面之中。

(一)城镇体系规划层面

《中华人民共和国城乡规划法》中明确,作为独立编制的城镇体系规划包括全国城镇体系规划和省域城镇体系规划,其中的省域城镇体系规划内容主要为:城镇空间布局和规模控制,重大基础设施的布局,以及为保护生态环境、资源等需要进行严格控制的区域管制等规划。而广大农村地域,主要分布于城市、城镇周边,更多的是存在于城镇体系规划中需要进行严格控制的区域,这一区域在独立编制的城镇体系规划中,很难具体细分。而根据中国农村地域人口现状和建设特点,以农村农业生产和农民居住生活为主的空间发展不得不进行明确,据此可以推定,独立编制的省域城镇体系规划层面的城乡统筹规划内容将不可避免地表现为整体战略性和策略性,其成为下一层面,即城市总体规划、镇总体规划关于城乡统筹规划和乡村规划的基本依据。

1. 城乡统筹的整体战略性

城镇体系规划层面的城乡统筹规划重点是突出地域的整体战略性,主要为市、县层面的城乡统筹规划指明方向。如:

(1) 巩固并壮大县域经济,繁荣农村经济。

(2) 促进城乡空间资源的集约与节约利用。

(3) 城镇反哺农村,实现城乡服务均等发展的目标。

(4) 按照社会主义新农村目标要求建设具有特色的新农村。

2. 城乡统筹发展的政策与策略性

城镇体系规划起着承上启下的作用,它体现和贯彻国家关于城乡发展的总体政策和相关方略,但不涉及具体的特定地域。如:

(1) 坚持"四集中"原则,加快发展县(市)域中心城市、重点镇和中心村

按照工业向主要城镇工业区集中,人口向重点镇以上城镇集中,农村基本服务向中心村以上社区集中,兼业农户的土地承包经营权向养大户流转集中的原则,加快发展县(市)域中心城市、重点镇和中心村。

(2) 分类指导城乡统筹发展

城镇密集地区依托城镇网络上的各级城镇,推动城乡要素流动和资源重组,组织农村地区的生产和生活服务功能。加强都市区对县(市)域单元的辐射带动作用,加快人口和产业向县(市)域单元的中心城市和重点镇聚集;同时以建制镇和中心村为农村服务基本节点,推

动形成特色鲜明、城乡互促的新型社区。经济发达的县(市)域单元要加强城镇和农村住宅管理,为外来务工人员提供"廉租房"。

城镇点状发展地区以县(市)域中心城市和重点镇来带动县域经济发展;积极扶持区位条件、资源条件较好城镇发展;撤并规模小、服务能力差的小城镇。

(3) 以县(市、区)域为基本单元促进城乡服务功能全覆盖、均等化

在城镇群地区,强调社会设施和基础设施的扁平化配置;在城镇点状发展地区,强调社会设施和基础设施的集中布局。

完善"县(市)域中心城市和省级重点镇—镇—中心村"三级社会服务设施配套体系;优先促进城乡公共交通一体化发展;加大市政基础设施向农村地区延伸力度和覆盖广度;完善农村商贸流通服务网络。

(4) 加强对欠发达地区县(市)域的扶持力度

欠发达地区县(市)域往往是城乡统筹发展的"短板",因此城镇体系规划层面的统筹规划般都强调加强对这些地区的扶持。并以此作为实现城乡统筹的重要抓手。如浙江省贯彻落实《浙江省关于推进欠发达地区加快发展的若干意见》(浙委〔2005〕22 号)指出,加强欠发达县(市)与主要中心城市之间的交通和产业经济联系,加快人口向区外转移的速度;充分利用山区、海岛的特色、农林资源和风景旅游资源,大力发展生态经济、旅游经济和特色支柱产业。

(二) 城市、镇总体规划层面

虽然在已有的《城市规划编制办法》、《镇规划标准》中,明确城市、镇行政区域内的城镇体系规划、村镇体系规划是城市、镇总体规划的组成部分,并对相应的内容作了明确规定。但是自 2008 年 1 月 1 日起施行的《中华人民共和国城乡规划法》中,关于城乡规划体系和内容构成中没有明确城市、镇在其行政区域中的城乡规划内容与深度,如,该法第十七条规定:"城市总体规划、镇总体规划的内容应当包括:城市、镇的发展布局,功能分区,用地布局,综合交通体系,禁止、限制和适宜建设的地域范围,各类专项规划等。"同时指出:"规划区范围、规划区内建设用地规模、基础设施和公共服务设施用地、水源地和水系、基本农田和绿化用地、环境保护、自然与历史文化遗产保护以及防灾

减灾等内容,应当作为城市总体规划、镇总体规划的强制性内容。"而在乡规划内容中,则又明确了"乡规划还应当包括本行政区域内的村庄发展布局"两者显然在内容上有交叉和重叠。因此,目前关于城乡统筹与空间一体化规划的法定依据尚不充分。根据笔者的经验和对有关法律、法规和技术标准的理解,真正使城乡统筹发展与空间一体化规划成果作为法定规划依据的,有可能在城市总体规划层面和城镇总体规划层面,在如下规划内容中,作深化、完善方能达到。

1. 城市总体规划层面

城市总体规划明确,在城市外围一定范围,对影响城市发展的区域要进行规划控制,作为城市规划区的范围,并对城市规划区范围进行划定和设施用地进行布局。城市规划区范围的划定是以满足城市远期、远景持续发展需要为出发点,而划定的空间范围,其区域内的用地空间包括城市总体规划建设用地、独立公共设施、区域性市政公用设施、乡村规划建设用地、水源地与水系、基本农田与绿化用地、自然与历史文化遗产保护区等,按照规划远期城市规划区范围内的空间布局要求,对各项用地空间进行必要的引导与控制,即城市规划区用地管制规划,引导与控制的用地类型包括适宜用地、可建设用地、不宜建设用地和不可建设用地四类。一般情况,适宜用地、可建设用地都为城市发展、独立公共设施、区域性市政公用设施和部分乡、村规划建设需要的用地;而不宜建设用地和不可建设用地通常为水源地和水系、基本农田和绿化用地、自然与历史文化遗产保护区以及现存的大量农村居民点用地等。

2. 城镇总体规划层面

城镇总体规划层面的镇域村镇体系规划布局,应与镇域农村人口城镇化趋势相适应,按照城镇对农村的带动作用和城乡社会经济环境一体化发展的要求,对村庄未来的发展预期进行布局。其主要内容有:人口城镇化、村镇发展战略、村镇体系结构、建设用地标准、基础设施布局和生态环境保护规划等。近年来,按照城乡统筹与空间一体化发展要求,在某些城镇总体规划时,进一步深化、细化和强化了镇域村镇体系规划的内容,即在村镇体系结构规划的基础上,按照规划确定的村庄人口规模,划定村庄规划建设用地范围。这不仅明确了城乡建设用地的基本范围,一定程度上也对生态农业用地进行了保护与控制。

《中华人民共和国城乡规划法》规定:"在乡、村庄规划区内进行乡镇企业、乡村公共设施和公益事业建设以及农村村民住宅建设,不得占用农用地;确需占用农用地的,应当依照《中华人民共和国土地管理法》有关规定办理农用地转用审批手续后,由城市、县人民政府城乡规划主管部门核发乡村建设规划许可证。"同时指出:"城乡规划主管部门不得在城乡规划确定的建设用地范围以外作出规划许可。"据此,浙江嘉兴、湖州等部分县(市)的城镇政府,组织开展以镇域为对象的城镇总体规划。其主要目标是:按照编制的镇域城镇总体规划,引导城镇镇区、村庄集中发展,通过整理分散的农村居民点,节约农村建设用地,确保城镇镇区空间发展需要。图 6-1 和

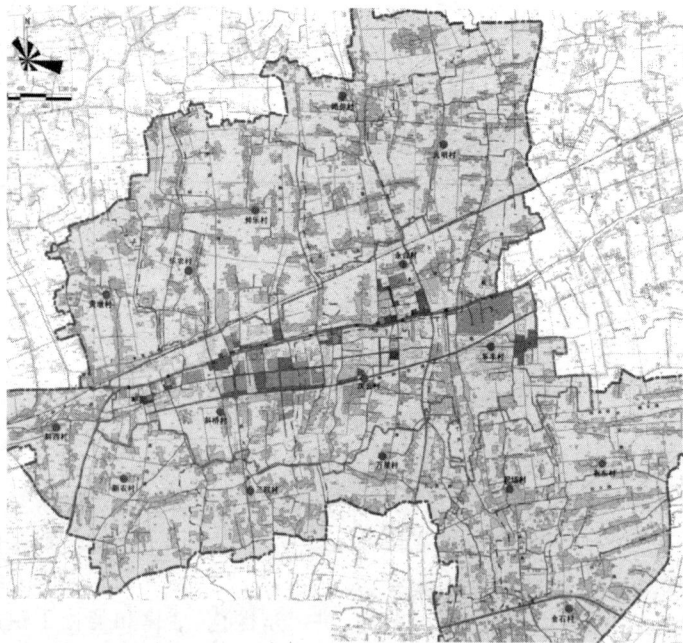

图 6-1 嘉兴海宁某镇的现状

6-2分别是嘉兴海宁某镇的现状和规划图。

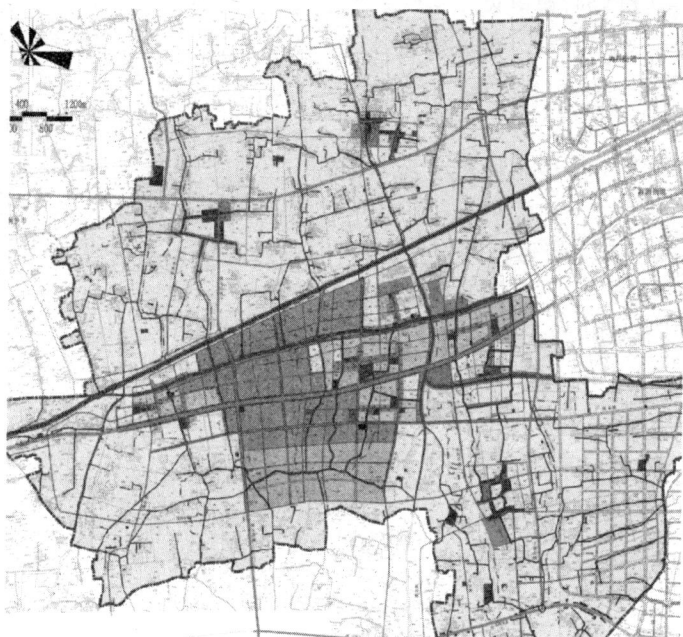

图 6-2　嘉兴海宁某镇的规划

二、城乡统筹规划的隐性问题

（一）以加速区域城市、城镇集聚为主导的城乡统筹规划问题

一直以来，农村地域居民点分散布局被认为是区域效率低下、资源粗放、内需难以释放和第三产业不发达的主因。相对集约发展的城镇化是解决这些问题的有效途径。中国大多地方政府，围绕快速城镇化，"适时"地编制了类型多样的城乡统筹规划或城乡一体化规划。中国目前的城镇化途径和表现形式，主要有：农村非农产业向城市、城镇集中；居住在城市、城镇中的人口城镇化比例快速提高；城市、城镇用地规模和空间的不断扩大等。那么在当今条件下，中国的城镇化途径和表现形式是否真正解决了"区域效率低下、资源粗放、内需难以释放

和第三产业不发达"等问题,这些值得深入研究。

1. 产业向城镇集聚发展的作为

产业在城镇发展,能促使城镇基础设施共享和环境得到有效治理、保护。但是,对于已经在农村发展的乡村企业和与农村关联度高的农产品加工工业,如酿造企业、木材加工、针织工艺品工业等。是否一定要转移到城镇或城市中集聚发展。笔者认为并不一定!因为:(1)农村生态环境相对较好,对污染源有一定的自净能力,如果将诸多有一定污染的企业集中,会加大污染治理的难度(如化工工业)和治理费用。(2)在农村,诸如交通、给水、电力、通信等基础设施得到进一步完善城乡基础设施逐步一体化的情况下,乡村企业发展的投资环境已经得到改善。(3)"村村点火、户户冒烟"的根源在于原始乡村企业在追求低成本下所采取的生产方式和布局模式,其根本前提是缺乏有效的管理。如果不改变落后的生产方式,不加强有效的管理,仅仅改变向城镇工业区集中的布局模式,不仅会加大乡村企业的生产成本,增加城镇工业用地规模,而且可能会由"村村点火、户户冒烟"变成城镇"镇镇点火"、工业区"区区冒烟"的城镇化"新"气象。

2. 城镇化途径的不良循环

产业向城镇集聚会带动人口向城镇集中,这是当前"城镇人口统计口径下"实现人口城镇化的一种途径,这种"城镇化途径"所付出的代价是巨大的。因为,中国和农民不但要继续付出巨大的资源和环境代价,而且还要付出前些年所获取的经济发展的代价。以浙江省为例,2008年,浙江省的城镇化水平为57.6%,城镇人口达到2949万,而同年按照劳动就业构成的非农化水平已经达到81.8%,涉及的人口达到4150余万。如果按照浙江省城镇体系规划至2020年人口城镇化80%~85%的目标,已经非农化的1200万农村人口均将迁移至城镇居住。目前浙江部分县(市)已结合城乡统筹规划,进行着不间断的尝试,在城镇或农村地域中心,划定一定区块,规划作为农村居民点的集中居住地,农民以自愿的方式,逐步拆"老"建"新"(有些地方政府给予一定的补助)。从非农化的农村居民现状居住条件和居住水平看,农

民的农村居住建筑大多建于 20 世纪 90 年代后,每户住宅建筑占地在
80～120 平方米之间,建筑面积在300～500 平方米之间。这些"老"建
筑不但花费了昔日农村非农化人口的逐年收入和积蓄,而且曾经对浙
江的 GDP 增长产生了一定的贡献作用。在未来的 10 年内,如果拆除
重建,将不但增加生产建材的碳排放量,而且政府、非农化农民又将在
住宅建设上投入一定量的资金,农民负担不轻。围绕住宅拆—建—拆
循环的内需拉动,GDP 增长能持续多久?

3. 城乡建设用地加速流转的误区

加速农村人口城镇化的另一主因是农村人均建设用地大,而城
镇人口人均建设用地小,在中国总体耕地占用指标严控的前提下,
整理农村建设用地,置换流转成城市、城镇建设用地,成为有些地方
政府努力的方向。然而,农村非农化人口集聚后,其人均住宅建设
用地是否在减少,值得深入研究。

如表 6-1 所示的农村两户独生子女家庭,按 1990 年的规定,独
生子女农村家庭可以按照中户 100 平方米占地批建住宅。20 年后,
由于嫁娶,家庭结构发生变化,另需增加一小户宅基地 80 平方米。
社会主义新农村建设,促使农村居民点相对集中发展,为确保建设
用地有效流转,此时小户按照 80 平方米占地面积,30%建筑密度
计,则新建人均住宅用地面积为 131 平方米。而当其建于农村时,
如果不将农村住宅门前屋后的菜园自留地计算在内,则其人均住宅
用地面积仅为前者的 60%～70%。农村近 30 年来的用地不断扩
大,主要源于户均小型化、经济水平提高和宅基地批建政策,这在下
文洁湖村村庄规划案例的分析中也可以到印证。

表 6-1 农村家庭结构与宅基地变迁案例分析

年 份	1990 年	2010 年
家庭结构	父＋母＋子,父＋母＋女	父＋母,父＋母,子＋女
农村宅基地构成(平方米)	100＋100	100＋100＋80

（二）以发展农村经济与完善农村社会设施为主的城乡统筹规划问题

1. 加大农业投入，完善农村农田水利基本建设

中央政府每年对农村地域的农业投入和相关基础设施建设资金达到 4000 亿，农村地域在自然灾害不断的情况下，也连续多年出现粮食大丰收，农村地域的农业生产能力大为提高。然而，农民的收入水平增长不快，城乡收入差距仍在扩大。在城乡恩格尔系数逐渐降低，全社会以食品为主的总体支出增长有限的前提下，以食品为主的农业总体发展空间与发展速度加快非常有限，因此林业、工副业和农村服务业发展是必然的选择。但林业受自然资源和生长环境制约大，而工、副业已极化于城市、城镇发展，农村第三产业受农村消费市场制约。因此，农村经济的进一步发展仍然是个困境，农民 4600 多元年人均收入，不足以购置 1 平方米城镇住宅的境况将持续较长时间。加大农业投入，完善农村农田水利基本建设，城市、城镇反哺农村的发展方式值得反思！

2. 加快推进社会主义新农村建设步伐

如果说，以城市、城镇为主导的经济发展和城镇化模式是导致城乡差距的根本原因，那么，与城镇化推进相对应，加速推进社会主义新农村建设步伐不失为缩小这种差距的较好选择：至少这部分农民在拥有较为理想住宅时，所支出的费用较少，并且在这部分支出的费用中，诸如土地、市政管理和建筑服务等费用仍在农村地域。但是也必须看到，一些地区的新农村建设犹如城市、城镇的房地产业，其在拉动经济发展和促进上游产业链的延伸作用是比较类似，在中国建材生产产能过剩的大背景下，这样的新农村建设只能是在消化库存方面起到一定作用，它难以改变农村地域经济结构和提高农民收入。如果新农村建设建立在以农村住宅"拆老建新"为前提的情景下，则有可能带来与上述提及的"城镇化途径的不良循环"颇为相似的不良后果。再者，快速决策下的新农村建设成果，能否成为若干年后"拆老建新"的替代品，这也是值得怀

疑的。

3. 加强农村医疗和社会养老等保障体系建设

从近期看,中国农村居民有望建立的保障体系主要包括医疗保险、养老保险和土地保障。

(1) 医疗保险。在医疗保险制度建立之前,农村居民由于经济水平所限,大多选择大病小看、小病不看的就医路径,除少数大病开支较为可观外,就医支出尽可能控制在为家庭经济可承受的范围之内。因此,农村一般家庭的实际医疗开支并不大。从陕西省神木县医疗制度改革前后一年多时间的历程可知,在医疗保险制度建立后的短时间内,总体就医人数和频率尤为集中,之后,逐步回归到医疗保险制度建立之前的水平。医疗保险制度的建立,使农村居民实际医疗支出的费用比例大为减少,健康水平、生活质量大为提高。但是农民用于其他费用的支出空间是否因此而得到拓展? 尚待于研究。

(2) 养老保险。中国政府在农村建立相对统一的农村农民养老保障体系,旨在解决农村居民的后顾之忧,促使农民消费以扩大内需。根据规定,通过各级政府财政补贴,使适龄农民每人月均能拿到 55 元的养老金。但是这与城市城镇人均每月低保 300 元、退休工人人均每月 1000 多元相比,相差甚远。如果将这 55 元平均到农村人口的年均收入上(按照农村老年人口占农村总人口 15% 计),则农村居民的人均年收入由 4600 元增加到 4700 元,农村居民的整体收入仍然十分有限,不足以提高农村消费需求。

(3) 土地保障。土地保障是农村居民最有效的定心剂,土地能大大降低农村居民的基本食品支出。试想,如果农村老龄人仅靠月均 55 元的养老保险金而没有必要的土地收入和食品保障,其只能支付大米等主食的费用。有些发达地区市、县的乡镇,推行农村合作组织和规模经营等,将土地使用权转包给种粮大户、企业,拥有土地使用权的农村居民从中获取亩均 300～400 元的"租金",如果按照人均 1.5 亩计,则人均可得 450～600 元的年收入。这对于非农化的农村居民来说尚可接受,而对于以农业为主的农民来说,其收入水平将不及如上所述的农村老龄人的养老保险金月均55元的水平。目前中国尚有40％左右的劳动力就业于第一产业,涉及的农村居民达到5亿多人。在前章所述,城镇"拉力"不足的背景下,脱离农村的土地保障,而片面追求农业机械化、现代化和规模经营等是不切实际的。

三、城乡统筹规划的基本思路

(一) 城乡统筹规划的目的

1. 城乡统筹规划的目的

据上文农村地域与城镇的互动关系研究,农村地域和城市、城镇是相互依赖、相互联系、相互补充、相互促进的,即农村发展离不开城市、城镇的辐射和带动,城市发展也离不开农村的促进和支持。然而在某些时期,农村发展与城市、城镇也存在着相互制约的方面。因此,必须统筹城乡经济、社会就业、生态环境和设施载体的发展,充分发挥城市、城镇对农村地域的带动作用和农村地域对城市的促进作用。深入研究城市、城镇和乡村的制约因素,才能因势利导,实现城乡经济、社会、环境和空间一体化发展。

与此同时,通过城乡统筹规划、实施策略研究和政策制定,打破城乡分割的二元结构,减少城乡差距,真正解决农村、农业和农民的"三农"问题。

2. 城乡统筹规划的内容

城乡统筹规划总体上仍处于探索阶段,现阶段体现城乡统筹发展规划的通常方法是将相对独立的城市、城镇、乡和村庄,在特定的地域环境和一定的时代背景下,按照城市、城镇、乡村互动、双赢发展的思路,对城乡经济、社会就业、生态环境和设施载体等方面进行全盘规划。其中,在产业方面,充分发挥工业对农业的支持和反哺作用,城市对农村的辐射和带动作用,建立以工促农、以城带乡的长效机制,促进城乡协调发展。

（二）城乡统筹规划的重点

1. 城乡经济统筹规划

从产业结构看，根据前章对中国部分省份的产业结构比较研究可知，第一产业在国内生产总值中的比重将会继续降低，第二、三产业比重将继续提高，尤其是以制造业产品出口为主的沿海省份，第三产业比重提高会更明显。

从产业的城乡地域分布看，城市、城镇地区以第二、三产业发展为主，农村地域以第一产业为主。进入 21 世纪后，在提倡工业企业向城市、中心城镇工业区集中等的发展思想指导下，农村地域的乡村工业发展受到制约，加上农村消费市场基础薄弱，第三产业发展后劲仍然不足，城乡产业发展的差距将会变得越来越大。

统筹城乡经济发展，缩小城乡差距，不仅需要加强对农业的投入和农田水利基本建设，更要注重农村地域非农产业的发展。在第二产业方面，发展与农村地域关联度高的工业企业，如农产品加工工业、手工艺品工业、资源性加工工业和生态环保型工业等；在第三产业方面，充分利用农村地域的生态环境与地域特色，发展休闲、观光和特色旅游服务业。与此同时，充分挖掘农村消费需求潜力，进一步拓展农村消费品市场。按照市场化、社会化和专业化分工要求，发展现代服务业。

2. 人口与发展

中国仍然存在大量的农村隐性失业人口，即使在县域经济较为发达的浙江省，其比例也达到 10% 左右（也即 500 万人），这部分人口无法进城转变为城镇人口，农村土地是其主要的生活保障。

加速农村地域隐性失业人口劳动就业向第二、三产业转移，提高农村地域人均收入，是缩小城乡收入差距的根本途径。然而，当前中国的农村地域已经存在大量的非农化农村居民（全国约为总人口的 15%，浙江省约为总人口的 23%），增加农村居民的就业转移，也就意味着继续扩大农村地域的非农化劳动力队伍。

改革开放 30 多年来，中国地方各级政府靠集聚城镇工业和发展中心城镇的服务业,带动与促进农村地域劳动就业转移,较为有效地解决了城乡就业的二元结构问题。同时,计划经济体制下的城乡二元户籍政策、劳动保障等也得到不同程度的改革,体制性的城乡二元结构已被打破。但是,在市场经济环境下,以高房价和就学、就医等高支出为表现形式的城市门槛,仍然束缚着农村非农化人口进城愿望的实现,新的城乡二元空间结构正在形成。

城乡统筹规划在解决农村居民就业转移的同时,重点还要研究其就业地的空间环境,也即吸引农村居民就业的产业空间问题。当前形势下,高房价和就学、就医等高支出的价格杠杆是传导空间资源有待于重新配置的积极信号,如果光重视农村居民就业转移,而忽视职—住空间的地域统一,将有碍于最终问题的解决。因此,从中国现实条件出发,在农村地域非农人口集聚地,因地制宜布局和发展非农产业空间(如上述的农产品加工、手工艺品、资源性加工、生态环保型等工业和旅游服务业、现代化、专业化服务业)是较为迫切的问题。

城乡统筹规划的重点是,动态修订城镇人口统计口径,将农村地域有一定非农产业规模和社会设施基础的地区人口,作为城镇人口来统计,这也就是所谓的农村地区直接变为城镇地区。

3. 设施载体

(1)城乡建设用地统筹

2008年,中国城乡建设用地为21.5万平方公里,人均建设用地为162.8平方米,其中农村居民点建设用地为16.4万平方公里,人均为226.5平方米,城市建设用地为5.1万平方公里,人均为85平方米。由此可见,农村居民点占有土地大、用地集约化程度不高。为此,部分地区编制城乡统筹发展和空间一体化规划,主要将目光指向城乡土地的流转,成都发展模式和浙江部分县(市)便是如此。

关于中国农村地域的土地能否节约利用的相关研究,可以见诸于本书第二章"农村地域开发的基本点"这一节。笔者认为,城乡建设用地统筹规划不能再以整理、置换农村建设用地的方式,支持城市、城镇发展。因为这仍然是重城市、城镇而轻农村的做法,不符合城乡统筹规划的初衷。并且将农民居住地集约利用,开发成的新型农村社区,所要支付的成本大为提高。这除了拆迁新建住宅需要部分建设资金外,年均收入仅是城市、城镇居民 1/2.5～1/3.5 的农村居民或非农化居民,通过土地流转,被引导聚居于城市、城镇后,还要支付与城市、城镇居民同等水平的日常生活费用。这种城镇化模式也不足以扩大内需和促进第三产业的发展,因为它仅使原有城市、城镇居民收入增加和资产升值,而使处于低收入阶层的农村居民或非农化居民的日常生活负担加重。

因此,城乡建设用地统筹规划的重点应放在农村地域建设用地的结构调整上,重点保障农村地域非农产业用地的集中、集约利用。只有通过对农村地域第二、三产业的适度集约开发,促使整体土地使用价值提升,才能带动居住用地集中集约利用和边缘地区乡村居民点的局部整理和整治,最终确保农村地域建设用地的逐步减少。

(2)空间、设施一体化

空间、设施一体化是城乡统筹规划的具体表现形式之一,它在人口与发展研究的基础上,按照城镇人口统计口径的调整和区域基础设施一体化规划建设目标,重新研究和划定城乡空间地域结构,重点研究城镇空间形态的变迁规律、农村地区变为城镇地域的类型和空间组织形式、空间形态结构等,研究农村地域的居民点结构体系,以及整治、更新、改造的类型与规划区范围等。

空间、设施一体化规划力求城乡设施标准同等化,保证地域城乡建设用地空间结构与城乡人口结构相对应,能够做到地域总体用地规模不突破。但是,规划实施中有待解决的问题较多,如城乡非农化人口的重复计算,要求对城乡总体用地空间进行弹性研究,一体化规划年限与农村地域建筑整治、更新和改造的可行性研究等,这些均是规划的重点。

4. 生态环境

城乡统筹规划,在农村地域发展部分工业等非农产业,但并不妨碍以农业为主的生态空间环境。相反,同城市、城镇发展工业与人口集聚相比,在农村地域发展部分工业和第三产业,其相对低的门槛条件,更有利于农村地域农民和非农化人口相对集中居住,使生态农业用地、风景旅游区和森林保护区等内的农村居民点更有条件外迁,确保农村地域建设用地逐步减少。

城乡统筹规划中,生态环境保护规划的重点是加强保障区域内生态环境容量研究,在此基础上,划定不同级别用于不同主导属性的生态空间类型,包括生态农业、生态旅游、自然森林保护区、水源地、泄洪蓄洪廊道和空间等,为区域空间管制提供依据。

第二节　城乡空间一体化规划

一、研究范围与对象

(一)地域范围

中国农村与城市、城镇之间已存在的"纵向"关系比较明确,以城市、城镇为中心的城市一体化规划范围较易划定,但这不符合以农村地域开发为主导的城乡一体化规划初衷。因此,现以农村地域开发为侧重点,探讨城乡一体化规划的地域范围。

农村地域村庄与村庄之间尚未形成"横向"有机一体的网络体系,这给农村地域战略规划的地域范围研究工作带来一些不确定的因素。

1. 中心村对基层村的服务功能弱

农村地域的中心村与基层村之间相互依存的体系尚未建立,两者除简单的日常生活服务功能关系外,工农关系的产业链尚未建立,并且中心村简单的服务业设施与功能被城镇的辐射功能所覆盖,这更加影响功能尚不完备的中心村培育。

2. 中心村与中心村之间的农业生产结构雷同

相邻的中心村特色农业不够明显,功能互补性不强,村庄体系松散。原因主要在于:

（1）以行政村为地域单元的农村地域分工意义不大，实施难度更大。以行政村为地域单元的农产品地域差别不显著，农业生产用地小，发展规模有限，相应的农村地域单元之间的特色与分工基础不具备。

（2）以城镇镇域为地域单元，促使城镇之间的农村地域生产分工尚不具备条件。以城镇为地域中心的农业生产用地与产品是城镇发展的基础，在以城镇和城市发展为先导的发展观念下，农业与农产品的特色与分工往往以城市或城镇之间的功能与分工为前提，只有在城镇这层面上进行功能定位与地域分工引导，农村地域农业和农产品生产的地域性基本职能才能更强，生产集中度更高，规模经营更有效，农村地域特色更强。但是，当前农村地域相邻城镇之间的职能分工并不明确，邻近城镇的职能有许多类似点，并且城镇与农村之间的纵向产业链关系并不紧密，部分非农产业发展较好的城镇是通过接受中心城市要素扩散的基础上发展起来，因而仅与城市之间的产业关系却较为密切。可见，相邻城镇之间的农村，以城镇群之间的功能与分工为前提，促使农业与农产品的特色与分工尚不具备条件。

（3）以县（市）域为区域范围的农业地域分工条件具备，但农村机械化、产业化、规模化的长效机制尚未建立。中国农村的人地关系、土地承包关系和相对较高的农业生产土地产出率等因素，决定了中国在一定时期内，大范围普遍实施机械化、产业化、规模经营等农业发展方式不符合中国国情，从而决定了许多地区尚不能以城市或城镇之间的功能与分工为前提进行农业与农产品的专业化生产与分工。在县（市）域之间，实施农业生产地域分工尚有一定的难度。

然而，从中国的人口构成可知，2008年，全国农村人口为7.24亿，是城镇人口（不包括地级市以上的3.7亿人）的3倍左右，是城市人口的2倍左右。从用地来看，2008年，全国农村居民点建设用地为16.4万平方公里，是城市建设用地的3倍（见表6-2所示）。从空间上看，农村地域遍布全国各地，网络状的农村地域居民点相互交汇连成一体。所以因地制宜，结合农村地域开发范围，进行适时的农村地域战略规划范围研究尤为必要。

表 6-2　城乡人口用地比较

序列	地域分类	地域人口（亿）	地域数量（个）	建设用地（万平方公里）
1	地级市以上	2.4	287	5.1
2	县级城市	1.3	379	
3	建制镇	2.5	20000	
4	行政村	7.24	640000	16.4

资料来源：城市数量和人口数量资料来自《中国统计年鉴2008》

　　按照经济活动规律,具备一定农业区划基础的农村地域开发范围至少是县域及其以上。国外已有类似的经验,如,法国阿基坦地区开发的地域面积4.13万平方公里,相当于浙江省土地面积的40%;日本大分县开发的地域面积0.6万平方公里,相当于浙江省陆域一个地级市市域的面积。大面积的农村地域更易做到农业区划和地域分工,形成特色农业,同时也为农业产业化和规模经营创造条件。组织农业生产,"储蓄"农村劳动力的村庄体系,一方面要有一定的非农产业规模;另一方面非农产业要与农业生产有一定的产业链关系,这样才有利于形成不同类型且具备职能分工的村庄体系。如江苏省灌南县的农业区划就为村庄体系规划奠定了良好的基础(见图6-3所示)。

　　一般情况下,农村地域开发的范围以各级中心城市或城镇的行政、经济辐射所波及的地区为空间单元,以地域完整性为前提,以农村农业生产为主体,与以农业生产、农村社会生活相关联的中小城镇和城市之内的地域为综合体。其城乡体系包括城市、城镇、农村居民点和广大农村的产业用地。农村地域开发规划研究应以农村地域开发的空间单元为界展开,包括产业空间、农村社区和与农村地域劳动力人口的就业、生活空间等有关联的其他空间环境等地域因素。因此,农村地域开发规划的地域研究必须以农村地域所在的城市一体化规划为基础,按照农村地域开发的要求与重点,确定三个层次:即地市域、县市域和县市域的某片区。

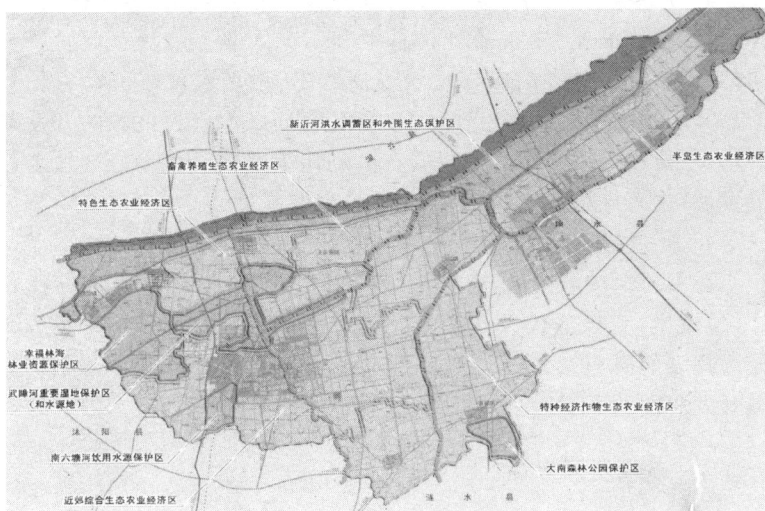

图6-3 灌南县不同特色的农业区划示例(详见彩页图6-3)

(二)研究对象

1. 城市与城镇

根据农村地域与城市、城镇的互动关系,在农村地域开发规划中,城市、城镇是主要研究对象。一般来说,城市与城镇在广大农村地域具有辐射功能,对农村地域的发展起主导作用和支配地位,指导农村地域的农业发展方向。同时,城市、城镇的哺育对象是农村农业,农村农业发展为城市、城镇发展提供基础与保障。当然,城市、城镇发展与农村地域开发也有相互制约的作用,这在第五章的第一节进行了论述。在农村地域开发规划中,应着重研究城市、城镇与农村地域的相互关系,扬长补短,实现总体效益最大化。

2. 农村居民点

农村居民点是中国农村地域的主体,是当前农村问题重点解决的对象,也是农业生产者居住地和部分农林牧渔业生产加工基地和工副业生产基地。

3. 农村地域产业空间

农村地域产业空间是农村地域开发研究的重点,包括种植业、林业空间,牧渔业、副食品生产基地和工矿区等。广阔农业发展空间的有效利用,对提高农村地域发展水平,增加农民收入具有积极的意义。高度发达的城市地区与国家,对广阔的农村地域的开发与利用,主要在于对其广阔空间的有效利用上,包括农业开发、加工业的发展、生态旅游、特色景观的保护与利用等。

4. 资源与环境

在农村地域范围内,资源与环境和上述空间因素紧密联系成一体,地域生产、生活赖以存在的一切自然资源、生态环境、能源等均作为规划的研究对象。自然资源、生态环境、能源等是考量农村地域开发程度的重要因素,是研究农村地域的基础。

二、规划研究内容

(一)农村地域产业发展

以农村农业资源为基础,发展特色农业和与之相关的工副业,保证农村地域产业发展与产业链的延伸。按照农村人力资源分布,调整非农产业规模;按照生态环境保护要求和低碳经济发展方向,发展特色、生态、旅游休闲业;按照人口需求结构提升方向,发展商贸服务与文体医疗产业,以形成多元化的农村地域产业结构体系,改变传统农村单一农业或副业结构局面。

(二)人口与发展(需求发展)

中国城市对农村人口的吸收能力已十分有限,城镇化过程中农村人口进城速度趋缓。而中国农村第一产业产值提供的农村劳动力收入远远低于城镇居民劳动力收入。农村人口相对于第一产业产值和农村地域空间资源已是十分富余。农村人口规模与聚居布局,一方面要与农村地域产业发展相对应;另一方面,要按照富余人口特点,发展符合农村农业生产产业链延伸的非农产业,以此来调整农村地域产业发展规划和空间资源的利用与保护策略。此外,农村居民在相对低收入的条件下,压抑了内在消费需求欲望,随着欠发达地区农村地域再开发和农村居民人均收入水平的提高,农民消费需求结构将会提升,发展满足农村农民生活需求结构提升需要的商业、服务业和文体、医疗卫生事业等势在必行。西方发达国家农村地域人口稀疏化、农业人口减少,相应的农村居民点已在不断地整合、缩并。而中国1978—1996年,农村人口数量在逐年的增加,1996—2000年后,农村人口总数虽有所减少,但仍然大于1978年的农村人口基数。当然,也有部分农村地域的农村人口规模仍然在扩大。在这种情况下,中国农村居民点的发展方向将是欠发达地区农村地域开发研究的重点内容,这与西方发达国家有所不同。

(三)城乡空间体系

按照《中华人民共和国城乡规划法》的要求,划定市、镇、乡和村的规划范围,调整城乡体系结构,对于非农产业集中、人口非农化程度比较高和工副业基础好的乡村居民点可及时升级为城镇,以实现农村地域城镇化,提高区域城镇化水平。按照调整后的地区城乡体系结构,完善农村地域的生产、生活设施,并不断提高其层次与水平,形成富有农村地域魅力的新型设施体系。

传统城镇体系规划结构,即先定城镇规模等级、再定职能结构和空间结构的思路有待于纠正。欠发达地区农村地域的开发,要根据农村地域的农业产业规模,明确农村农业人口容量;要分析欠发达地区农村地域城市、城镇"拉力"的局限性;中心村、小城镇作为城乡体系的"夹心"层,要明确其对农村地域剩余劳动力及其人口吸收的过程中存在问题与发展方向;要确定城乡规模与等级结构。

欠发达地区农村地域开发中的城乡体系规划,包括城镇体系与乡村体系。其中的城镇体系规划在省、地市域规划层面和城市、县镇总体规划层面中都会有比较深入的研究。而某一地区的乡村体系规划却尚未能做到系统的规划和具体明确的研究。《中华人民共和国城乡规划法》对乡规划、村规划的内容进行了明确。乡村体系规划在乡总体规划和镇总体规划层面中会有所体现,但仍很难满足农村地域乡村体系发展对规划的要求。这是因为乡镇总体规划研究的重点内容是城镇发展与城镇化,其相对完整的规划思路是:在分析城镇发展对农村劳动力就业转移的城镇化"拉力"可能性的基础上,通过所在地域农村对城镇化"推力"的客观研究,提出城镇发展的未来必要性,包括城镇产业、人口、用地发展方向和发展规模等。这一层面的规划研究成果客观上把城镇发展作为解决农村地域产业与人口劳动力转移的最终选择,从而不可避免地忽视了乡村体系在中国特有的社会制度、经济体制和人地关系等环境下,对农村地域城镇化的贡献作用。所以,应赋予农村地域规划的乡村空间结构体系与以往任何规划更为不同的重点与内容,详见本章第四节。

(四)空间资源的保护与利用

农村地域空间资源是农、林、牧、渔业生产的承载体,农村地域开发研究内容既要深入分析农、林、牧、渔业的现状特点,又要研究社会经济环境价值,提出农、林、牧、渔业的空间利用规划条件和生态农业、效益农业、旅游休闲业等的空间结构和布局方向。根据生态环境容量特点,提出多元的产业发展和非农用地开发限制条件,为农业专项规划指明方向。

(五)地域特色建筑空间研究

中国农村地域面积广阔,历史文化积淀浓厚,包含了风情、习俗、人文习惯和生活方式等。不同的地区条件和地域环境,决定了不同的地域特色建筑空间。关于这一方面,本书将在第八章农村地域特色建筑空间研究一章作详尽的分析。

(六)政策措施

应针对不同的开发地域制定具体的开发措施,如法国对阿基坦地区,从财政、基础设施等各方面,制定了具体的开发政策措施。中国也应结合国情,制定农村人口集聚的具体措施。与农民进城的城镇化要求的城乡户籍制度改革相类似,在欠发达地区开发中,也可以尝试改革打破农村地域观念的户籍管理政策和措施,调整土地流转制度等。

第三节 农村地域发展战略

农村地域发展战略研究以地域的农业区划和特色农业空间布局为基础,以农村地域劳动力的非农化转移和增加农民收入为主要社会经济目标,分析城市、城镇非农产业发展的优劣势条件、空间局限性,以及农村地域在发展非农产业和劳动力转移中的作用,明确不同区域的村庄功能类型和发展方向,为多元化的农村地域经济发展创造条件。农村地域发展战略研究的目的是明确特定农村区域的开发策略,制定农村地域发展的有关政策。

一、产业发展战略

(一)战略目标

1. GDP 和人均 GDP

应分别对农村地域的 GDP 指标和人均 GDP 进行预测,其中预测的人均 GDP 要与城市、城镇人均 GDP 比较,按照缩小城乡收入差距的要求,分别确定各时期农村地域人口人均 GDP 的目标值。

2. 产业结构及其偏差

根据人均 GDP 目标值和农村地域 GDP 预测值,深入研究农村地域三次产业结构。同时根据农村地域农业资源拥有量和农业生产产出率,重点确定农业生产总值及其增加值占 GDP 的比重。同时应研究农业增加值占 GDP 的比重与相应就业比重的偏差,提出减小偏差的目标与方向。

(二)战略定位与选择

1. 总体定位

根据农村地域与城市、城镇的关系和消费市场的发展规律,尊重农村地域的农业资源条件和地域特点,对农业发展进行总体定位;围绕农村地域农业生产和居民生活水平提高的要求,发展农产品加工工业和农村地域的商业服务业,按照预期提出的减小偏差的目标与方向,对非农产业的发展与定位问题做深入研究。

2. 战略选择

在产业发展定位的基础上,针对农村地域的现实问题,研究农业、加工工业和农村商业服务业等产业发展机制和发展方式,提出空间开发模式;分析农村劳动力结构性问题和非农化中存在的障碍,提出农村劳动力就业转移的途径。

二、社会事业发展战略

(一)主要问题

在社会事业设施方面,当前中国普遍存在的现状是:大城市、中小城市、县镇、小城镇、乡和村,社会事业设施水准由高至低逐级降低,而其使用频率也是逐级递减。农村地域处于城乡体系的末端,社会事业设施简易,虽然在发达地区的农村地域,诸如医疗、教育等设施建设逐步普及,但对农村地域的吸引力不强,有的甚至处于绝对的闲置状态,如部分地区的农村小学校就是比较有代表性的例子。

(二)战略目标

1. 公益性社会设施

按照缩小城乡差距的发展要求,逐步提高公益性社会设施标准。公益性社会设施的发展目标包括:医疗指标值(每万人拥有医疗床位数和每万人拥有医生数)、教育指标(九年制义务教育学校数量、高中阶段教育与入学率、高等教育毛入学率)、文化与体育设施水平和居住指标(低收入家庭保障性住房)等,这些公益性社会设施发展目标,应接近同地区城市或城镇的标准,以提高农村地域公益性社会设施的吸引力。政府不仅应为此提供足够的财政支持,而且还应建立激励机制,激发多方重视农村地域公益性社会设施的软、硬件建设。

2. 商业性社会设施

按照非农产业发展目标要求,发展农村地域商业服务业设施。商业性社会设施规划目标,应以市场为导向,进行合理的引导。按照市场化组织方式和农村地域居民消费水平的提高规律,确定商业性社会设施容量与结构比例,其中包括餐饮业、批发和零售业、金融业、文化娱乐业等有关的发展指标。

（三）战略选择

在确定社会事业发展目标和总体发展规模的基础上,在空间的配置上以提高农村地域设施水准为原则,相对集中建设,形成新型的农村地域社区服务中心,打破传统的农村地域作为城乡体系末端的社会事业配置模式。中国大部分县（市）域的城镇化水平在40%～60%之间,如果按照类似于城镇的水准配置社会事业设施,农村地域社区中心有待于配置的设施规模与空间相当于现状城镇相关社会事业设施的量值。

三、城乡体系发展战略

（一）城乡体系总体发展思路

1. 错位发展与网络城镇

在广大农村地域,有重点地培育部分非农产业与人口相对集中的农村地区直接升级成为城镇城区,邻近的城镇城区通过交通廊道等组织为一体,成为网络城镇,以达到农村地域部分地区直接城镇化的目标。

2. 地域演进与地区蜕变

农村地域发展与演进应遵循原有的农村基础条件和空间环境格局,逐步整治改造,循序渐进,一般不主张采用脱胎换骨式的大拆大建的地域开发方式,力求做到时代性与地方性、发展与保护有机的结合,稳步地推进。

（二）城乡体系空间发展战略

1. 环状发展与圆弧状体系结合的村镇空间发展战略

以中心城市或中心城镇为圆心的一定空间内进行规划,一方面易接受中心城市或中心城镇的要素扩散,发展迅速;另一方面,受中心城市、中心城镇的极化作用,与城市、城镇功能上存在错位的和农业相关的产业发展也很有利。农村地域的这些地区,总是离城市、城镇有一定距离,呈环状分布。这些有条件发展的地区,若进行一定的产业分工,则更有可能相互联系,而逐步成为有机的一体。其内部是由功能各异的各类小城镇,并组织广大农村地域,形成由若干圆弧状村镇体系组成的农村地域村镇格局。当然,受山水地形条件的限制,和次一级城市、城镇的影响,环状、圆弧状的形态往往并不完整,如杭州市周边地域的村镇空间即是如此。

2. 整合发展与拆并有序的乡村空间重组战略

根据农村地域的发展条件差异,优化农村地域居民点布局,适时调整村庄行政区划;按照农业现代化建设要求,以面向城市、城镇为导向,在邻近城市、城镇的地域,建设特色生态农业园区。为此,在乡村居民点重组的基础上,以全面建设生态农业发展空间和建设的引导准则,确定生态农业综合发展区范围与发展要求,为农业区划指明方向,规范非农建设用地使用和流转准则,推进农业现代化建设。

第四节　城乡体系构筑

一、城乡体系结构

（一）农业区划与功能结构

1. 农业区划

在县及其以上的地域范围,可以按地域类型及其相应的地域单元,进行农业区划,形成不同地域生态农业、特色农业类型和相应的非农产业等。

根据农村地域地貌土壤特征、土地利用方式、生态环境和生态建设方向的趋同性及生态产业的优势性,生态产业主要发展方向定位为生态农业、农产品深加工和木材加工业为主的工业、生态旅游及其相关产业为主的服务业。据此划分为生态农业经济区,其中包括如下类型:

（1）城市及城镇近郊型生态经济区

在以城市、城镇为中心的一定地域范围内,利用农村地域的生态环境优势,规划发展城市、城镇郊区型生态经济区,重点在发展休闲、度假旅游服务业,苗木花卉园艺农业,以及电子、信息技术等对生态环境要求较高的非农产业等。

(2)远郊型经济作物生态区

按照农村地域与中心城市、中心城镇的区位关系,由近至远发展,近城郊发展高效农业、畜牧业,远城郊发展蔬菜种植业、水产品养殖业等农产品基地。与此同时,开拓相关的食品加工以及与之配套的市场销售网络,以便于及时根据国内国际市场行情与信息,做到产销流畅。

(3)边远地域特色生态产业区

远离中心城市、城镇的农村地域,主要以利用农村农业资源优势为主,发展特色农业,如林木种植及其加工业、药材培育及其加工业,以及发展具有市场竞争优势和地域特色的农、林、牧、渔业及其加工工业。

(4)生态种植业经济区

在平原地区,利用已有的种植业基础,发展优质粮、棉、油生产,注重农田水利设施建设,增强抗涝抗旱能力,为生态农业生产提供良好的条件。与此同时,种植业可以与养殖业等结合,如,发展稻田养蟹等稻田养殖模式,建立规模化生态种植业、养殖业生产基地,形成农村地域多种经营的格局。

2. 农村地域功能结构

村庄作为农业生产与农村居民生活服务基地,其功能类型应与地域生态农业、特色农业的生产加工和销售等适应。

有关文献已有对农村地域按照农业生产特点划分不同的农村农业地域类型的阐述,本研究按照农村地域开发的思路和农村经济活动特点进行划分。因为经济活动规律不仅反映地质地貌对农业生产的不同影响,而且综合体现了居民收入水平、城乡设施条件、人文习惯因素,是地域开发规划的依据。从理论上看,在城镇化水平一定、城市城镇吸收农村劳动力一定的前提下,村庄尤其是中心村的非农产业规模与就业岗位类型数量,取决于城镇化"推拉"作用后所剩余的农村剩余劳动力的数量与特点。从当前中国各省份农业产值增加值占 GDP 的比重与农业劳动力占社会总劳动力的比重之偏差看,农村地域根据其农村生产特点与地域环境,因地制宜建设一定规模以非农产业为主的中心村,服务于农村、农民和农业,已显必要。如,浙江省慈溪市观海卫片区的中心村—基层村空间结构体系布局,结合了周边的生态环境和历史人文特点,在沿海平原基层村以服务于农业生产为主;而在靠近山区旅游资源丰富和自身历史文化基础较好的鸣鹤中心村,以农产品、旅游产品加工工业、生态休闲、旅游度假服务为主。其中中心村的非农产业规模与人口关系计算的人均非农产业增加值尽可能接近城镇人均 GDP,并适当大于相应农业生产总值的人均水平(见图6-4)。

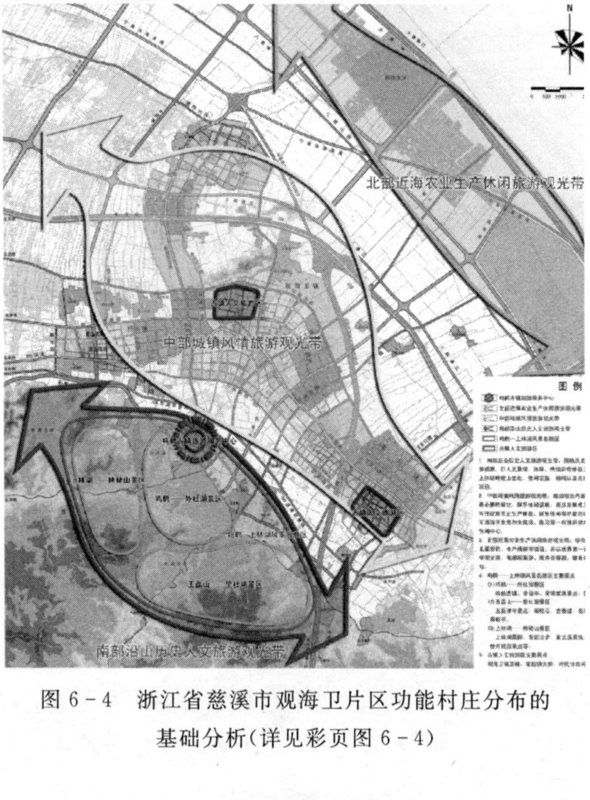

图6-4 浙江省慈溪市观海卫片区功能村庄分布的基础分析(详见彩页图6-4)

经过 30 多年的发展,中国农村基本上按照不同的经济活动特点,形成了不同的农村地域功能类型,逐步改变了传统的农村生产和村民生活聚居的功能特征,呈现出多类型的功能特点。

（1）加工工业型

20 世纪 80 年代初中期,乡镇、村办企业的发展,以加工工业为特征的农村地域开始出现。进入 21 世纪,发达地区各级城市的周边地区,大多农村地域已经直接或间接地接纳和发展了中心城市扩散出来的工业产业要素,工业经济得以持续发展。经济发达地区乡村出现了失去了传统农业生产和农村生活聚居的场所特征。乡村聚居点,尤其是村落传统旧宅空间,成为外来务工人员居住生活的空间场所。这在浙江省温岭市泽国镇、慈溪市观海卫镇周边的村庄中均可以调查到。

（2）市场贸易型

20 世纪 80 年代后期,农村流通体制改革和农村经济结构的转变,农村以市场贸易为导向的第三产业得以快速发展。位置适中的中心村承担了这方面的主要功能,相应的农业生产、农村生活服务业体系逐渐形成和完善。以综合性服务功能为主的中心村逐渐在广大农村中凸现出来。在浙江沿海发达地区,随着中心镇的整合发展,在每个乡镇内部,均含数个功能各异的中心村,这些中心村对其周边的乡村具备一定的辐射作用,其中有的为原乡政府所在地,有的为相邻几个村庄集聚发展成一个"新"的中心村,其功能也已失去原有单纯的农业生产和农民聚居的传统功能。在新的历史时期,面对国内、国际市场网络的新趋向,在农村地域的特定空间场所,建立既适应现代市场行情与信息,又有助于农村地域农业等产业发展的现代市场服务基地,使其发展成为一定农村地域的市场服务中心,同时也是城乡市场网络的节点。

（3）专业特色旅游服务型

专业特色旅游服务型包括历史文化名村、专业旅游村和生态休闲农业村等。

历史文化名村常遗存有历史文化街区、历史建筑、特色民居等,其中的历史文化名村和历史文化保护区有省级和市、县级等级别,这些对弘扬农村地域特有的历史文化具有深远的意义。如,山西省阳城县北留镇的皇城村,以其独有的皇城相府建筑文化和历史人文事迹,成为众多中外游客神往之处;浙江省武义县的郭洞、兰溪市的诸葛村和安徽省的宏村等均以其历史悠久的村落文化,带动其旅游业的发展。

专业旅游村通常因拥有或者靠近旅游资源而成为服务于旅游人口的旅游基地,除旅游服务业外,与之相关的旅游工艺品加工工业等也有一定的发展。江西省樟树市阁山镇待开发的黄家巷村,因有阁皂山"道教名山、洞天福地和神仙之府"之称的生态旅游区,极具旅游村开发建设的替质。

特色休闲农业村,是以某一特色农业或农产品的生产与销售发展起来的村落,最后成为生态农业休闲旅游区,如因盛产龙井茶而发展起来的杭州市的梅家坞、龙井村等。

(4)基本农业生产型

根据农业区划,位于以农业生产为主要功能的农村地域属于基本农业生产型地域。在中国,农村地域的基本农业生产主要包括种植业、林木业、渔业和畜牧业等。其中,种植业内部还可以细分为粮、油、棉、瓜果和蔬菜等不同的农产品生产类型,是划分农业内部经济部门构成的主要因素。因不同地域自然条件、土壤与水文特征对不同农产品的适宜性不同,进而可以按不同地域特点进行农业发展区划,形成不同类型的农业与农村地域。欠发达地区农村地域虽然农业资源丰富,但因时空距离或政策因素等原因,农村较少接受城市、城镇的非农产业要素的转移,非农产业比重低,现在的农村剩余劳动力以外出就业为主。

如前所述,在一些城市边缘的农村地域,利用有利区位条件,发展了城郊观光农业、高效农业和休闲体验农业等;在某些农业资源发达地区的村庄,已不同规模地开发了生态农业示范区和特色农业区划等,已形成为城市居民服务的城郊效益农业。如江苏省灌南县花园乡的孙湾村和百禄镇的桥东村等,这些村庄的农业示范区的生产规模较大,专业化和机械化程度也较高。

（二）城乡等级体系与空间布局策略

城乡空间体系包括城镇体系和乡村体系两部分，本研究主要针对乡村体系进行阐述。

1. 村庄规模等级

（1）中心村与基层村

《村镇规划标准》中根据村庄服务范围与规模等级，分为中心村与基层村两大类。其中，中心村是农村地域的服务中心之一，辐射与服务于周边的基层村；基层村则是农村居民基层的生活居住单元，是农业生产者主要的居住地。中心村与基层村的具体划分是基于村庄规模等级和服务类型。《村镇规划标准》中明确的中心村人口规模在 300 人以上，而基层村的人口规模在 300 人以下。另外，还根据中心村和基层村的不同人口数，分别将其细分为大型、中型和小型三级。从服务类型看，中心村具备对周边基层村服务的基本职能，而基层村一般不具备。

中心村与基层村是中国城乡体系中较为基础的两级农村居民点，属于农村聚落的范畴，其内以农业和非农业的建设用地为主，是城乡规划建设的内容之一。

（2）行政村与自然村

行政村是中国行政建制的基层单元，是乡村民主自治管理的一级建制。行政村在人民公社时代相当于生产大队，其内以建设用地和农业生产等非建设用地组成。在一个行政村内，一般由多个自然村组成。自然村则以自然地形地貌为特征，按照历史条件形成相对集中的农村聚落单元，它相当于人民公社时代的一个或多个生产小队所在地。自然村落与农业生产用地的空间距离较短，但自然村落与之不一定联结一体。

对于规模大的行政村，其内可能同时具备规划为中心村与基层村的条件，其中规模较大、设施相对完备的自然村，可以发展成中心村。对于规模小的行政村，可与邻近的行政村组合发展成中心村，或独立发展成一个或几个基层村。农村地域自然村是否规划发展成中心村、基层村,主要看其规模现状与发展趋势、社会经济活动特点、内外交通设施条件和其他基础设施条件等。而行政村的行政界限不应作为建设中心村、基层村的限制条件。根据农村人口的变化趋势,行政村可以进行适时地调整。日本 20 世纪 50 代至 70 代的昭和大合并,就是随着日本乡村人口的减少而进行的町村撤并运动。中国自 20 世纪 80 年代以来,行政村数量也在逐步减少,平均每年以 1.1‰～1.2‰的速度在递减。行政村的减少不等于自然村也以同样的速度在同步减少,中国的自然村规模小,布局分散,建设用地仍然在不断地扩大是一个不可回避的问题。

2. 村庄体系空间布局策略

《中华人民共和国城乡规划法》尚没有明确规定要求以县(市)域为单元,组织编制村庄体系布局规划,而实际在城市(镇)化的推进过程中,农村人口外流和农村不同程度的"空心化"现象,促使县(市)级规划建设管理部门对本县(市)乡村的发展趋向作出判断,对其建设标准、建设规模以及整治、改造、控制规划策略和措施等进行明确和统一,从而作为下一层次村庄规划的依据。因而,县(市)域村庄体系布局规划或规划策略研究等应运而生。图 6-5 是灌南县中心村规划布局图。

村庄体系布局规划涉及的村庄点多,量大而面广,尤其是自然村落零散分布,对农业生产与村民生活带来严重的不便,对城乡环境也带来了许多不利的影响。因而,在生态农业区划的基础上,应按照农业产业化、规模经营的发展思路,逐步整合基层村,控制基层村的数量与规模,形成具有集农业生产、居民生活服务和工副业配套于一体的多元发展的中心村。江苏省灌南县县域村庄布点规划,在县域共计行政村村庄数量约 250 个的基础上,规划确定进一步集聚的中心村 40 个,平均每个中心村服务人口规模 5000～10000 人。这些规划确定的中心村数量和人口规模比规划编制时的现状减少了 200 多个,这些减少的村庄大多数以控制发展、整治改造方式的规划策略来实施。控制发展不等于衰退,整治改造不等于不发展,最终乡村还是应随中心村的发展而不断发展。

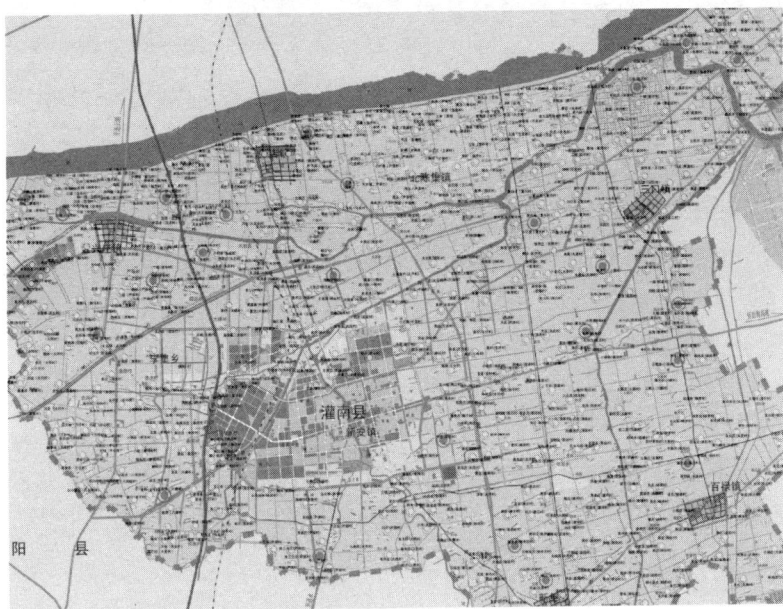

图6-5 灌南县中心村规划布局(详见彩页图6-5)

当前村庄体系布局规划的出发点是结合建设条件好的地域,选定中心村进行着重发展,与此同时,对不同类型村庄提出改造和整治规划策略。通过对中心村合理的规划建设引导,整合和带动基层村庄的发展,以改变当前乡村布局分散的状况。由于规划涉及的村庄量大面广,而且与乡村居民的生产生活密切相关,规划在选择农村地域的中心村(集中居民点)之前,往往结合规划的原则与指导思想,由乡村村委会或乡镇政府确定位置,并进行规划论证。因而村庄居民点规划布局一般是自下而上,再自上而下的循环过程。最后确定的乡村居民点布局规划,比较全面地体现了乡村居民的意愿和乡村客观发展规律,从而使规划成果更为实际可行。

事实上,规划建设新的中心村会促进农村进一步发展,但这往往被认为与城镇化推进中的城市、城镇发展和农村不断衰退的普遍规律相矛盾,而将农村地域开发与城市发展相关联。如《温州市村庄规划策略研究》确定温州市区的农村分为三类,其分别是城中村、城边村和城外村。不同类型的村庄按照这三类,明确了不同改造策略,即让村庄的建设、改造与温州城市建设用地的发展密切相关,而并没有将其与村庄自身发展特点和村庄在现代化中的作用结合起来;在城市辐射范围之外,更没有对部分村庄的农村劳动力"蓄水池"功能加以充分的论证和适度的发展。这样制定的改造策略,对下一层面的村庄规划建设的指导意义不大,尤其是对城中村的改造,其难度和代价要高于一般的城市窝棚区。因为城中村是"失地"农民聚居的场所,这些农民已完全城市化,但与西欧 18 世纪失地农民入城居民所不同的是,中国城中村农民城市化后,是高收入富裕的城市化群体,这些群体有待于释放的是发展需求,而不是为生存需求而做就业选择和发展相关产业,这是农村城市化的结果(温州市村庄改造的地域类型见图 6-6 所示)。

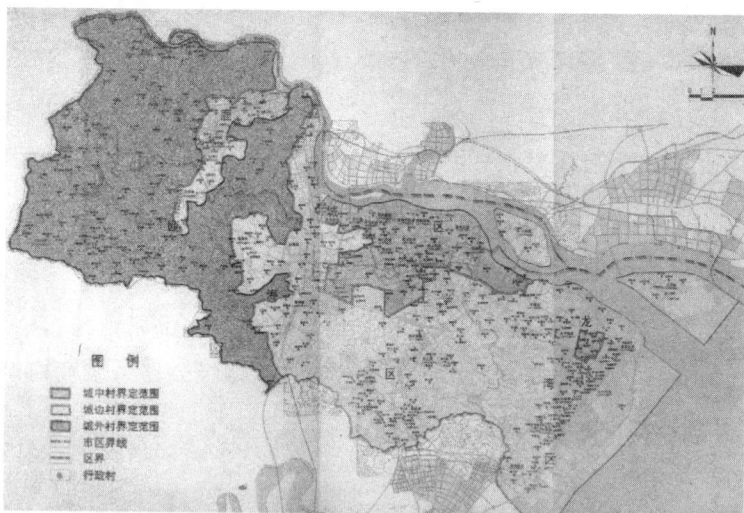

图 6-6 温州市村庄改造的地域类型(详见彩页图 6-6)

二、基础设施体系

(一)综合交通体系

1. 出行方式

农村地域的客运交通出行方式包括公交、自行车(电动自行车)、步行和汽车、摩托车等,其中,公交交通车辆主要以小型(巴士)车辆为主,电动自行车、摩托车是农村地域近几年较为经济适用的私人交通工具。随着低碳经济的逐步重视,和汽车下乡政策的实施与推广,农村地域的摩托车交通因排碳量大而将会有所减少,家用轿车会逐渐增加。但是,在农村地域,摩托车、私人家用轿车都将不是主要的方向,小型公交车、电动自行车应该是值得提倡和鼓励的交通方式。因此对农村地域的小型公交系统,地方政府要按照城市公交系统的水准进行规划与建设,同时对其实行相应标准的补贴。

2. 综合交通系统

综合交通网络不完善,交通不便是农村地域普遍存在的问题。这主要原因在于农村地域产业与生活空间集中度低,布局分散,客货源量少而点多。大宗货物运输、大客运量的快速便捷的交通运输方式——铁路等轨道交通、高等级的交通节点和外向型港口只能布局于广大地域的中心城市。农村地域较适宜于布置县乡道及其以下的二、三、四级公路和部分水运系统。据此,解决农村地域总体交通不便的问题,除了规划与建设以该地域所在地中心城市、城镇为交通节点的大运量轨道交通和快速高等级的公路交通系统之外;还应在农村地域,按照城乡体系发展战略和空间结构布局,建设形成以网络城镇为客货集散地的二、三、四级公路系统和内部水运体系。

(二)给水排水工程

1. 水资源利用

在对农村地域水资源量、水质现状等地表水资源,以及浅层水、中层水、深层水等地下水资源进行充分调查研究的基础上,确定地域可利用水资源总量,提出农村地域水资源承载力等。

2. 给水工程

当前,农村地域普遍存在的给水问题是地下水过量开采、地表水污染严重、供水设施落后而不成系统等。为此,农村地域未来的给水规划原则与目标主要是分期、分区实施区域供水系统,形成安全、协调、统一的农村地域给水网络。

3. 排水工程

农村地域污水处理设施滞后或缺乏,污水大多未经处理而直接排入河道,使农村地域水环境受到的污染逐年严重。据此,对城镇能覆盖的农村地域部分村庄的生活废水,可以纳入城市、城镇排水系统统一处理,而其他地域农村生活废水,可采用沼气化粪池或生物塘等简易处理后进行综合利用,或经化粪池处理后排入附近水体或用作农肥。

(三)电力通信工程

1. 电力工程

农村地域以中低压配电网为主,目前主要存在问题有网架薄弱、变电容量不足、供电半径长、电源点单一、无功补偿不足、线路通道紧张等。规划应针对这些问题,适时分期分区逐步解决。

2. 信息化工程

农村地域考虑形成开放型经济发展所需的信息化环境,基本建成功能完善、技术先进、运营高效、安全可靠、覆盖农村地域的宽带高速网络设施,并实现电信、有线电视等信息化基础设施覆盖各个自然村。

3. 邮政系统

在农村地域的某个村庄内,一般不单独设置邮政服务网点,而是由多个村庄共同设置。规划配置邮政服务网点(邮政所)按照服务人口 8000 人左右设 1 处。邮政所在沿街建筑物的底层设置,每所面积约 150 平方米。

三、生态环境区划

（一）生态功能区

1．生态功能保护区

生态功能保护区包括饮用水源地保护区、自然森林公园、林业资源保护区、重要湿地保护区、洪水调蓄区等等的地域划分。

2．生态水系廊道

生态水系廊道包括河道沿岸生态廊道、区域性交通、电力等基础设施廊道，以及防风、防沙生态绿化廊道和其他环境保护廊道等。

（二）生态功能保护

生态功能区是农村地域生态网络的骨架，是农村地域生态环境保护和提升的基础。因而，生态功能保护的重点是突出生态功能区的生态功能，其功能包括生态绿色环境维护、生态水环境的优化、生态旅游的合理利用和生态缓冲地带的建设等。

（三）生态农业维护

根据农村地域地貌土壤特征、土地利用方式、生态环境和生态建设方向的趋同性，结合城乡空间结构和农业区划，对不同的农业经济区的生态维护要有重点地予以明确。

第五节　农村地域建设用地导控

一、建设用地空间与形态

（一）用地空间结构

农村地域经过几十年甚至几百年的发展，村落空间结构逐渐演变形成相对稳定的总体格局，生活空间与生产空间亦即亦离，成为有一定特色的结构框架。

1. 居住与生产空间相对独立

农村聚落居民以种植业等农业生产为主,农、林、牧、渔业用地空间相对广阔,农业污染对居民生活有一定的影响,因而,村落居住生活空间与农业生产用地之间应相对分离,独立布局。但是,传统农业生产能力较低,耕作半径较小,居住生活空间与农业生产空间不能相距太远。在平原的农村地域,大小河流是其主要的运输途径,居民的居住建筑要靠近河道,结合农业生产用地分布状况,相对集中布局。局部地段次要河道伸入聚落中,但其码头使用频率相对小而显得简易,河道与居住地的生产活动空间是农村地域居民主要的户外活动场所,其布局并非集中统一。在山丘谷地,山地林业资源是村民主要的生活依赖对象。但因山区建设条件相对贫乏,村落生活空间在有限的谷地台地上布局。山丘谷地台地村落的兴衰有赖于山地农产品资源的丰度,在当今退耕还林和保护上游水源地自然生态环境的总体政策前提下,山丘谷地村落部分地失去了原有生存的环境条件。20 世纪 90 年代以来,沿海发达地区的部分高山村落逐渐实施下山脱贫政策而外迁。少数谷地村落,因生活环境与条件尚可,且仍保留了原始村落风貌,旅游资源有一定基础,而得以继续发展,如武义县的郭洞村就是一例。

2. 生活空间之间松散而分离

平原村落居住空间功能单一,邻近居住单元相对独立分布。即使是传统院落式住宅建筑空间,各院落之间的机理分明,与街道空间的沿街商市共享人流环境的紧凑布局有着很大不同。

此外,即使是平原亲水村落,住宅空间为用水方便而沿水布局,其与江南水乡街道空间也有本质的不同。平原村落居民点并非是广大腹地的中心,历史上并无商品集贸于此。因而,虽然其聚居形态特点类似江南水乡城镇的亲水空间布局特征,但却并不存在具有街—河空间场所结构特点,而有其独特的形式。与临河的街市相比,相对独立的空间作业条件,为形成相互分离的居住空间环境创造条件。由于面河街市的缺乏,居住、商店一体并受制于河道空间的住宅建筑类型在平原村落很少找到,住宅建筑大多据其自然条件朝南布置,形成松散相对独立的村落空间。

（二）村庄用地空间形态特征

影响村庄建设用地布局的空间因素包括山丘、河湖水面、平原地貌等地形要素,以及人的经济活动特点等。综观中国村庄发展的历史长河,村庄空间形态的演变经历了漫长的过程,在这一过程中,村庄建设用地布局随着人类活动能力的提高而不断演进,其和山丘、河湖水面、平原地貌环境的关系是适应—改造—再适应……的不断循环渐进的过程。但就村庄空间形态而言,其与自然山水地貌的关系以从属为主,村庄空间形态和总体风貌以显露乡村所在的自然环境为主,这与人工化较强的中国城市或城镇空间形态有着本质的区别。独特的村庄自然环境对村庄总体空间形态的作用是深刻的,村庄总体空间形态因此而千差万别。

1. 山丘谷地独特的地形、谷地环境,造就了与之对应的传统村居聚落形态

在高山丘陵地带,村落依山就势分布在坡地上,形成尺度宜人、相对集中、错落有致的农村聚落,不同的坡度、坡向决定了不同村落形态,如浙江省庆元县的左溪镇左溪村。

（1）相对集中、主次分明

山丘谷地地形条件复杂,经多年的自然选择,村庄聚落大多集中于用地条件相对较好的台地上,台地的大小与形状决定了村落的大小与形态。一般情况下村落相对集中于水陆设施条件好、用地较为宽广的二级台地上,经多年的发展,逐步向次一级台地延伸、扩展,形成主次分明、多类型的村落体系。其中包括一主一次、一主多次和多主多次等相对独立几何状聚居形态。如济南市南部山丘的高而镇镇域的村庄形态规划是较典型的主次结构形式（见图6-7所示）。

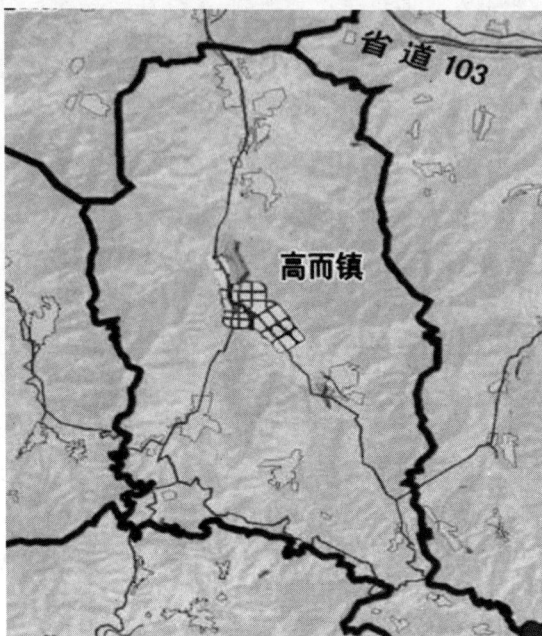

图 6-7 济南市高而镇相对集中主次结构形式

（2）溪径交汇为重点、树枝状路网为骨架，村庄串联景观独特

山丘村落的取水主要依靠山溪涧水，因而村落大多在溪边台地傍水而建，或围涧而就。另外，山间用地条件有限，道路交通设施不完备，山区道路大多为树枝状布局，山丘村落沿树枝状主干道至支路，由低丘向重丘，规模逐渐减小（见图 6-8 所示）。

村落中的山径步道是必不可少的交通设施，石径、石桥、溪流

图 6-8 江西省樟树市阁山镇镇城村庄体系布局

穿插山丘村落,小桥流水人家成为大多数山丘村落独特的景观。再者,在谷地溪口,村落沿溪口台地错落分布,森林茂密,形成山水相间、隐约可见的村落。不同的溪流、谷地地形,形成了不同的村落形态。

2. 在平原地带,村落则相对均质布局,村落场所特征独特

河网水系通常成为村落分布的关键因素。从村落空间分布看,其表现的空间特质也是分明的。

(1) 分散均衡匀质布局

受洪涝、风暴等自然灾害等侵袭影响,人们已习惯按照家族、血统近邻聚居生活。加上几十代人的繁衍生息,平原地区的农村聚落由点至线至面不断伸展。与此同时,受农业生产方式及其耕作半径影响,平原地区乡村居民点布局,由高至低、由内陆至沿海梯度推进,均衡布局(见图 6-9 所示)。

图 6-9　分散均衡匀质布局

（2）线状水系为重点，乡村道路为网络，网状布局

受水运、排水、取水条件和择高而居所要求的基础设施建设问题等影响，早期的村庄居民点大多沿平原水系布局，随着陆路交通的发展，村居点沿主要道路，由靠近河岸向内陆推进，形成网状布局结构（见图6-10所示）。

图6-10 网状布局结构

二、农村地域建设用地导控

乡镇域范围内，农业区划类型具有较大的相似性，农业开发的差别不大，但村庄的地质地貌、发展历史、人文特点和非农产业基础对村庄建设用地形态和用地结构有一定的影响。因此，这一层面的村庄不同点在于：在产业上，体现出非农产业基础及其与农业生产的关系；在用地空间上，表现出不同的村庄用地建设类别与空间组织特征等。

　　村庄的建设用地以居住用地为主。由于农村农业生产总值基本明确,相应满足一定农民收入农业生产劳动力人口可以确定,相应的农民居住用地可以匡算。另外,为了与村庄产业发展、消化农村剩余劳动力的功能类型相对应,发展部分非农设施的建设用地,作为部分村庄建设用地的补充,也十分必要。

　　农村地域涉及的农村社会、经济和环境等一体化趋向较为明显,村庄建设用地相互交融。因而,地域开发的重点是在保障乡村与城镇协调发展的前提下,适时整合社会经济和环境等一体化条件下的相邻村庄的建设用地,对其用地发展方向作深入而明确的研究(见图 6 – 11 所示)。

图 6 – 11　村庄用地发展整合示例(详见彩页图 6 – 11)

　　在村庄建设用地形态整合变革过程中,要尊重现状村落建设用地分布特点,按照中心村作为农村富余劳动力人口"蓄水池"的建设要求,选择若干集中新建设区域,同时对原有村落,按人口分布情况,进行改造梳理与建设控制,最后形成集中开发区划、改造梳理区划和建设控制区划相结合的多类别建设用地区划(见图 6 – 12 所示。)

图 6-12　村庄多类别建设用地区划(详见彩页图 6-12)

（一）集中开发区划

1. 建设布点原则：在条件较好村庄基础上形成，有利村庄集约集聚整合发展，是未来村庄建设和非农产业发展的主空间。

2. 开发规模：建设用地规模与非农产业发展和集中就业、居住人口集聚相对应，按照分村进行细化。

3. 开发方式：根据具体情况，可按城市化改造和小康型农村住宅成片开发。在条件不具备时，也可根据现状对村庄进行整治和改造。

4. 设施建设：按照集中建设区的规模，在下一层次规划时，优先配建各类别、各等级的社会和市政基础设施。

5. 景观与环境：按新农村建设要求，通过建设与改造，形成适合现代村民生活要求的农村景观与环境特征。

（二）改造梳理区划

1. 梳理区布点原则：所在村庄住宅较新，村落对区域性基础设施、城市发展不产生负面影响的村庄。

2. 建设规模：整治改造后，其用地规模不突破现状村落的范围。具体范围结合下层次规划细化。

3. 梳理方式：以小范围的零星用地和局部小规模建设完善为主，对原有的村宅进行适时的整治改造。在不改变使用功能和面积的前提下，统一协调村宅群落。

4. 设施建设：完善原有的基础设施，按服务人口规模逐步提高配套社会公共设施水平。

5. 景观与环境：在适时整治已建住宅风貌的基础上，有重点地进行重点地段的环境、环卫设施建设，以形成整洁的村落环境。

（三）建设控制区域

1. 控制区选点原则：相对规模小、布局分散，对区域性基础设施的发展与布局具有消极影响，且新建配套基础设施、环境设施费用较高，对集聚、集约发展不利的自然村落。

2. 控制建设：该区域在规划期限内，不实施新建、拆建和原地改造等任何建设方式，让村庄规模逐渐自然小于原有的范围。

3. 控制方式：该村所在地村庄新建和改造住宅，逐步在新规划的集中建设区中进行，以建一拆一或留一（传统民宅作为历史建筑）的方式来实现。

4. 设施建设：在划定建设控制该区域，社会设施、市政设施基本上以维持现状为主，不作新建、完善和配套。

5. 景观环境：以维持原有村落风貌和环境条件为主。

相比之下，慈溪市观海卫片区村居点布局结合村庄用地形态，并考虑邻村的相互关系选定，更易指导下一层次的规划。但处理不当的话，会更易导致村庄人口与用地总体扩大的结果。

第七章 村庄规划体系

第一节 村庄总体规划

以行政村范围为地域单元开发的规划,可以按照《中华人民共和国城乡规划法》和相关规划标准的要求,编制村庄总体规划。与乡镇域层面的"村庄总体规划"不同的是,村庄总体规划是以行政村为单位的村规划,其中的村庄人口规模、用地规模、结构和布局都会有明确的论证,量化指标也较为具体。

在农业相对发达、农村规模大、居民点相对较为分散的地区,当乡镇域层面的"村庄总体规划"没有界定乡、村的规划区时,一般需要先编制村庄总体规划,以论证和明确控制、改造、整治的自然村和新建的村庄建设规划范围。作为村庄下一层面改造、整治和建设规划的依据。如浙江省嘉兴市王江泾镇虹阳村是其中的实例(见图 7-1 所示)。

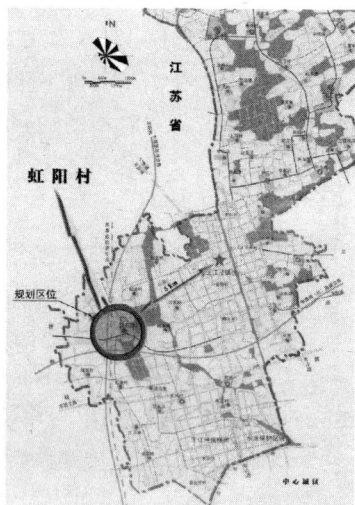

图 7-1 虹阳村区位关系
(详见彩页图 7-1)

一、村庄总体规划编制的必要性

(一)村庄规模大、布局相对分散

1. 人口多、村落布局分散

人口多、村落布局分散是农业社会长期形成的特征。这已不适应现代农业生产、农村居民生活方式和土地开发建设条件。村庄总体规划的首要任务是将分散的农村村落化零为整。因此,编制村庄总体规划的首要问题是解决自然村落多、布局相对分散的现状。

虹阳村村域土地面积为6.35平方公里,全村共有水田面积4094亩,外荡水域面积2260亩,内荡面积204亩。2003年全村工农业总产值达1.6255亿元,村集体收入97万元,农民人均收入5862元。全村由18个村民小组组成,分6个自然村落,各自然村落人口在200人左右。2003年总人口为3220人,总户数为833户,户均人口为3.87人。

表7-1　各村民小组和户数表

村民小组	户数(户)	人口数(人口)	村民小组	户数(户)	人口数(人口)
1	65	265	8	29	108
2	70	247	9	63	241
3	39	141	10	69	255
4	59	204	11	34	133
5	75	279	12	35	148
6	35	126	13	34	134
7	43	165	14	32	133

村民小组	户数(户)	人口数(人口)	村民小组	户数(户)	人口数(人口)
15	71	262	18	19	86
16	52	183			
17	40	140	合计	864	3250

　　现状村落居民点(自然村)形成 25 个相对独立的村居聚落(见图 7-2 所示)。村居聚落(村落、自然村)规模最小的约 19 户(村民小组 18 组),最大的聚落为 75 户(东蒋村、车里村,即村民小组 5 组)。各村落人口与用地规模情况见表 7-2。

图 7-2　虹阳村村落现状(详见彩页图 7-2)

表7-2　各村村民小组人口及建设用地情况表

村落名称	含村民小组	人口规模	村庄居住用地(公顷)	人均居住用地(平方米/人)	村民住房(%)		
					一层	二层	三层
河东、北城庙	1	265人/65户	2.74	103.5	6	94	
杨荡湾	2	247人/70户	5.03	203.7	4	90.3	5.7
陆家浜	3	141人/39户	3.22	228.1	5	93	2
渔业	4	204人/59户					
东蒋、车里	5	279人/75户	5.13	184.0	6.7	93.3	
南村	6	126人/35户	2.90	229.9	5.7	94.3	
北家村	7	165人/43户	2.81	170.3	14	86	
庄西	8	108人/29户	3.17	293.6	17.2	82.8	
高小桥、鸡车湾	9	241人/63户	2.34	97.2	12.7	87.3	
连树夏、沙银港、大木桥	10	255人/69户	3.72	145.9	10	87	3
西墙头北	11	133人/34户	1.23	92.4	20.5	79.5	
西墙头南、范家洋	12	148人/35户	7.62	514.7	22.8	77.2	
南浜	13	134人/34户	2.08	155.4	8.8	91.2	
东港郎	14	133人/32户	1.39	104.4	9.3	90.7	
银家浜、南埭	15	262人/71户	3.19	121.8	15.4	84.6	
荡埭	16	183人/52户	1.09	59.6	15.3	84.7	
北埭	17	140人/40户	0.79	56.6	5	95	
东滩、南滩	18	86人/19户	2.52	293.3	5.2	94.8	
合　计		3220人/833户	50.97	人均169.68			

2. 居民点建设用地规模大

现状全村居民点建设用地面积为 50.97 公顷,占村土地面积的 8.3％,人均建设用地为 158.3 平方米,一般自然村的人均用地在 137～250 平方米之间,其中最大的人均为 514.7 平方米,其建设用地面积为 7.62 公顷。

(二)外向性基础设施布局的影响

村庄内的外向型基础设施不仅为村庄内的居民服务,而且也为周边的村镇居民服务。因此,考虑这类基础设施的布局,不应局限于该村庄的自身特点与条件,而应考虑更大区域层面的城镇、村镇体系的布局特点。区域性基础设施,也即是村庄的外向型基础设施,对村庄的居民点布局影响很大。如嘉兴市虹阳村规划时涉及的区域性基础设施就有公共建筑、一二级公路主干线及水电等市政设施等。

1. 公建设施

虹阳村设小学一所,同时服务于周边村庄。现在校学生为 1400 人,占地面积约为 15347 平方米。在建中的幼儿园位于小学西北处,占地面积约为 2122 平方米。村庄入口处设有一卫生院,同时服务于周边村庄,占地面积约为 4200 平方米。虹阳村农贸市场位于村部南侧,占地面积约为 2262 平方米。虹阳村信用社位于老街东端,占地面积约为 900 平方米。虹阳村大多村落设有简易便利小店,其大多位于村落人流出入口处。虹阳村村部位于小学东,用地面积约为 2872 平方米。公建用地共计面积为 30702 平方米左右(见图 7-3 所示)。

2. 道路与交通设施

乍嘉苏高速公路自南至北穿越虹阳村,建设中的申嘉湖(杭)高速公路东西穿过本村,两条高速公路在本村设互通式立交桥。另外,规划的杭嘉城际铁路、轨道交通由北向南穿越虹阳村。虹阳村内另有一条三级公路,是本村集镇与城镇镇区联系的主要道路,村庄内、村落间的联系主要靠四级或四级以下的简易公路。见图 7-3。

图 7-3　虹阳村建设用地现状(详见彩图 7-3)

3. 市政设施

虹阳村设有一电信大楼,同时服务于周边村庄,位于小学东北,用地面积约为 2300 平方米。虹阳村大多自然村落设置自来水给水系统。全村自来水普及率为 85%,由王江泾自来水厂统一供水。各村落无统一的排水系统,生活废水直接排放至河道。而粪便等生活污水,除禽畜养殖户采用沼气池处理设施处理外,一般均用于农用施肥。虹阳村现在尚无垃圾处理设施和垃圾收集点。

(三)村庄耕耘离不开农业规划

农业是农村的基础,农业生产发展对农村生产、生活有重要的影响。农、林、牧、渔业等不同的生产类型,对农村居民点的布局有很大的制约作用。从长远来看,即使同一种农业类型,如生产作业方式不同,农业技术水平的提高,对农村居民点的布局也将会产生影响。因此,村庄总体规划中,农业区划显得极为重要。

二、村庄总体规划的目标与内容

(一)规划期限和目标

规划期限和目标是村庄总体规划必不可少的内容。在实际规划编制过程中,可以先设定规划要达到的预期目标,再根据实施的可能性,确定相应的规划期限。或者以城镇体系、镇域村镇体系规划等上一层次的规划期限为依据,预测乡村在相应时期的规划目标。规划期限与目标是不可分割的,是实施规划和评价规划操作性的基础。由于村庄总体规划解决的是用地层面的问题,因而在确定规划目标与期限时须要注意:首先以上层次规划有关村庄用地计划指标为依据;其次根据村集体经济水平、村民人均收入和可支配能力,明确村庄建设用地需求与土地整理目标。一般情况下,遵循规划的可操作性和中国相关规划标准,村庄规划期限为 5 年。同时为使村庄建设、改造规划与上一层次规划相协调,可设定远期期限为20 年。

此外,村庄规划目标还必须适应城市化和农村现代化的发展要求,按照城乡统筹发展规划,营造一个既符合当地生产、生活方式,又适应未来变化趋势的农村社区及其环境。

(二)规划内容与原则

1. 规划内容

从用地层面看,村庄总体规划内容包括生产用地与生活居住用地的布局两大类。

生产用地包括工副业生产用地和农业生产用地。村庄生活居住用地包括村庄住宅用地和社会、市政基础设施用地。而社会、市政基础设施用地包括供电、电信、给水、排水、道路交通和环境环卫设施用地等的总体部署。

2. 规划原则

村庄规划的实施主体是村民,村庄规划主要考虑村民的意愿及其文明演进规律。为此村庄规划原则主要有:

(1)以村庄的社会经济现状和发展为导向,调整村落生活与生产空间。

(2)尊重原有特色村落风貌和社区结构,保护村庄原有的自然生态环境风貌。

（3）正确处理非农生产与农业生产空间，以及农业内部各种类型的用地空间关系，为现代农业发展提供空间条件。

（4）坚持规划的可行性，协调规划近远期的关系。

三、村庄发展规模

（一）人口发展规模

虽然在城市规划时，按照统计口径将就业于城市的暂住（农村）人口归为城市人口，在城市化不断推进过程中，这与农村人口将是逐渐减少的思路相符合。然而实际村庄规划时，村庄人口规模通常按照农村户籍人口的口径计算，这是因为中国目前农村宅基地的享受权益（审批）是按照户籍身份为农业户口的这一标准定的，而不是按就业类型和构成确定。也就是说，就业于城市的农民工，仍然在其户籍村所在地，享有批建宅基地的权利（通常为一处）。因而，除户籍外迁的机械增减外，按照自然增长的农村户籍人口规模总是在增加。如嘉兴市虹阳村2003年人口规模为3250人。根据《嘉兴市农村居民点规划》，至规划期末时的2020年推算，人口规模为4300人，年均递增为1.83%，至2008年，全村人口为3500人。

根据嘉兴市农村居民点规划，虹阳村设一个集镇和一个基层村，结合自然村的整治规划，按总人口的75%迁移至集镇和基层村，25%仍留原地从事农业生产计算，即至规划期末，集镇人口为3000人，基层村人口为300人，整治和迁移后，小部分仍留居原自然村的"农庄"居民为1000人。

（二）建设用地发展

建设用地发展应着重对不同类型、不同规模的村落用地进行规划布局，并按照宅基地的面积标准，匡算各居民点的用地规模。如嘉兴市虹阳村，根据王江泾镇国土资源所提供的农民建房面积标准，新建小户可建105平方米，中户可以建140平方米，大户可建170平方米。若按现状住宅户864户计，平均户人口为3.8人，而按140平方米/户算，农村居民点住宅用地为11.7公顷，若按原拆原建

150 平方米/户计,则为 12.5 公顷,考虑公共建筑、宅间小路等因素,按住宅用地占村居民点用地 75% 计,则居民点用地分别按上述情况时的用地为 15.6 公顷和 16.7 公顷,均低于现状村居民点用地。因此,该村庄总体规划中,除新建农村居民用地规划布局外,村庄整治规划也应成为重点内容。

四、村庄总体布局

(一)村庄等级与结构

村庄总体规划的规模等级一般分为两级:即中心村和基层村。就某一个村而言,是否需要设中心村,取决于其服务范围内的人口规模。通常情况下,当村庄服务范围内的常住人口达到 2000 人以上时,就考虑设中心村。如虹阳村的行政区域范围内的居住人口已达 4500 人,再者虹阳村历史上就有为周边村庄服务的功能,所以虹阳村可按中心村规划。

根据村庄建设用地条件的评价和现状村民点规模的分布特征,规划应分别按照近期和远期的目标要求,进行不同等级的结构布局。例如,虹阳村的近期和远期结构布局为:

1. 近期:1 个中心村(集镇),11 个基层村,10 个整治点:即南浜、东港郎等,在近期规划中根据未来基础设施廊道和城镇建设要求,进行整治迁建。

2. 远期:1 个中心村(集镇),2 个基层村,若干整治点:除近期规划的几个整治点外,按照人口的外流和部分农户就地居住要求,将钱家、木桥、踏墩头等,通过新老建筑的整治和协调处理,使之成为农庄型的农户居住社区(其规划见图 7-4 所示)。

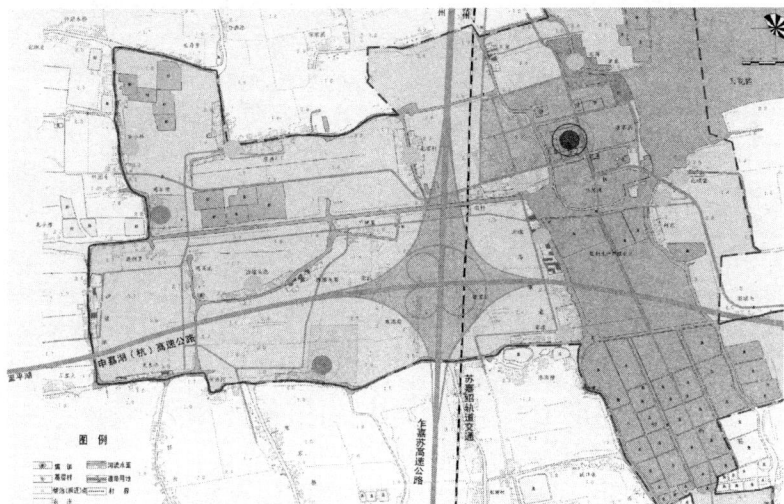

图 7-4　虹阳村村庄体系布局(详见彩页图 7-4)

（二）村庄空间布局

1. 中心村（集镇）：在现状的村部和小学附近，结合商贸等公建设施形成一个相对集中的集镇，作为全村及周边村庄的服务中心。

2. 基层村：对规模相对较大的现状村落，通过村内闲置地、自留地的综合开发和利用，形成相对集中的适应农业和农村生产的村居点。

3. 整治点：通过土地综合利用条件的经济分析，对部分村落规模相对较小，而且不宜发展的村庄，在规划期内以整治和疏解为主。整治点内不再批建各类住宅建筑用地，同时也不强制拆除已有用于居住的住宅建筑，对一些愿意在原地居住的农户的建筑，根据建筑环境情况，分别整治而形成新的村居点（虹阳村村庄用地规划见图 7-5 所示）。

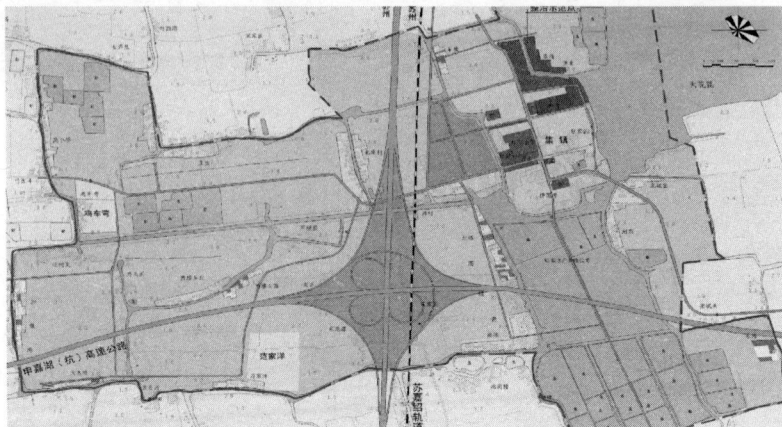

图 7-5　虹阳村村庄用地规划(详见彩页图 7-5)

五、生产用地布局引导

(一)农业生产用地布局引导

村庄的农业生产用地比例较高,不同农业生产类型应与不同的基层村结合,同时避免农业生产用地对村庄居民点的影响。现以虹阳村为例进行说明。

1. 农业生产用地类型

虹阳村农业生产用地,包括水稻种植业用地、家禽畜牧业用地等,现状水田面积为 4094 亩,外荡水域面积 2260 亩,内荡面积 204 亩。另外,虹阳村还有家禽畜牧业的用地,分布于各个自然村。

2. 农业生产用地布局

农业生产用地应与农村居民点建设用地相结合进行布局。大致有如下引导方针:

家禽畜牧业饲养用地。这类用地应远离城镇建设用地、集镇和基层村、规划中的居民点用地,可临近远期规划中的整治点,且与农庄型村落结合布局。

水稻种植业用地。水稻种植业用地在规划中主要集中在虹阳村的西部,结合整治点的农庄型村落和家禽畜牧业用地统一进行布局;在虹阳村其他地域的水田,均作为水稻种植业用地。

（二）工业生产用地布局引导

虹阳村中心村作为农村劳动力转移的"蓄水池",必须有部分工业等非农业生产用地。规划应为此做好前期的引导。如虹阳村纺织工业较为发达,2003 年年底全村已拥有无梭织机 529 台、有梭织机 200 台、倍捻机和剑杆机总近 60 套。现状的工业生产用地大都与农村居民点建设用地结合布局,而较为集中的工业生产用地位于集镇西侧,占地面积约为 5.78 公顷。

据此在规划中,应控制并逐步缩小分散于非集镇地域的村庄工业生产用地,在中心村（集镇）原工业生产用地基础上,适当向北拓展,扩大工业用地规模。这样既满足未来工业发展需要,又有利于相对集中紧凑开发。

六、基础设施布局引导

（一）工程规划布局

诸如给水与排水规划、电力、电信系统及道路交通等,一般在村镇体系层面解决。因而,村庄规划中的市政设施规划主要以落实、深化上层次规划的内容为主。

（二）环境与环卫规划

1. 环境保护规划

村庄的环保规划,主要是对污染源进行有效控制,以维持原有的自然生态环境。就目前与今后一个时期看,主要的污染源有:农用农药、化肥污染源、禽畜粪便污染、村民生活污水和垃圾固体污染。规划应通过合理布局和引导,使原有的自然生态污染减至最少。

（1）农用农药化肥污染。苗圃基地生产和林木业是效益高、使用农药化肥少的效益农业,有条件村庄可以作进一步发展,并通过与中心村、基层村等固定村落结合,减少对农业资源的污染及其对居住生活环境的影响。另外,应在全村全面推行农产品生产中控制农药化肥使用量的措施。

(2)禽畜粪便污染。规划的禽畜养殖基地与整治点(即农庄型村落)结合相布局,以减少禽畜粪便对中心村、基层村的污染影响。同时,在禽畜养殖基地中规划配套的沼气池,一方面能保证能源循环使用;另一方面使禽畜粪便这类次生物作为农用肥料,直接用于施肥。

(3)村民生活、工业污水与固体废弃物。中心村、基层村居民的生活污水、生产污水排除和处理,应与城镇统一规划相一致。各个分散布置的整治点(农庄型村落)区域,应通过人口疏散,让其发展规模得到有效控制。其中,生活废水可在自然水体的自净能力范围内直接排放在自然水体中;而粪便等生活污水,一方面通过化粪池进行处理排放,另一方面与农用肥料结合,直接用于施肥,从而减少化肥的使用量。

2. 环卫规划

(1)环卫人员与设备。根据规划期末的村庄人口规模,虹阳村将配备3~4个环卫工作人员,环卫车辆由城镇(即王江泾镇)统一规划。

(2)公共厕所、化粪池。集镇设2~3座公共厕所,基层村设1~2座公共厕所,每个公共厕所均设化粪池。在集镇、基层村没有实行管道化排放之前,每家每户的粪便可经公共厕所收集,经化粪池、沼气池处理,其污混残渣物应通过吸污车定期收集至指定的地点。

(3)垃圾箱、垃圾中转站。集镇、基层村设小型垃圾转运站,用地面积为200平方米;每一农户设一垃圾箱;集镇、基层村、整治点中每30户设垃圾筒,便于袋装化收集。

(4)垃圾处理、污水处理。全村的污水、垃圾收集和处理纳入城镇(王江泾镇)统一规划。

七、村庄整治规划

除规划的中心村、基层村外,对目前的自然村均要进行整治,称为整治点,整治后成为仅为现代农业生产需要提供服务的农庄型村落。具体整治规划可参见《虹阳村自然村近期整治规划一览表》,这里不再说明。

（一）全村整治示范点

在行政村内选择某一自然村,先行进行整治,为推进其他自然村的整治作示范。在虹阳村总体规划中,以东蒋自然村为典型,进行示范规划。东蒋自然村的具体整治内容如下:

1. 房屋整理:清理违章建筑,拆除简易杂屋,修整院落,增加通户道路,整治建筑立面。

2. 卫生改善:清除卫生死角,增设垃圾收集点,落实屋前屋后绿化。

3. 河道整治:清淤疏浚,河面打捞,整修河岸,修缮河埠。

4. 路面硬化:居民点内,道路维修、加宽;增设水泥路,宽度2米以上。

5. 绿化工程:沿河建设3～8米左右绿化带,道路两侧植行道树。

6. 公共事业:建设图书活动室,适量布置商业点,增设小游园,配备健身设备。

7. 推广新能源:逐步建设沼气系统,积极促进太阳能利用。

（二）自然村整治规划引导

在明确整治村落的基础上,依据不同类型的自然村村庄的特点,分别提出整治原因、整治内容和整治目标等。

1. 整治原因

村庄整治的原因主要为有关生态廊道、控制区等的导控需要而必须进行整治提升。其廊道和区域有:自然生态保护区、保护廊道、风景旅游区、区域环境保护设施建设控制区;轨道交通、航道沿线廊道控制、高速公路沿线和互通口的留地控制区;城市、城镇重大基础设施建设需要控制的地域范围;矿藏等自然资区源保护区等。

2. 整治内容

疏解、外迁农村居民点,完善卫生设施,改善道路与交通环境,进行河道设施的治理,整治建筑立面、优化建筑空间环境等。

3. 整治目标

通过整治,使农村居民点成为完整的基层村,对于不具备发展条件而又无法拆迁的自然村落,可以保留现状村庄住宅,作为从事农业生产就业农民的聚居场所,即为农庄村落。

第二节　村庄建设用地开发与控制规划

中国的村庄建设用地发展速度和规模大大高于城市,如 1978—2008 年,农村建设用地由 4.67 万平方公里增加到 16.4 万平方公里,而城市建设用地由 1.73 万平方公里增加到 5.1 万平方公里,农村住宅建设用地是城市的 3 倍多。因此,在满足农村建设发展需求的前提下,切实有效地控制村庄建设用地规模是十分必要的。

一、开发与控制规划的目的与条件

(一)开发与控制规划目的

村庄建设用地开发与控制规划是基于村庄长远发展的不确定性和部分村庄用地进入土地一级市场的可能性,从而对包括村民在内的不同业主建设项目的建设要求,进行必要的引导与控制,使村庄建设按规划逐步推进。村庄建设用地控制规划是在上一层次规划的村规划区内,划分不同类别的建设用地范围,并按照村庄集中开发规划区、改造梳理规划区(改造规划区和整治规划区)和建设控制规划区等进行规划引导,同时对相应的设施进行配套。村庄建设用地控制规划可按控制性详细规划编制。

(二)开发与控制规划条件与模式

就某一村庄而言,村落分布现状、规模大小、村庄生态环境、村庄发展政策、村庄经济水平和土地价格等,都会对村庄的建设用地范围、规模、用地结构比例、用地形态等产生影响。其中村落分布、规模决定着村落集中开发区和改造区的用地比例;生态环境决定村庄建设用地发展模式;地方政府对农村的发展政策影响着农村新建耕地指标的落实,从而影响农村建设规模;村庄经济水平影响农村的整治和改造能力;而土地价格对村庄的改造和开发强度有直接的影响。

村庄建设用地开发与控制规划的研究重点是建设用地规模与范围的研究,而建设用地规模的调整,取决于村庄建设用地现状的规模及其改造条件。当现状村庄能全盘成片改造时,规划的建设用地规模就可以在利用现状的基础上大大缩减。成都发展模式中的村庄改造即是其典型案例。但是,成片改造方式的经济条件要求高,具备这种改造方式的村庄并不多。因此,具有不同条件的村庄,宜采取不同的改造方式,进而直接影响村庄建设规模与范围的确定。

控制性详细规划层面的建设与改造规划,主要应在分析村庄开发与改造条件的基础上,先明确村庄开发与改造规划用地面积与范围,然后制订开发与改造规划,以及引导和控制内容。现以温州市郭溪镇梅园村为例加以说明。

1. 开发与控制条件分析

村庄开发建设与改造大多基于村庄的客观现状:建筑密度低、容积率小、人口密度低、建筑风貌不一、建筑质量低下、与生态环境不协调等。而社会经济和技术水平的高低是村庄改造的主观能动条件。

梅园村位于温州市区南郊郭溪镇内,村界内地形地貌以盆地和山丘为主,内有小溪,村内住宅多集中于山脚下(梅园村区位关系见图 7-6)。常住人口 3428 人,按每户 3.2 人计算,共有 1072户,其中外来打工人口 1542 人,占总人口的 44.98%,村内劳动力人口 1781 人,其中从事第一产业人口 370 人,从事第二产业人口

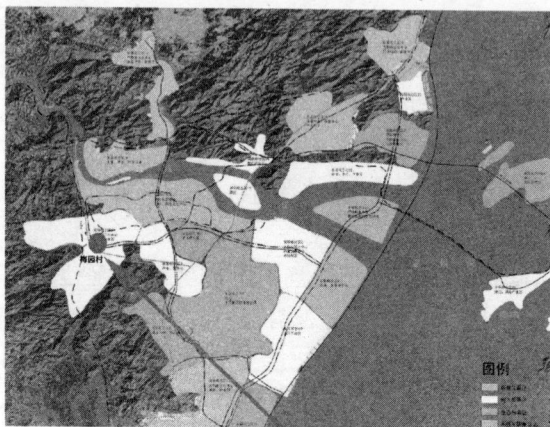

图7-6　梅园村区位关系(详见彩页图7-6)

814人,从事第三产业人口597人。从事农业生产的劳动力仅占劳动力总数的20.77%,可见农民非农化比例较大。从现状看,它具有如下特点:

(1)原有村庄建筑密度低,容积率不高。目前,梅园村建筑密度在0.5~0.74之间。这不仅减小了原有村庄改造的难度和拆迁安置的成本,而且也可通过房地产开发来实现村庄改造资金平衡。

(2)原有村庄住宅建筑质量参差不齐,建筑环境凌乱,风貌不一。梅园村现有住宅建筑类型有院落式、顶立式、联户式等;从住宅建筑空间看,有混合式、自由式等;建筑风貌没有特色,建筑环境凌乱无序。这些是梅园村建设改造的客观条件。

(3)自然环境优美,生态条件良好。梅园村临水傍山,景观资源丰富,在严格控制工业污染、改善交通及配套设施条件的前提下,该村将拥有良好的生态环境、景观条件和较为完善的现代化生活服务设施,居住和生活氛围浓厚,同时也可吸引休闲产业和项目的进驻。这也有利于推动村庄改造工作的进行。

(4)经济条件较好,非农化水平较高。郭溪镇人均 GDP 已达

3000 多美元(2004 年),梅园村位于全镇各村的中上水平。根据三次产业人口比重计算,非农化水平已达 89.2%,大部分村民已从农业中脱离出来。随着城镇化水平的提高,村民将像普通市民一样,会有更多的时间和财力参与公共活动,对居住环境质量也会有新的要求。这将会大大推动梅园村的住宅改造。

2. 开发与控制模式

根据规划开发改造条件分析,规划可以采取按搬迁新建、原地改造、整治等三种方式进行改造。结合梅园村的特点,现对以下几种改造模式进行比较。

(1)模式一:由开发商来运作,统一改造,拆迁户的住宅建筑原地安置。

本改造模式广泛运用于经济发达的村庄或城中村,其前提是:① 改造后的容积率大于改造前容积率,这是控制开发成本的最低要求。② 在改造后容积率既定的情况下,改造后的住宅建筑商品房价格不能低于某一价格。

针对梅园特点,取平均容积率 0.65,可按下式说明:

$$(X - 0.65) \times P \times (J + L) \geqslant 0$$

式中:X——改造后的容积率;

P——开发改造后的商品房价格;

J——土地出让金,建筑安装成本配套费;

L——资金利息、税费、开发利润等。

则有:

$$X \geqslant \frac{3300}{P} \times 0.65$$

由于梅园村大部分住宅依山而建,建筑限高是主要的限定因素,它直接影响容积率。改造前三层以下的住宅体型基本上与自然山体不相冲突,并已构成梅园村的特色。规划规定住宅建筑限高为三层以下,则可能达到的容积率为 1.2,结合当地实际,J,L 分别按照 2004 年取 1500 元/m² 和 1800 元/m²,相应的商品房价格 $P \geqslant 6000$ 元/m²。

根据温州市 2004 年商品房价格,在城市建成区的边缘地带,其价格在 4000～4500 元/m² 之间,而上式计算结果已远远超出建成区边缘的商品房价格,况且梅园村在 20 年内成为温州市建成区边缘的可能性不大。

(2)模式二:由开发商运作,统一改造,拆迁户异地安置。其以货币形式补偿

$$X \times P - (J + L) \geqslant 0.65 \times Y$$

式中:Y 表示补偿价。

结合梅园村 2004 年的实际,平均补偿价取 2000 元/m²,其余与上式同,计算结果 $P \geqslant 3800$ 元/m²。

模式二相对模式一来说较可行,另外模式二涉及宅基地的权属问题,相关的土地政策有待落实,否则宅基地补偿金要计入土地出让金中,这样要求商品房价格大为提高。

(3)模式三:由开发商运作,统一改造

用地上改一平方米补 X_0 平方米,以降低改造前容积率,使商品房价格降到现实可以接受范围(取 2500 元/m²),即:

$$2500 \times (1.2 - X_0) - (J + L) \geqslant 0$$

式中 X_0 是通过用地改一平方米补 X_0 平方米的办法,以降低改造前容积率,其余与上式同,则

$$X_0 \leqslant -0.12$$

这说明在商品房价格为 2500 元/m² 的条件下,以任何方法降低容积率都无法实现,即使当 $X_0 = 0$ 时(也就是开发新住宅区),商品房价格也得在 2750 元/m² 以上。

(4)模式四:由政府统一规划设计,住户自主改造——有机更新完善

模式一至三表明,虽然梅园村的经济水平较高,但实现成片改造与拆迁补偿的目标,不仅其资金投入大,而且建设成本已起过该

村所有地段的商品住宅价格,市场化改造难以实现。因而,靠有机更新改造较为现实。而靠城市、企业等外来经济实体推动全盘成片改造农村并没有必要,其原因主要在于:

首先,由于村落建筑质量多种多样,农村住户经济条件千差万别,与城院居民相比,农民从近期至远期都存有不同程度的住房改善与消费需求升级的愿望,农村住宅改造不可能一步到位。其次,目前政府投入有限,靠开发商改造又无市场可言,即使人均 GDP 大于 3000 美元的梅园村也是如此。因此,靠农村居民自主参与住宅改造性在所难免最后,村民自主更新改造农村住宅成本较低,并且能够保持农村地域地方习俗和传统社区环境,较为可行。而政府管理部门可通过各种管理手段,以避免自发建设带来的负面影响。

3. 开发与控制原则

按照有机更新完善模式,要遵循以下的开发与控制原则:

(1)整体协调的原则。村落在实行改造前要进行统一规划,确定改造的整体目标,包括制定建筑群体、环境风貌规定。使得改造后的村落在整体上保持一致,避免局部与全局、单体与群体、人工与自然环境的不协调。

(2)循序渐进的原则。有机更新改造是个长期的渐进的过程。一个村落的改造会需要三五年,甚至十几年才能完成。因此,在改造过程中要遵循经济规律有序推进,保持改造村落的原有肌理和文化品位。

(3)遵循村民意愿的原则。在整体规划的指导下,村民可按自己的居住意向,在既定的政策框架下选择自己的改造方式,包括原拆原建、拆扩建和异地拆建等。规划部门可对不同的改造方式按规划提出不同的具体要求。

(4)开发与改造相结合的原则。原有村落住宅是千百年来经自然选择形成的,具有较强的适居性,工程地质、防洪排涝等条件也较好。随着城市化步伐的加快和村居人口的减少,原有疏解后的村落及邻近用地,经整理后可作为景观低层房产开发,增加村民的经济收入,从而可增强村民进一步自主改造的能力。

二、开发与控制规划用地界定

村庄建设用地扩大源于经济水平提高和户均人口小型化,这使人均建设用地面积增加。现以浙江常山县芳村镇洁湖中心村为例进行研究(洁湖中心村区位关系见图7-7所示)。

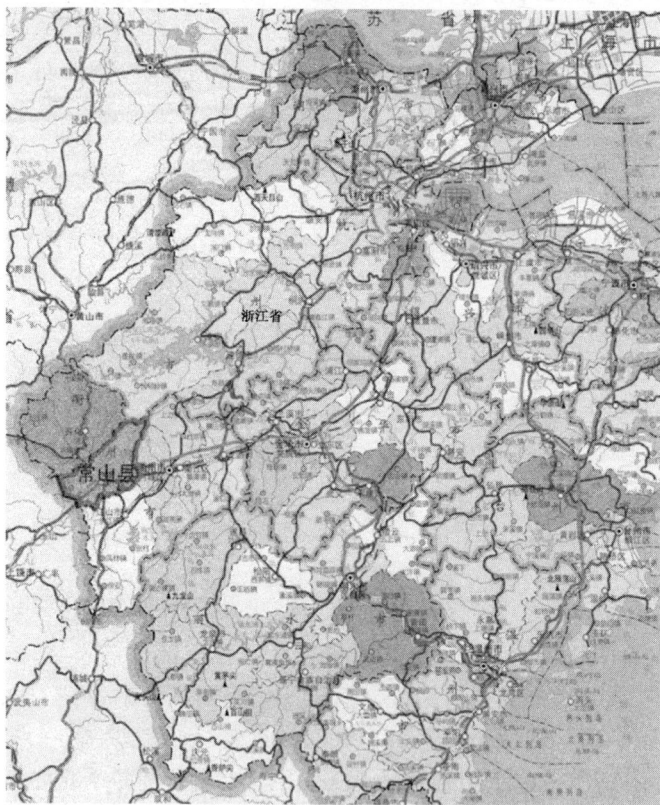

图 7-7　洁湖中心村区位关系

（一）人均建设用地分析

洁湖中心村现总用地 11.28 公顷,人均占地为 88.9 m^2/人,是属《村镇规划标准》人均建设用地指标分级的第三级(80~100 m^2/人)水平。根据国家和省有关标准,规划的人均用地可按二、三、四级确定,即指标幅度为 60~120 m^2/人之间。为更准确地确定人均用地指标,从长远看,有必要对洁湖中心村的人均用地变化作一个较为详细的分析。

1. 户型小型化,会使人均建设用地有进一步增加。近几年洁湖中心村在未新增规划用地的情况下,村民建房仅靠原地拆迁、拆扩建及少量农村自留地新建住宅获得。随着户型小型化及户数增加，即使在不增加人口的情况下，建设用地也在不断增加。如根据小型户(1~3人)85 m² 宅基地指标(独生子女3口之家按4人/户计，则是中户型为100 m² 左右)，为满足正常的通风采光要求，低层住宅建筑密度按40％推算，其人均住宅用地应为70.8平方米/人(按3人计)，若考虑道路和公共设施用地等(占总用地的25％)，则人均建设总用地将达95平方米/人，高于现状的88.9平方米/人。这表明洁湖中心村现状用地面积已不能满足其自身户型小型化的要求。

2. 住宅拆老建新，促使人均建设用地增加。现状洁湖中心村总建筑面积为3.9万平方米，按其现有人口1271人、户数423户计，则人均和户均建筑面积分别为30.7平方米/人、92.2平方米/户。据现状尚存的所有建筑243栋计，则平均每栋建筑面积为160.5平方米。另外，洁湖中心村住宅建筑共243栋，按总户数423户计，平均每栋1.7户，若按此推算，则每户建筑面积仅为94.4平方米。与现行标准比较，即使按小户85平方米宅基地面积推算，若层数按2.5层计，则每户建成的建筑面积至少应在212.5平方米以上。因而，随着村民生活水平的提高和村庄整治改造的不断深入，村庄建设用地扩大是显而易见的。若在容积率不变的情况下，即使人口不增不减，洁湖中心村拆扩建所需的用地也要比原村庄建设用地扩大1倍以上，即应为原来的2.25倍。若不考虑用地扩大，则即使在原人口不变的情况下，旧村改造后的容积率应提高1倍以上。现状洁湖中心村容积率为0.35，规划若全盘改造后，容积率应提高到0.7(洁湖中心村用地现状见图7-8所示)。

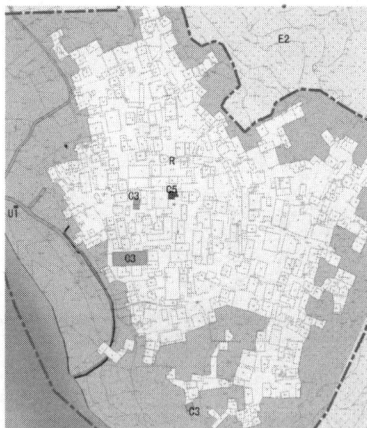

图7-8 洁湖中心村用地现状
(详见彩页图7-8)

通过上述分析,可以认为,规划的人均建设用地指标将大于现状水平,根据现建设用地人均水平分级状况,规划确定人均建设用地仍按三级确定,但其值应偏上限,则在 90～100 平方米/人之间,具体应根据建筑布局和住宅安置的数量来确定满足程度。

(二)村庄建设用地规模与范围

1. 建设用地规模

村庄建设用地规模分两部分确定,即旧村庄改造用地和新增村庄开发建设用地。其中的新增村庄开发建设用地可按两个方案来确定。

(1)方案一:根据旧村庄改造可能性和改造部分相应的容积率,计算外溢人口,推算新增村庄建设用地。

旧村庄改造用地:旧村庄改造用地共计 11.28 公顷,根据现状建筑质量评价和改造可能,初步确定将改造用地的容积率由现状的 0.35 提高到 0.7,计划全部改造完毕为 15 年,共拆 48 幢,改造新建 35 幢,分别占现状用地的 19.8%和 14.4%。则相应容纳和外溢人口分别为 200 人和 47 人(247—200 人)。如规划期按 5 年计,则分别为 67 人和 16 人,则尚有 16 人的外溢用地需在新村庄用地规划中落实。

新村庄开发建设用地:新村庄的开发建设用地,一方面要考虑邻近自然村人口并入发展需要,另一方面要考虑洁湖中心村旧村人口外溢后需落实的需要。此外,为加速旧村改造,需要将部分用地用来置换调整旧村改造时的"过渡"之用,即考虑中远期的 15 年内,外溢人口共计 32 人约 10 户及异地新过渡需要拆迁建的,根据新村庄建设用地大中小户型比例分别为 20%、60%和 20%的要求。新村庄建设用地人均可按中户宅基地面积(4～5 人/户,100 平方米/户)除以低层住宅建筑密度(40%)和住宅用地占总用地的比率(约 70%)来计算,则有

$$新村庄人均建设用地=\frac{100/(40\%\times70\%)}{4\sim5(人)}=(89.3\sim71.4)平方米/人$$

规划取中间值,则为 80 平方米/人(若独生子女按 4 人/户计,则

3 人按 100 平方米报批时,其人均用地指标将会超过 100 平方米/人)。

根据新增村庄人口规模 292 人(1563 减去 1271 人),确定新增村庄开发建设用地面积为 2.4 公顷。

(2)方案二:确定旧村庄改造的容积率要求和相应的人均用地指标,根据人口规模确定不足部分为新增村庄建设用地。

规划提高改造力度,加强村宅基地和自留地的调剂力度,人均建设用地由现状的 88.9 平方米/人,降至 80 平方米/人(全村统一改造),改造范围为 11.28 公顷内所涉及的二、三类住宅建筑。以此推算村庄建设总用地为 12.45 公顷,其中旧村庄建设用地为 11.28 公顷,新增加村庄建设用地为 1.2 公顷。

综合分析以上两个方案,考虑到村庄规划在期限 5 年内,对二、三类建筑的拆迁力度过大,操作性不强。因而,确定本规划新增村庄建设用地按方案一来实施,新增村庄用地 4 公顷左右确定。规划远期(5 年后)旧村改造按方案二来实施,则现状部分二、三类建筑在规划期内进行保留,而在远期(5 年后)进行逐步拆建还绿。最终得出规划建设区分为新建、改造和整治三部分。

2. 建设用地范围

村庄建设用地选择时,要充分考虑原有自然村与新村开发建设区的关系,尽可能形成相对集中的村落。如梅园村,根据规划期内改造模式和远期远景改造模式演变的可能性,确定改造范围的用地包括原村落宅基地及其附近的空地,两者的比值根据模式三的可能性,按照改造时本区位商品房价格、开发成本及剩余改造地段的面积来确定补足的空地面积。现按 1:1 计,则以 2004 年的开发成本和利润按 3000 元/平方米商品价格计,并按开发 100 万平方米改造 20 万平方米的宅基地面积计算,以此来确定村庄详细规划的范围。

三、开发与控制用地空间结构和布局

(一)用地空间结构

开发与控制用地在空间上不仅要考虑村庄原有的空间形态,而

且要考虑周边村庄和空间环境对本村庄的影响。现以浙江省常山县洁湖中心村为例说明。

洁湖中心村是芳村镇两大中心村之一,其发展对芳村镇域西南各村具有一定的影响力。根据洁湖村村居用地布局现状,洁湖村集中开发的用地范围除考虑本身的构成特点外,还要考虑九里岗自然村布局的影响。

从洁湖中心村建设区和九里岗等自然村的空间关系看,其应该是一溪两区的关系。一溪即为芳村溪洁湖段,两区即为九里岗和洁湖两区块,其中新建村庄建设用地位于溪的东边,其用地条件好,全村服务中心应位于其内(洁湖中心村与九里岗自然村的关系见图7-9所示)。

图7-9　洁湖中心村与九里岗自然村的关系(详见彩页图7-9)

(二)布局构思

1. 空间组织一体

将原有分散的旧村村落有机地组织起来,成为空间统一体。如,洁湖村建设区现状住宅用地基本上位于芳村溪东部的次高台地上,其与芳村溪之间的用地虽然竖向标高较低,但位于整个中心村的中间,有利于将九里岗与洁湖两区块用地组织于一体(见图7-10所示)。

图7-10　用地布局构思图(详见彩页图7-10)

2. 设施提升补缺

在新建设区内,布置一些适应未来农村居民生活需求发展的公共设施。如在洁湖村中,新建设区布局的设施内容包括新建村庄住宅区和村委会、幼托等主要公共设施用地(见图 7 - 11 所示)。

3. 疏解置换旧村落人口与用地

在新建设区内,通过布局部分新住宅,疏解洁湖区块旧村人口,同时为远期置换洁湖区块旧村落住宅用地的主空间留出余地。这是总体实现"拆宅还绿",保证长远村庄住宅用地动态平衡的重要途径。

图 7 - 11　用地布局规划图
(详见彩页图 7 - 11)

4. 保持旧村落原始建筑风貌特色

旧村落以住宅建筑用地为主,以保留、原地拆(扩)建、控制改造(控制发展)和少量拆建为主。具体在规划设计时,可作适当的量化控制。如洁湖村,保留和整治建筑约为 160 幢,新建和拆扩建为 35 幢,拆除建筑为 48 幢。在规划期内分别完成新建和拆扩建建筑拆除总量的 30% 左右,即分别为 12 幢和 16 幢(见图 7 - 12 所示)。

图 7 - 12　村落特色空间规划图
(详见彩页图 7 - 12)

5. 尊重原有村落肌理,继承与发展村落空间特色

规划期内洁湖中心村建设区分 4 个住宅组团布局(远期为 5 个组团),即分别为东北组团、西北组团、西南组团和东南组团。其中,公共设施分别位于区西北组团和区西南组团的溪口桥梁附近,每个住宅组团内除公共建筑和绿地外,由若干住宅院落空间组成(见图7-13 所示)。

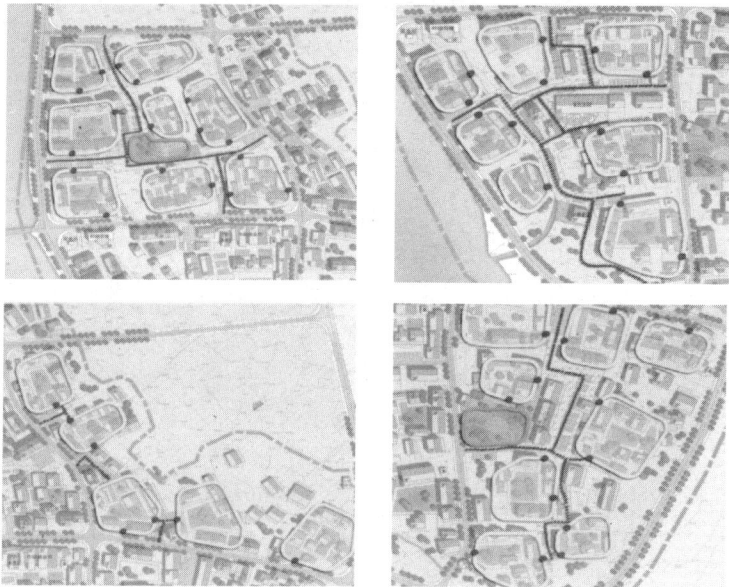

图 7-13 村落空间单元组织图(详见彩页图 7-13)

四、开发与改造规划控制

(一)开发与改造指标控制

1. 开发与改造计划

村落开发建设与改造过程中,要有步骤、分阶段地进行。但是因村庄建设规划期限短,分阶段不宜太多。如梅园村,改造时序分两阶段,即有机更新改造阶段和成片开发改造阶段。规划 3～5 年内以有机更新为主,而规划 5～10 年后,可考虑旧区改造和新区开

发相结合的成片开发改造。

2. 住宅、土地置换

旧村址除农业人口外(以务农为主),随着非农产业向镇区集聚,其余非农人口尽可能引导其向城镇镇区集中,对于愿意留在旧村址居住的非农人口也遵照相对集中的原则。在规划用地范围内逐步进行住宅置换和土地置换。外迁的村民新宅置换给旧宅村民或外来人口。置换出的旧宅尽可能相对集中,从而为远期成片改造创造条件。

3. 规划控制指标与建筑引导

有机更新改造的规划控制内容包括:建筑单体定位、建筑风格、建筑材料、建筑体型和高度;建筑群组合、主要色彩及其比重、建筑朝向、建筑外部空间尺度、建筑环境和景观控制;建筑组群规模、规划结构、规划人口和就业特点、道路交通设施及其他市政设施的规模和位置等。

成片开发改造规划的内容包括:总体规划、规划的范围、用地性质、用地规模和结构层次、容积率、建筑密度、绿地率、人口就业、交通设施、市政设施规模、建筑高度和面宽控制以及建筑风格和色彩等。

(二) 村庄住宅空间与院落规划引导

1. 人口、就业与住宅类型

根据不同的人口构成和就业特点,应提供多种不同房型。非农人口原则上以公寓式为主,考虑到现行土地政策,就地改造的住户可以是一户一宅基地的院落式住宅。在非旧村落及附近异地拆建适当的可按公寓式建,但为引导村民向镇区或市区集聚,其建筑面积可放宽(见下文),对于自然环境优美,山丘多变而环境宜人的旧村落,在住宅类型与空间规划时,还应考虑建筑与环境的空间尺度关系,如梅园村的旧村址附近,在规划引导时,就考虑不允许建造 3户或 6 开间以上的联立式多层住宅。

2. 住宅面积、院落规模和空间配置

(1) 住宅面积。就地改造的住户住宅基底面积原则上不超出现状旧宅基底面积,同时还不应超出现行政策规定的宅基地面积。住宅层数在不影响周边住户的前提下,可按原有住宅确定,同时不超过 3

层;异地改造的住宅建筑面积按政策规定一户一宅基地的面积乘以规划容许的容积率计,如原容积率为 0.65 时,可按规划 1.2 计,超出部分的公寓式住宅建筑面积其支配权应还给村民(无论是出租还是买卖)。

(2)空间院落肌理。根据原有村庄院落空间——半私密空间的分布特点,规划可以以 3～5 户为基层单元组成住宅群的最小规模的组织方式,由若干的基层单元组成自然村落,再由自然村落组成行政村(或村组团)(见图 7-14 所示)。

图 7-14　村落空间现状(详见彩页图 7-14)

第三节　农村地域建筑空间规划研究

农村地域建筑空间规划是对农村地域近期急需新建、改造、整治的地块进行的修建性设计。村庄建设与改造是通过政府帮扶、农民自主参与相结合的方式进行。鉴于中国农村人口多、地域辽阔,乡镇政府和农村财力有限,农村近期实施的建设与改造宜结合城市化推进规律,以低成本、低资源、低消耗的形式,改善农村人居环境。此外,对规划近期村庄建设资金进行估算,针对不同的村庄经济状况,提出分期实施计划。

一、农村住宅与空间结构

伴随国家对农村经济政策的变革,农业、农村经济的发展和劳动力的就业转移,乡村社会各方面也在不断的演变中,其中的乡村建设最为深刻、直观。

(一)农村住宅类型

农村住宅建设演变缘于农民经济收入的提高和对居住条件改善的内在要求。不同地区农村经济发展特点和同一地区农村在不同的经济发展阶段,有着不同的农村住宅建设特点,这可以从各地农村尚存的各类住宅建筑类型分析中得出(见图7-15所示)。相对来说,发达地区和中心城市周边的农村地域,经济发展起步较早,改革开放后,村庄住宅建设的改造起步也较早,新旧住宅类型多。相

图7-15　院落式住宅外观一

对落后地区,村庄建设进展得较慢,住宅类型相对单一。当然,就某一地区来说,农村地域住宅建设还与该地区的政府对农村住宅建设政策和管理体制有关。不同时期的住宅类型特点,也可以从侧面反映不同时期政府对农村建设的有关政策和方针,进而可以从中解析各地区社会主义新农村建设的不同历史背景。例如,浙江省普遍存在的住宅宅基地报批政策中,按照每户人口数规定的大、中、小户型不同的宅基地标准:5～6人大户型,容许建设的宅基地面积为120平方米,4～5人中户型(有些地市独生子女按4人计),容许建设的宅基地面积为100平方米,而3人以下的小户型,容许建设的宅基地面积为80平方米。部分地市还对不同户型的住宅平面图进行了相应的设计,以供农户建设时选择。

发达地区经济起步早,经济发展延续时间长,农村住宅建设演变经历的过程较为复杂,尤其是市场经济发展较早和个私经济发达的地区,如温州市等,其农村住宅建设表征的内容更为丰富,其历史演变过程有一定的代表性。现以温州为例分析农村住宅类型与建设历史演变过程。

根据对温州市瓯海区城郊部分村庄农民住宅的调查与分析,按照大致的住宅建设年代进行划分,农村住宅主要经历了院落式、顶立式、联立式和公寓式的演变过程。

1. 早期的院落式住宅

与中国北方四合院、南方三合院,以及安徽等其他地区单进、多进等不同地方传统院落式住宅类似,温州地区农村尚存的20世纪50年代以前建造的住宅多为低矮的老式农村住宅建筑。这种住宅曾以家族为单元特征,以独院为主(如图7-16和图7-17所示),有

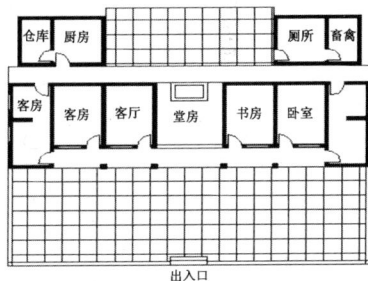

图7-16 院落式住宅平面图

255

Ⅰ型、U型、L型等，布置灵活，占地面积大。少数保留下来的代表性院落式住宅为穿斗式木构架，以提高横向抗风的刚性。檩檐之上苇箔望板直接铺瓦，结构灵活，用料轻巧，围护材料多为木材和砖石，其中木材为框架结构，砖石为分隔、保温、隔热材料；屋脊檐脚的起翘、瓦当滴水以及大门都有精细的装饰；建筑平面由厅堂、卧室及厨房等组成，院内有厕所及猪圈，如图7-16所示的为七开间二层独院式住宅。这些院落一般均作某大户人家的住宅，后经子孙继承，成为几家聚居的院宅。现今都缺少维护，院落环境差，建筑破旧不堪，只能隐约看到装饰上雕刻的图案。但可以认为，这种传统住宅类型和风格体现了该地区农村建筑的传统风貌。

图7-17　院落式住宅外观图

2. 单户顶立式住宅

在城市的郊区或城镇附近的农村，部分"兼业"户农民较先"致富"而翻建或在自留地上建设单幢住宅，即是单户顶立式住宅。20世纪60、70年代大量村民自建楼拔地而起（如图7-18所示），以独户建筑为主。这些楼群的建筑大多数是在原有旧宅的基础上翻建或在住宅附近扩建，建筑基底受原有旧宅基底面积及周边环境影响较大,建筑密集,其密度基本在 60% 左右,建筑物的间距大多在 4 米左右,周边缺少绿化用地和公共设施用地。在建筑风格上,单个建筑物在外观上都呈基底面积为 60～120 平方米的两层的低矮小楼。这一时期,农村住宅建设基本上没有离开原有的宅基地,零星建设住宅的选址一方面考虑实用,另一方面以不外露为原则,以单幢独户原拆原建为主。

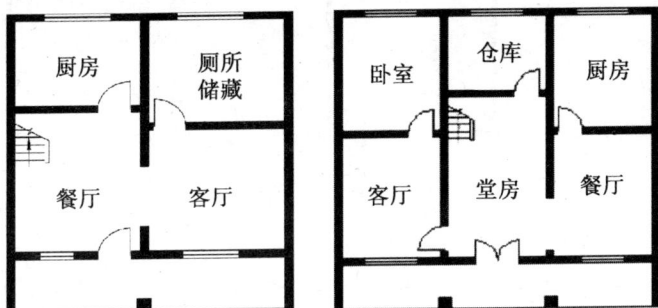

图 7-18 顶立式住宅平面图

3. 成幢多户联立式住宅

多户联立式住宅建设的条件:一是大多数农民有建设新住宅的能力与愿望;二要有统一的规划或计划;三是具备可以集体调剂的土地。20 世纪 80、90 年代,多户顶立式住宅拼接在一起组成了联立式住宅(如图 7-19 所示)。这种组合方式减少了每户的占地面积,每排住宅间距大多在 7 米左右,在建筑风格上与顶立式住宅类似。由于经济水平提高和规划管理的加强,大多数跳出了原有的旧宅模式,层数增加到 3～4 层,进深增加到 9～10 米,每个单元基底面积为 80～150 平方米。20 世纪 90 年代中期,层数多为 5 层,进深为 11～13 米。联立式住宅建筑风格比顶立式住宅更具有整体性,但多数联立式住宅造型简单,设计水平较低。这一时期,宅基地以审批为主,由多户成幢联建的农村住宅建设占用了农村大量的用地。

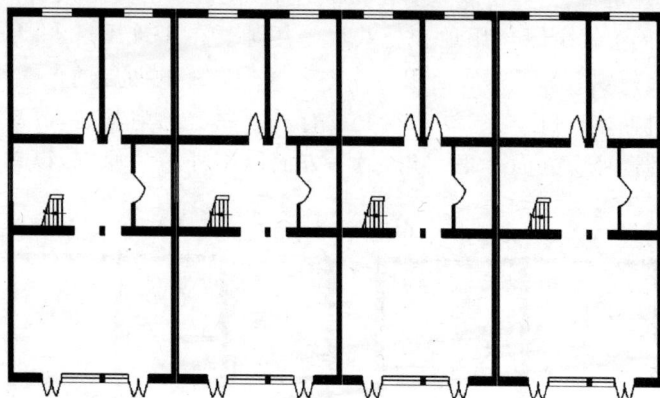

图 7 - 19　联立式住宅平面图

4. 成组公寓式与"小康型"住宅

在经济发达的温州市郊区,一些人多地少的村庄,开始建设多层公寓式住宅。这些住宅户型与城市居民住宅一样,建筑面积大,每套建筑面积 200 平方米左右。近年来,公寓式住宅已经逐渐被当地居民所接受,住宅内配套设施比较齐全。公寓式住宅大量减少了楼梯等交通面积。但是,每户建筑面积偏大,建筑风格仍然比较单调。

另外,在嘉兴市郊区、慈溪市和温岭市等乡镇经济较为发达的农村,已经规划农村集中型居住区或农村小康型住宅区。这些新型农村住宅以"双联别墅"或"多联排屋"为单元(如图 7 - 20 所示),按照规定的户均宅基地面积和人均用地指标要求,在规划确定的地块内建设,形成新的农村住宅区,作为引导农村居民点相对集中建设的典范。其中,公寓式住宅是为节约用地而采取的常用方式,主要存在于城市郊区或城镇边缘的村庄中,其类型有小康型农村住宅区和农民集中居住区等。通过集中建设和典型示范,可促进农村建设用地集约发展,防止无序蔓延。但是建设过程中,前期所需集中示范农村住宅区的新增用地较大,若在短时期内大量推广,建设用地供给上有一定的困难。

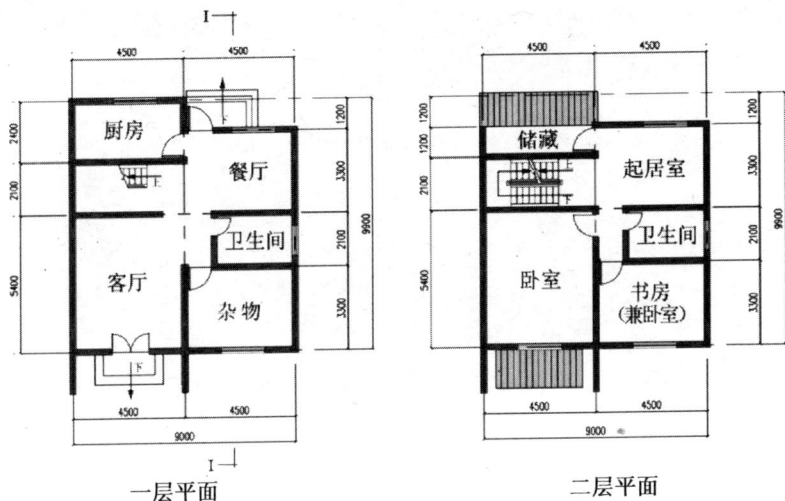

一层平面　　　　　　　　　　二层平面

图 7－20　小康型住宅平面图

（二）农村住宅空间的结构

与农村住宅建设相对应,农村的住宅空间经历了传统院落式住宅空间、自由式住宅空间、混合式(传统院落式住宅空间与自由式空间等多种形式的混合)、成组成团"新农村"住宅群空间的演变过程。

1. 传统院落式住宅空间结构

不同地区不同的院落式住宅类型,组织形成不尽相同。传统院落式住宅空间的村落空间,总体上看,以各个传统院落住宅空间为细胞单元,组成富有特定肌理的空间结构形式。中国地域广大,大江南北不同的住宅院落形成不同肌理的农村住宅空间。山西省阳城县北留镇北留村,可以说是一个院落式住宅空间的缩影。北留村位于北留镇镇区的北部,现仍然保留着村庄传统住宅院落形式,村庄肌理特征非常鲜明(如图 7－21 所示)。

传统村落住宅空间是各个地区几百年来逐渐形成的代表该地区特色的住宅空间形态,是该地区人们生活习惯、宗教活动、传统观

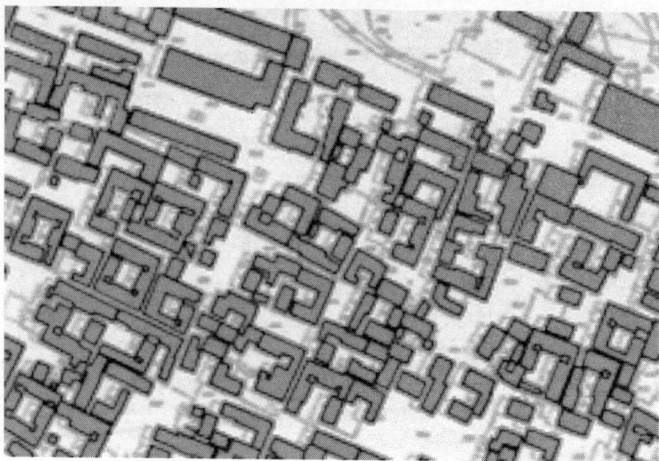

图 7 - 21 　传统院落式住宅空间布局

念和地理环境的综合反映。

2. 自由式住宅空间结构

在浙江沿海等经济发达地区城市周边的农村地域,自由式住宅空间形成较早,如温州市郊区的郭溪镇梅园村等,形成于 20 世纪 80 年代前期。而经济欠发达地区,如浙江省中西部的一些县(市)的村庄等,则起源于 20 世纪 80 年代后,加速发展在 90 年代,而至今仍在延续。这主要在于 1990 年以来,农村建设占用耕地指标逐步受到控制。但是进入 21 世纪后,政府对"三农"问题进一步重视,农村经济得到发展,农民收入有了相当的提高,村民主要在原有的宅基地上进行拆翻建住宅,新建住宅也在自己的自留地上进行(通常是非耕地)。由于经济持续发展,农村住宅原地改造不断加剧,原有的院落式住宅空间肌理被肢解,最后演变成自由式住宅空间。以村落为单元的农村土地权属复杂,农民自留地分布毫无规律,以自留地(不占耕地指标)为基础的新建住宅,见缝插针于已建农村住宅之间,形成的空间形态千差万别。这种以单家独户住宅为主体的村落空间,布局上显得相当自由,如江西省樟树市阁山镇的渡桥村、浙江省常山县洁湖村、温州市瓯海区郭溪镇的梅园村等，均代表了这种村庄的住宅空间结构（如图7-22所示）。

图7-22　自由式住宅空间布局（详见彩页图7-22）

以梅园村为例，1990年之前，梅园村住宅布局并无统一规划，完全依据地形自然布局；多数住宅依山而建，朝南居多，也有按地形朝西或朝东的；住宅配套生活设施较少，基础设施建设情况较差。住宅建筑中，除了少数院落式住宅外，其他大部分住宅为顶立式住宅和联立式住宅；住宅建筑面积每户平均160～200平方米，人均居住建筑面积45～60平方米；住宅结构多为2～3层的砖木结构或砖混结构；住宅建筑质量一般。

由于新老建筑混杂，风格各异，旧建筑以2～3层为主，质量较差，密度较高，少量新建建筑以4～6层为主，使建筑群体显得凌乱。

从郭溪镇梅园村梅园路北侧自然村调查分析可以看出，20世纪90年代建设的顶立式住宅及其空间布局有着分明的聚落肌理特点，住宅群落中相对独立的半私密空间（院落空间）明确，且通过围墙分隔而成，也有部分通过地形高差来获得。除此以外，宅前宅后闲置地(菜地)及各住户出入口的相互分异,也成为院落空间相对独立的界定因素。诸多的院落空间是村落的半私密空间,一般为3～5户所共享,其形式与地形紧密结合,丰富多变。根据现状的建筑布局可推断,20世纪80年代前住宅建筑的建设与旧宅旧址、生活和家族血缘密切相关。

20世纪90年代后统一建设的联立式住宅中,传统的院落私密空间已经被现代生产、交通方式下的带状空间所取代,这在城镇镇区和该村内也可以找到佐证。

比院落空间更高层次的是线状的联络空间——道路。联络空间已像血脉一样向村落内部渗入,多层次的联络空间将各个院落空间串联起来。

村落内再无块状的大空间作为公共或半公共空间。这并非村内无足够的块状用地,事实上村内已有的块状用地被用作菜园地或闲置地,取代公共、半公共块状空间的是沿路(联络空间)自然形成的店铺等附近的空间场所,这往往成为人们交往而亲近的公共、半公共空间。

村落的形成源于一户、多户而以致群落建筑,建筑与环境的关系也经历了从属→融合→支配(主导)→不协调的转化过程。从梅园村的调查可知,当地村民最初从山坡脚下的几户开始,逐渐向山坡上推进,最终形成几百户的村落。挖地筑墙,对山体和植被进行人工化改造,尤其是现代大体量成幢建筑与自然多变的山形环境和绿化景观产生冲突,加上几代人不同风格的建筑在同一空间上撮合,使得原本该是宜人、亲近、小体型的建筑空间环境得不到应有的显现。

3. 混合式住宅空间结构

混合式住宅空间结构是院落式、自由式住宅空间等多类型的共同组合,是现今存在于某一村落中的一种村落空间形态。这种形态常常存在于经济欠发达地区,一方面因农村经济起步较晚,农村新建住宅建设也较晚;另一方面,这些村庄仍然保留着一定量的传统院落式农村住宅空间,随着对历史文化村和历史建筑保护意识的加强,这些保留的传统建筑和空间将不能被随意拆迁改造。新建农村住宅一般均另选它址。因而,传统院落式、自由式等多种农村住宅空间在同一村落组合,形成混合式的村落空间形态。

这主要是通过几年的拆旧建新形成的,新旧建筑基本上是混杂布置,其中新建建筑见缝插针,结合地形自然形成,相对比较杂乱。建筑朝向存在东西向和南北向等多种类型,其中的东西向较为普遍,如山西省阳城县北留镇贾庄村(见图7-23所示)。

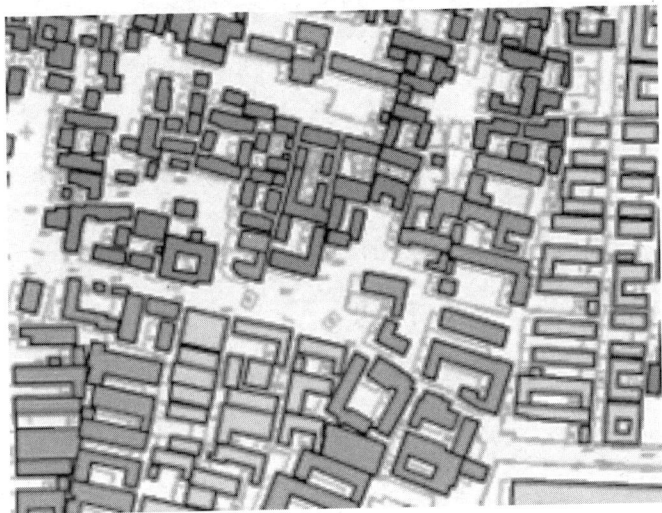

图7-23 混合式住宅空间布局

4. 行列式住宅空间结构

进入21世纪后,在中央多个"1号文件"和关于社会主义新农村建设的号召下,全国各地不同程度地进行了乡村规划的编制工作。从规划编制的内容看,包括村镇体系规划、乡村布点规划和新农村建设规划等。在浙江沿海发达地区,许多乡镇已规划和建设了成组成团的农村住宅区,其主要以行列式住宅空间为主,如慈溪市的农民集中居住区和嘉兴市的虹阳中心村建设等(如图7-24所示)。相对集中的农村农民住宅区规划与建设无疑将是这一时期该地方乡镇政府的工作重点之一。这主要是沿海发达地区县(市)的农村,长期以来形成的自由式住宅空间存在的问题较多,尤其是非法占用自留地的现象较为严重,村宅建设管理难度愈来愈大。成组成团的行列式农村住宅区建设规划,旨在引导乡村建设规范化,加大村庄环境整治力度,有重点地进行基础设施投入,从而全面改变农村面貌,形成良好而独特的"新农村"景观与环境。

图7-24　行列式住宅空间布局

　在城市的边缘地区,尤其在某些中小城市市区内的城中村,地方政府通常采取成组成团的"新农村"改造方式。应该说"新农村"建设改造的力度大,短期成效显著,但政府投入的财力物力大,代价高昂,所占用的土地面积也大,从长远看,问题仍较多,尤其是现存已改造的大中城市的城中村,其负面影响是不言而喻的。如已被包围在杭州市区内的莲花村,是建于20世纪90年代的新农村,如今却是进城务工者居住的城中村,其村庄宅基地占用了城市道路,高密度低层住宅擅自加层,进而转租,影响城市局部地区的正常运转。

二、本土化村庄建筑规划

本土化村庄建设与改造规划,旨在适应村庄居民现代生产与生活方式,保持村落原有建筑风貌与空间环境特色,重点是通过对现有建筑和空间评估,提出切实可行的建设与改造策略。现以芳村镇洁湖中心村为例进行研究。

（一）建筑与空间评析

1. 建筑质量

根据建筑质量,可以将现状建筑分成一类、二类、三类建筑。一类建筑为20世纪90年代以来新建建筑,其建筑质量、立面形式较好,主要为新建的三层村民住宅建筑。二类建筑为新中国成立后至20世纪80、90年代期间所建建筑,其建筑质量一般,立面较陈旧,均为村民住宅建筑。三类建筑为新中国成立前所建建筑,其建筑质量大多较差,主要为年代较为久远的民居。洁湖村建设区用地范围内一类建筑较少,主要为二类、三类建筑（如图7-25所示）。

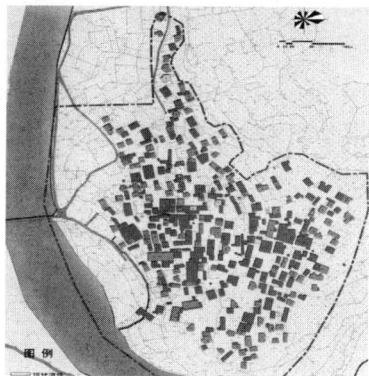

图7-25　建筑质量评价
（详见彩页图7-25）

2. 建筑风貌

洁湖中心村脱胎于原始旧村,村内尚存原始村落建筑风貌。传统建筑风格尚可考究,但已不完整。多数地段近几年已改造成"新"的农村住宅建筑,村庄建筑环境较乱,但是传统村落空间肌理尚在,这是本土化建筑风貌整治的基础。

洁湖村建设区建筑风貌主要体现在尚存的新中国成立前的旧时建筑,其主要特点是:灰瓦坡屋顶,悬山墙面与高耸的马头墙结合,灰白山墙体内由穿斗式木构架组成,门厅出入口处有灰瓦雨篷等。

从洁湖中心村尚存的古村院落可以看出,传统的村落由若干相对独立的院落组成,院落门户入口明确,院落四周是相对高耸的马头墙。围合而成的墙内空间为家族的私有空间,而墙外则大多为各院落之间联系的步行交通道路和左邻右舍开放的活动场所(如图7-26、图7-27、图7-28所示)。

图7-26 传统小巷空间示例　　图7-27 传统邻里空间示例　　图7-28 传统小巷空间示例

3. 建筑空间

从建筑分布特点看,洁湖村建设区通过几年的拆旧建新,新旧建筑基本上是混杂布置的,其中新建建筑见缝插针,结合地形自然形成,相对比较杂乱,但建筑朝向为东西向和南北向两种,其中以东西向为主。

(二)建筑规划布局

1. 公共建筑布局

公共建筑布局包括村部及其服务设施,位于洁湖村建设区出入口,与邻近的居住建筑相结合,协调布局,但建筑材料使用上突出木构架的形成,如木窗、木门、木柱和木梁枋等。

2. 住宅建筑布局

（1）住宅建筑平面

规划按照当地农村住宅用地审批标准，分大、中、小三类户型进行设计。其中大户型适合 4～5 人居住，建筑基底面积为 110 平方米，建筑面积为 269 平方米（如图 7-29 所示户型）；中户型适合 3～4 人居住，建筑基底面积为 95 平方米，建筑面积为 231 平方米（如图 7-30 所示户型）；小户型适合 3 人以下居住，建筑基底面积为 85 平方米，建筑面积为 202 平方米（如图 7-31 所示户型）。但是这些规划的住宅设计平面仅供住宅建筑参考之用，不作强制性实施依据。

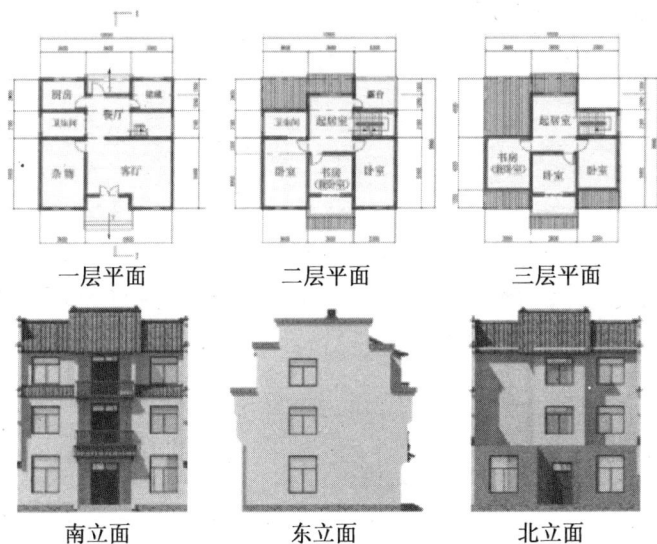

图 7-29 大户型设计示例

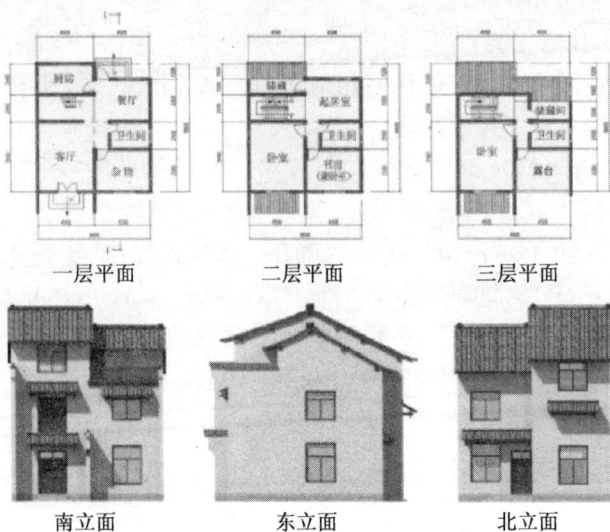

一层平面　　　　二层平面　　　　三层平面

南立面　　　　东立面　　　　北立面

图 7 - 30　中户型设计示例

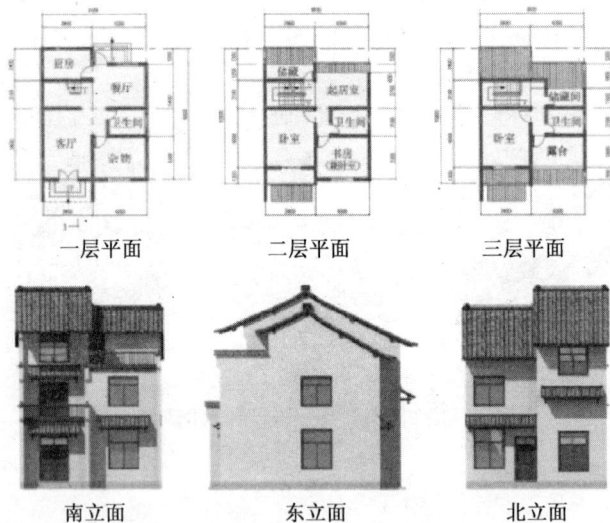

一层平面　　　　二层平面　　　　三层平面

南立面　　　　东立面　　　　北立面

图 7 - 31　小户型设计示例

（2）建筑朝向

旧村改造住宅建筑除原地拆（扩）建建筑外，其余建筑依据其所在院落特点，朝南、朝西和朝东结合布置。结合当地习俗和地形特点，新建住宅建筑根据地形和道路布局以朝南和朝西两部分组成（如图 7-32 所示）。

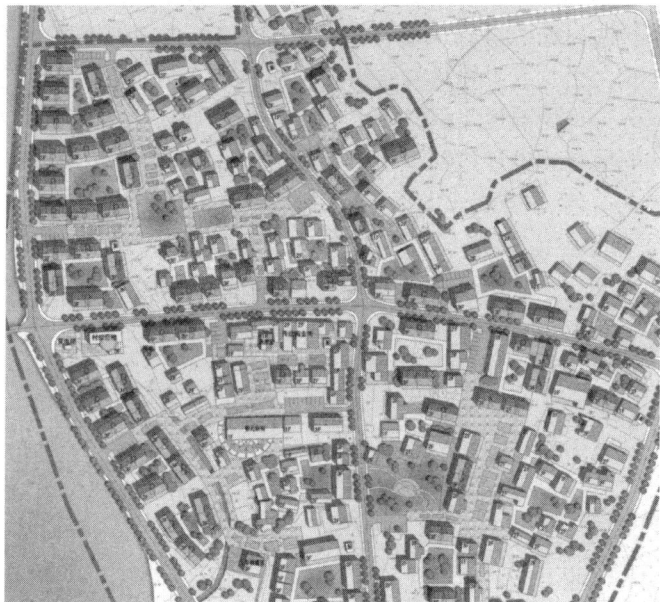

图 7-32　规划总平面图（详见彩页图 7-32）

住宅间距在 11～13 米之间，其中东西朝向为 11 米，南北朝向为 12～13 米。

住宅建筑层数为 2～3 层，平均层数约为 2.5 层，住宅建筑高度在 8～11 米之间（其中檐口高度三层不大于 10 米）。

（3）住宅空间院落

参照洁湖村建设区尚留的空间肌理，该规划在旧村落改造时，利用现状保留和原地拆（扩）建住宅，形成围合的沿溪新建住宅。依据地形高差及沿溪景观带,住宅空间布局以"合院"式的住宅院落空间为主。住宅院落空间模式除要体现当地地形和现有肌理特点外,还要有利于再现洁湖原有农村传统血脉亲情等隐性文化。每户住宅结合住宅空间,另单独布置前后生活庭院。

(三)建筑风格

1. 新建建筑

据传统尚存的建筑风貌,村庄各类建筑均为双坡屋顶。其中,公共建筑在建筑色彩和材料使用上可与住宅建筑不同,但住宅建筑之间应统一。局部住宅山墙面上的屋梁与邻近住宅山墙面相冲时,可以按当地特点设计成马头墙。屋顶材料采用灰瓦,墙面材料的色彩应为灰白色,重点突出灰白墙面和坡屋顶。

2. 改造整治建筑

改造整治建筑重点是引导对建筑立面的整治。根据已建住宅的类型,重点针对不同形式的阳台、山墙面和屋顶进行整治规划引导。利用传统的墙体和屋檐特色,弱化阳台形式,主要包括"环阳台"、"边阳台"、"局部阳台"和"无阳台"等四种处理方法(如图7-33至图7-36所示)。

图7-33 "环阳台"建筑整治意向

图 7 - 34　"边阳台"建筑整治意向

图 7 - 35　"局部阳台"建筑整治意向

图 7 - 36　"无阳台"建筑整治意向

（四）建设整治与投资估算

投资估算以规划期内涉及的建设整治范围为基准进行匡算。

1. 住宅建设资金

（1）新建住宅。新开发用地的新建住宅为 31 幢,改造用地中的新建住宅为 12 幢。规划期内共计新建住宅 43 幢,建筑面积为 19350 平方米左右,按建设资金 1000 元/平方米计（含地基土地费）,则为 1935 万元,年均为 387 万元。资金来源为自筹。

（2）整治住宅建筑。规划期内共计建筑为 60 幢,平均每幢为 160.5 平方米/幢左右。计建筑面积 8506 平方米,整治单价按 50 元/平方米计,则为 42.5 万元,年均为 8.5 万元。资金来源多渠道（分个人和政府）。

（3）拆除建筑。规划期内共拆除建筑为 16 幢,计算建筑面积约为 2500 平方米,拆建返还补偿为 150 元/平方米,则共需资金为 38.4 万元,平均每年 7.7 万元。资金是从土地补偿金中获得。

2. 公共建筑

规划共计公共建筑有 900 平方米,按 1500 元/平方米计,则为 135 万元,平均每年 27 万元。资金由村统一筹划。

3. 道路设施完善

规划期内,完成两纵一横的主要道路系统的路面车行道部分,以及远期规划约 40% 的步行道路系统改造和整治。

（1）主要道路系统。两纵一横道路系统约 1200 米长,路面宽按平均 6 米计,则为 7200 平方米。计划投资按 60 元/平方米计为 43.2 万元,平均每年 8.6 万元。资金来源为政府和村集体集资。

（2）步行系统。步行道共计完成 1200 米长,平均为 3 米宽,建设面积 3600 平方米,按 15 元/平方米计算,则为 5.4 万元,平均每年 1.1 万元。资金来源为自筹。

4. 绿地景观系统

绿地景观系统的投资估算仅以公共绿地及其内的小品和场地景观等设施造价计算。规划期内公共绿地与步行系统同步进行,根据步行系统内的绿地计算,其面积约为 5000 平方米,按 50 元/平方米计算,则为 25 万元,平均每年为 5 万元。资金来源为多渠道结合。

5. 工程管线等市政工程

工程管线与市政工程包括给水、排水等。工程投资按主要道路投资的 60% 计,则为 26 万元,平均每年为 5.1 万元。

6. 其他投资估算

另外的投资包括环卫等设施投资。按市政工程、道路工程、绿地景观等的 20% 计,则为(26 万+25 万+5 万+4 万+43.2 万)×20%=103.2 万×0.2=20.64 万元,平均每年 4 万元。

7. 总投资

据以上各项投资合计,总投资额为 2270.5 万元,平均每年为 454 万元。其构成为:

(1)公共投资。规划所需公共投资由公共集体为主导的集资和政府等投资组成,包括整治建筑、公共建筑、道路系统、绿地景观系统、工程管线和其他等几项,共计 297.1 万元,平均每年为 59.4 万元,相当于洁湖中心村人口人均 380 元/人·年。

(2)住宅投资。包括新建住宅和拆迁返还两部分,共计 1973.4 万元,为 22.9 万元/户。

三、农村城镇化建筑空间规划

(一)城镇化改造整治的重点

农村城镇化建筑规划的依据是城镇总体规划等,农村建设改造必须服从城镇化的要求。与本土化改造所不同的是,城镇化改造的重点包括:

1. 用地功能置换

村庄范围内的现有建设用地,其功能不符合城镇总体规划要求的,须进行置换改造。用地置换改造的方式可以多式多样:对于建筑质量较好的建筑,可以保留建筑,而改变建筑使用功能,如大跨度的工业厂房,可以改变成农贸市场和文化设施用地等;建筑质量不好的建筑,可以通过拆迁改造,使之符合城镇规划。

2. 居住功能整合及衔接

整治乡村居民点,对重点地段的村居进行改造和再开发,塑造符合现代居民生活方式的居住空间,协调城镇与村庄新旧居住空间的关系,形成整体有序的居住空间环境。

3. 道路交叉处理

城镇化下的道路交通变得复杂,简易的村庄道路交通系统有待于优化、完善。尤其是对村庄的对外道路交通系统与村庄道路的交叉口需要重点处理。

4. 景观和环境

包括对现状建筑风貌的整治,山体、水体生态植被的恢复和治理,滨水环境的整治,使之更符合城镇发展的要求。

(二)城镇用地布局规划对村庄建设改造的要求

1. 法定规划依据

根据《中华人民共和国城乡规划法》的规定,在城市、城镇规划区内的城乡建设活动,必须符合城市、城镇规划的要求,服从城市、城镇规划管理。城镇化下的村庄开发与建设规划,首先必须以城市、城镇规划为基础。城市、城镇的法定规划是村庄开发与建设规划的依据。现以玉环县渡头村为例说明(城镇的法定规划如图7-37所示)。

玉环县渡头村位于玉环县楚门城区南部,是出入县城的咽喉。自然环境优美,东靠凉帽顶山,西邻漩门港,呈南北走向。凉帽顶山向西延伸至漩门港,地形成东高西低走向。现76省道(楚门家具城至漩门大坝段)沿凉帽顶山麓贯穿该地块,地形较为平坦(村庄用地现状如图7-38所示)。

渡头村改造整治范围为临近城镇发展的主要空间之一,是农村城镇化的典型。规划范围包括已建住宅、厂房和公路等建设用地,也含部分农用地等,面积约为62万平方米。渡头村将成为未来所在城镇——楚门镇镇区的组成部分。

图 7-37 玉环县楚门镇城镇总体规划
（详见彩页图 7-37）

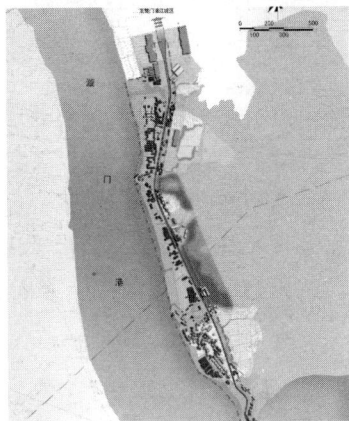

图 7-38 村庄用地现状
（详见彩页图 7-38）

2. 城镇用地规划要求

按照楚门城区城镇总体规划，渡头村的用地规划包括滨水步行休闲带、楔形绿地、整治改造（开发）住宅区和公共服务设施等（如图 7-39 所示）。

（1）滨水步行休闲带：沿漩门港的滨水区由南北两部分组成。北部的滨江公园与已建公园相协调，南部结合城市道路的人行道，规划为步行广场带。

（2）楔形绿地：保留和整治周边山体向漩门港延伸的余脉，作为规划区内外的公共绿地。

图 7-39 城镇用地规划要求
（详见彩页图 7-39）

（3）北部和中部开发改造居住区：以新开发的住宅区为主，同时对部分工业用地和景观不佳的村居用地进行改造和再开发，形成相对独立的生活区。

（4）东南部整治改造（开发）区：由村居整治改造区和新开发住宅区两部分组成。两部分结合，形成相对独立的住宅区。

（5）公共服务设施：在东部区块之北，规划了村公共设施用地，面积为 0.5 公顷，同时兼备托儿所功能。在南部区块，规划餐饮等服务业用地。在东部和南部区块之间，规划社区管理和服务中心等公共配套设施，以服务于本规划区（现状用地统计见表 7 - 3 所示）。

表 7 - 3　现状用地统计表

序号	用地代码	用地名称	用地面积（公顷）
1	R	居住用地	9.28
2	C	公共设施用地	0.29
3	M	工业用地	16.49
4	W	仓储用地	0.88
5	S	道路广场用地	3.19
6	E	水域及其他农用地	32.46
7	合　计		62.59

（三）建筑空间布局

1. 新开发区域建筑空间

与城镇居民人口相适应，住宅以多层和高层建筑为主，局部地段布置商住两用等综合服务建筑。规划注重各单体建筑之间的群体关系，使各建筑之间、各建筑群之间在空间上相互呼应，形成有机的整体。

北部区块以布置高层住宅群为主，通过相对汇合的住宅建筑布局，形成内外不同的空间环境，以有序导引、组织人流和车流（如图 7 - 40 和图 7 - 41 所示）。

图 7-40 北部新开发区块鸟瞰

图 7-41 北部新开发区块滨海立面

中部区块以高压走廊为界,有南北两个住宅群落,由中间的小广场、停车场组织出入口,达于住宅群内部空间,形成统一的住宅群落空间,其中北部住宅群落以高层住宅建筑为主,南部住宅群落以高层、多层和低层住宅建筑结合布置为主(如图 7-42 所示)。

　　东南部区块以多层、低层住宅群为主。其中,南部区块为低层村民住宅区,靠近滨海一侧为村民安置建筑,老村落内为村庄整治区。东部区块以多层住宅群落为主;东南部区块住宅群以老泽坎线一侧的河流为空间轴,互为一体,建筑高度由滨海向东面山体,由低向高推进(如图7-43所示)。

图 7 - 42　中部区块改造示例

图 7 - 43　东南部区块改造示例

2. 改造整治区域建筑空间

规划范围内的改造整治地块包括集中整治区（村民点）和沿路改造整治区（沿现在的76省道为主）。

改造整治以再创传统院落空间为细胞单元，组织改造整治区域的住宅建筑，将保留整治建筑与开发改造建筑结合布局。通过沿主要道路两侧的线状空间，将不同时代、不同风格的各类建筑物联成一体，形成连续、整体的建筑群体。

（四）道路与环境改造规划

1. 道路改造规划

按照城镇交通发展需要、道路建设标准和空间场所要求，改造现有道路，具体包括道路断面、人行道、交通标识和相衔接的村庄支路等。

（1）道路断面。渡头村的道路系统以区域性道路为主，道路断面设计以满足区域性交通功能为前提。

（2）人行道。结合工程管线的地埋（如电力线、通信线路）、行道树、街道公用设施的布局重新铺设人行道。铺装材料分两类：一类是公共建筑、标志性建筑前，以及重要地段的广场，采用彩色广场砖铺装。另一类是人行道，采用彩色砖与混凝土预制块铺装。盲人步道颜色为咖啡色，选用凹凸感明显的材料，设计时必须考虑两侧各0.8米的安全距离，不能离停车位及其他街道设施过近。盲道材料中的"行"与"止"质感符号要分开，铺设时要注意连续性和平整性。

（3）交通标识。为使交通通道更加醒目，要求在车道与绿化带的右侧统一漆成中黄色，具体细节与交警部门协商后确定。统一更换用于交通分流的隔离墩，并按规划式样设置，如路名牌、门牌、交通标志牌、斑马线、交通信号灯等。具体布点、样式、做法、色彩等细节须与交通部门协商后确定，立杆的颜色统一为白色（如图7-44和图7-45所示）。

盲人指路器　　　　　　　　　　无障碍通道

图 7-44　交通标识示例

图 7-45　公共交通停靠站示例

（4）村庄支路。尽量减少村庄支路与城镇主路车行道的直接连接，一般入口可采用人行道材料铺装，但需适当降低高度，以便与非机动车道有较好的衔接。其余交通道口交接处的人行道铺装也都要处理成坡状，使人行道与非机动车道有平缓的过渡，以方便残疾人通行。

路边的加油站，由于使用上的特殊性，需要重新组织交通流线，使其更便于使用。

2. 滨水环境区改造

按照城镇规划的要求，于泽坎线西侧，在滨水区域内修建改造一条贯穿整个区域、宽度不等的滨水景观步行林荫道。结合用地情况，可在局部放大以组织多种活动空间，并与已连续的亲水步道串联。为了达到防洪要求，在沿滨水中需要修建驳坎。

为此，必须改造现在滨水区内建筑质量较差的农居房、违章建筑和厂房。对环境质量很差、与滨水景观系统不成体系，且严重影响城镇形象的地段环境急需进行整治改造。

（五）整治规划

1. 建筑整治

在对建筑质量和风貌进行分析评价的基础上，结合远期土地利用规划，分别提出保留清洗立面、立面整治、拆除搬迁三项整治措施。

（1）保留建筑

对新建、质量较好的建筑，保留原有建筑的主要立面材料和构件，并清洗立面使其重现崭新面貌。

位于本地块的北面、入城口处新建建筑质量较好，对其立面进行清洗、绿化进行整治，重新组织其交通出入口、交通流线，使其交通更便畅、环境更美观。

（2）立面整治建筑

对建筑质量较好，但立面较差、有碍城市景观的建筑，主要采取一定的立面整治措施，如通过粉刷墙面、给部分建筑加建灰色屋顶，或通过拆除或新增建筑外立面上的局部组成元素(如平顶建筑改为坡屋顶、增加清水砖墙饰面、增加构架百叶等)达到整治区域各建筑单体元素的统一和沿路景观的和谐(如图7-46和图7-47所示)。主要有:

部分农居用房,新建或建筑质量较好,但立面形式较差,与周边环境不协调。对其主要是进行立面整治,使其与城市景观更加协调统一。

整治前

整治后

图7-46　整治改造形成协调的建筑屋顶

整治前

整治后　　　　　　　　　　　　　　村庄整治意向图

图 7 - 47　整治改造形成连续建筑界面

部分宗教建筑建筑质量较差,但由于宗教文化的特殊性,应予以保留并进行立面整治,使其更具有浓厚的文化气息。

(3) 拆除建筑

对建筑质量差或严重影响环境景观和城市形象的建筑予以拆除,拆除后空地按规划要求重新建设。

拆除的建筑物为农居用房、厂房、建筑质量差的危房、临时建筑和违章建筑,以及环境质量极差、严重影响本区域环境景观和城市形象的建筑。拆除新建过程中,还要对环境进行综合整治。

(4) 色彩的采集与确定

色彩的运用也要基于对原有建筑的分析。根据一般的经验,城市建筑色彩的基本色、搭配色、点缀色主要要求是:居住建筑明度较高,以中、高明度为主;而公共建筑明度以中明度为主。

居住建筑立面基本色确定为高明度、低彩度色调;搭配色主要为中高明度、中低彩度色调;点缀色主要为中高明度、中高彩度色调。

建筑屋顶色彩延续地方传统色调,为了达到整体效果的统一,建议建筑屋顶以坡屋顶为主,所占面积不低于70%,屋顶色彩:建议低层建筑以暗红色为主,青灰色为辅,且能与周边绿色山体、蓝色海洋相协调。

(5) 材料的选用

建筑材料选用当地的传统用材及施工方式,采用暖色涂料、浅色塑钢窗框、浅暖色石材。这些材料在整治的整个过程中应持续地使用。而白色贴面瓷砖、纯蓝色玻璃、马赛克贴面则建议少用或者不用。

2. 绿化整治

街景综合整治规划中的绿化整治方案包括如下几方面内容:道路绿地、路侧绿地、广场绿地、待建项目临时绿地、部分单位及宅间绿地以及建筑物垂直绿化、屋顶绿化等。

(1) 绿地铺装及竖向设计

竖向设计:道路断面做成由街道两侧向路心成3‰~5‰坡向,大块绿地、广场绿地按要求另行细化处理。景观层次宜丰富,草坪打底,灌木点缀,并配合市政设施、道路设施、环境设施规划,一步到位(如图7-48和图7-49所示)。

(2) 行道树种植

新栽行道树株距6~7米,采用香樟等树种。独立植树采用1米见方或直径1.2米树池或树洞,并加盖透气性路面铺装,如覆盖成品铸铁箅子(两块拼)。树池标高略低于四周地坪,树池或树洞中心至路缘石外侧需0.85米以上,在人行道超过5.5米宽处可增至1.5米。

图 7-48 空中花池

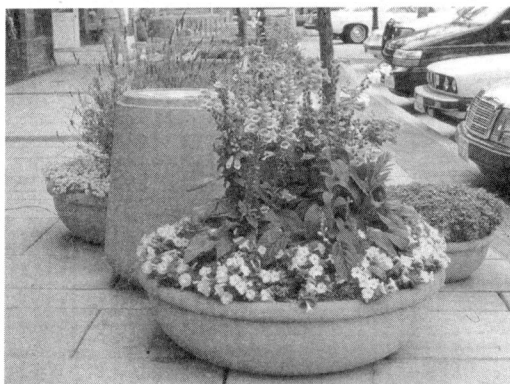

图 7-49 街道花池

（3）条形绿带

沿路两侧绿地，主要是指道路两侧绿带和节点公共绿地以及广场部分沿街绿地,尽可能选用乔木、灌木及绿篱配植间种,乔木仅作点缀,以灌木为主体种植物。路侧条形绿地内基本保留原有大树,局部可选用桂花、香樟簇群组合。每一簇群间隔 7~8 米,作成小乔木状,主干明显,枝下高不小于 0.8 米。分隔道绿带道牙边缘可采用书带草或小叶黄杨围护,绿带内均为麦冬草、红花酢浆草,满铺或书带草间铺。杜鹃、金叶女贞、洒金黄杨、火棘等绿篱苗木可簇群种植加密,以使色块饱满顺畅。合适处可设行道坐椅(如图7-50和图7-51所示)。

图 7-50   直线型坐椅

图 7-51   弧线型坐椅

（4）垂直绿化

在规划改造路段上,沿路的单位等可采用垂直绿化结合沿路围墙一并实施;而部分沿路农居,尤其是旧住宅楼可采取垂直绿化、屋顶绿化以改善环境景观。通透式围墙绿化为藤本蔷薇,实心围墙绿化为扶苏芳藤。

（5）道路绿化与有关设施

绿化树木与地下管线外缘的最小水平距离应符合《城镇规划绿化与环境卫生规范》的有关规定。绿化必须满足道路交通对视距安全的要求及对视线的引导,路口 20 米范围内不能种植乔木、亚乔木。

（6）绿化配套

由于绿地分散且狭长,每隔 50 米设置给水栓,以方便以后的养护管理。集中绿地应考虑泛光照明,营造夜间的植物景观。给排水及照明电缆线的铺设都应在土方及绿化工程之前进行。

（7）绿化养护

建成绿地进行去残补缺,绿篱进行修剪。所有绿地均应加强日常养护管理,以保证绿化的景观效果。公共建筑及商店前建议通过摆植、挂植盆花来增加绿化量,美化道路。

3. 环境小品设施整治

（1）电话亭

电话亭将逐步取代沿街底层的公用电话。布点规划原则有:一是在主要交叉口附近都应设置两个电话亭,对角对称布置;二是沿路直线段,电话亭设置间距为 200～300 米,并成对街错位布置。电话亭具体样式、做法、色彩等细节须与电信部门协商后确定(电话亭的类型如图 7－52 所示)。

（2）垃圾筒

中国的村庄垃圾收集是很大的问题,大多村落垃圾筒布局不全,无人收集、管理。规划要求按 50～70 米左右的间距补足数量,具体样式、做法、色彩等细节须与城市市政环卫部门协商后确定(垃圾筒类型可参考图 7－53 所示)。同时,可以结合农村地域不同的文化特点,精心设计,在此不宜提倡造价昂贵的垃圾收集设施。

图 7-52　电话亭的类型

图 7-53　垃圾筒类型

（3）消火栓

规划要求消火栓设置间距不大于 120 米。具体样式、做法等细节需与城市消防部门协商后确定。

（4）栏杆

城市、城镇化改造的村庄可以设置铁质栏杆，或混凝土栏杆，建议将色彩漆为绿色，花饰部分为白色。

（5）隔离墩

局部设置交通隔离墩，在保证功能的前提下注重美观。

（6）邮筒

规划建议按 200～350 米左右设置邮筒，且尽可能在主要交叉口附近布置一个邮筒。具体样式、做法、色彩等细节须与邮政部门协商后确定。

（7）杆式变压器

规划要求立杆下端约 1.0 米高范围内漆成咖啡色与白色间隔的警示线，并设置围篱，以增加安全度。同时，对变压器杂乱的线路进行清理。具体样式、做法、色彩等细节须与电力部门协商后确定。

（8）公共厕所

按城镇规划，要求在 200～300 米的服务半径设置一个公共厕所。公共厕所应造型新颖、标识明显，局部墙面可采用垂直绿化覆盖和遮挡（如图 7-54 所示）。

4．广告整治

（1）广告牌

沿路两侧立杆式广告牌应在街道两侧对称式布置，广告灯箱宜采用统一色彩的立杆，每 50 米以上各布置一个，离交叉口右侧转角处应保持 10 米以上距离。

（2）户外广告设置位置

根据户外广告设置位置的不同，可将其分为高、中、低三个不同层次：高，主要是指高层建筑的屋顶广告；中，主要是指建筑的墙面广告及多层、低层建筑的屋顶广告；低，主要是指商店的店招，小型灯箱及街道灯箱（广告灯箱如图 7-55 所示）。

图 7 - 54　公共厕所类型

图 7 - 55　广告灯牌

（3）禁设户外广告的物体

禁设户外广告的物体有行道树、信号灯、道路标志等交通管理设施；消防栓、火灾报警机等消防设施；邮政信箱、电话亭等通信设施；路灯、电线杆、电车架空线杆及电信箱等市政设施；道路指示牌、道路隔离栅等交通设施。

（4）设置于建筑物上的户外广告

按照设置位置的不同，设于建筑物上的广告可分为屋顶广告、墙面广告（有悬挑结构及不悬挑结构）两大类。针对一般情况具有一些最宽限度；而景观路线、交通性道路沿线以及特殊区域、地点外，在要求达到下述限制的条件下，通过细则另行制定。

设有裙房的高层建筑，控制高度为不超过建筑高度的 1/3，且绝对高度不超过 24 米，控制宽度不超过建筑物的宽度。

（5）户外灯光广告

霓虹灯、灯箱、带有灯光照明的广告牌等户外广告物，是城市灯光的重要来源，有益于信息的收集、传递，能增加都市的活力。但户外广告无秩序设置或泛滥，则有损于城市的美观和自然风景，会造成"光污染"和视觉不适，甚至有害公共安全，所以设置应该谨慎。

5．灯光整治

（1）道路（广场）照明设计准则

灯具形式：在满足不同照明要求的前提下，灯箱（包括立杆）的样式要简洁、美观，风格宜统一。路灯、灯杆和其他附属设施应相互匹配，与街道的建筑环境相协调，与街道风格统一。对每个街廊仅应用一两种形式灯箱（包括立杆）。灯箱结构的色彩以深褐色或黑色为宜，与绿化相协调（路灯类型见图 7-56 所示）。

灯具色彩：灯具色彩宜选用深色或灰色，与树木的颜色融为一体。

广场照明：广场照明设计应根据广场性质、人流、车辆集散活动规模、路面铺装材料及绿化布置等情况，分别采用双侧对称布灯、周边式布灯等常规形式高杆照明。广场通道、出入口人群集中活动区的照明水平及均匀度,应高于与其衔接的道路。

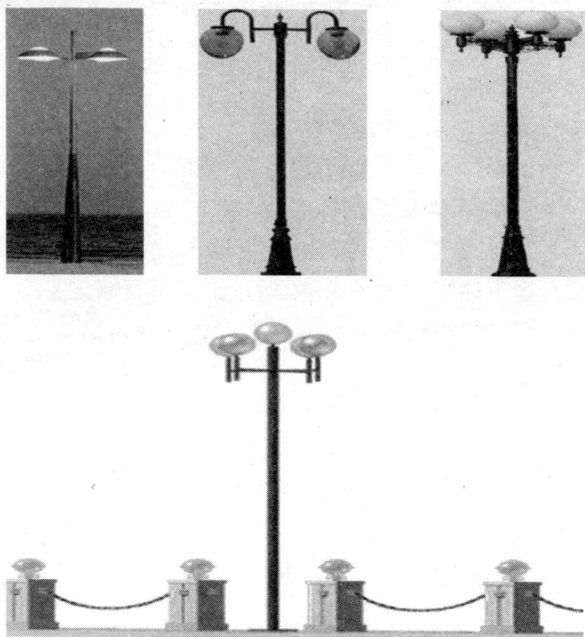

图 7-56　路灯类型

人行道照明:林荫道、休憩广场等步行空间,须采用人行道照明。人行道照明应考虑步行者的舒适、安全。灯具的造型、尺度要以人体为依据,并与其街道建筑风格统一,色彩以深或灰色为宜。人行道照明光源通常采用白炽灯。

(2) 建筑照明设计准则

建筑(建筑群)照明是城市夜景中最重要的组成部分,设计重点应能体现城市格局、景观特征以及建筑物自身的特点。

第八章 农村地域特色建筑空间研究

第一节 影响农村地域特色建筑空间的因素

一、自然环境因素

在人类认识与改造自然能力相对较低的情况下,人类的一切活动以顺应自然环境为主。不同的自然环境条件,造就了不同的文明特征,同样也形成了不同的地域传统特色建筑空间。其主要影响因素有:

（一）气候条件

中国各地冷热、干湿、风向等气候条件有着很大不同,（经长久的"自然选择"后,各地已形成了具有不同特点的建筑风格。）如何适应不同气候条件,并尽可能改善不利气候条件,以创造舒适的室内、室外环境的住宅建筑,是建筑空间设计首先要考虑的问题。

1. 日照气温条件

住宅建筑主要考虑采光、保温、散热要求。在采光方面,表现为窗户大小和开启位置、方式。如传统建筑窗户向内天井敞开,采用合和窗、格子门和花窗等形式。在保温方面,表现为建筑结构、建筑选材的细致考虑,如江南水乡建筑采用厚重的砖墙,其有着较好的恒温作用;而北方的四合院、江西的一颗印住宅、安徽的徽州民居,四周高耸的外墙,不仅增加了建筑内院的私密性,同时有效地增加了冬天的防风与保温效果。

2. 风向强弱特征

根据风向强弱,主要考虑建筑挡风、通风。建筑风格上表现为房屋朝向、窗户形式和建筑组合等。在建筑挡风方面,北方地区的四合院建筑群体、陕西的窑洞建筑、内蒙古的圆形毡房建筑结构等在抗风方面是非常有效的。中国东南沿海地区,厚重的砖石结构建筑和类型多样空间组合形式,大大增强了抗台风的横向刚性。在通风方面,南方地区的建筑主要考虑夏日的自然通风,如在建筑朝向上,不仅考虑夏天的主导方向,而且重视利用地区山水的小气候。在建筑组合上,也不同程度地"设计"了多类型的"风道"等。另外,联排窗等大窗户对自然通风效果也有积极的影响。

3. 干旱雨湿程度

在干旱雨湿方面,主要考虑建筑物的防水、防潮、抗湿效果,建筑风格上表现为建筑用材与构造形式等。一般情况下,砖石结构建筑的防水效果较好;木结构的建筑具有一定的吸水作用,较易适应潮湿空气环境;而土木结构的建筑较易适应干燥气候环境。不同地区,根据地域不同的干旱雨湿气候条件,进行不同的建筑材料组合。如台风多雨地区,建筑的地面或底层习惯采用砖石结构,而上部则采用木结构。

(二)地理环境

地理环境主要考虑的是对有利地形和小气候的利用,以及对不利地貌环境的回避。建筑形态上主要表现为根据不同的地理环境因素,在建筑选址、布点、朝向和空间组合等方面的不同。

1. 地形地貌

在大区域气候环境下,地形地貌特征对地区小气候的形成影响最大,谷地的山风和复杂的地形,对单体住宅的朝向影响较大。而不同地形地貌有着不同的交通条件,直接影响建筑取材。交通不便的山地环境,使人们就地就近取材。在复杂的地形下,依地就势,建筑与地形地貌环境的良好结合,是形成千姿百态传统住宅的基础。

2. 水文地质

在水文地质方面,主要考虑防洪(潮、泥石流)、排涝、取水、迎风等因素。建筑用材选材时对防水材料的采用显得很重要,如用石材处理墙基和基础,用砖石或石灰土墙做外墙等。在建筑构造上,防水冲袭也为主要因素,在中国西南的多雨地带,底层架空的干阑式竹楼不失为有效的建筑构造方式。在气候炎热的南方,人们习惯傍水布局的住宅建筑,这是由于宽阔的水面有着取水、迎风和降温之便,同时在水运时期带来交通上的便捷。

3. 工程地质

在工程地质方面主要考虑地域建筑的土壤结构条件和地基的稳定性等,因此,建筑除了在选址、布点和空间组合等有着特殊的要求外,建筑结构也非常重要,尤其在一些地基不稳定的地区(包括多地震、不均匀沉降和软土地基地区),穿斗式等木框架类型的建筑结构尤为常见。

二、历史人文因素

历史人文因素对建筑的影响是指不同地区人们对上述气候条件、地理环境的认识与改造能力的思想固化后,进而影响人们建筑行为活动的结果。不同地区历史人文要素的影响是不同的,即使是同一地区,在不同的历史条件下,历史人文的影响因素也是不同的。

(一)历史文化

1. 传统思想

儒家思想是中国传统文化的主要根基。几千年的封建王朝统治阶级,为巩固自己的统治基础,一直推崇君圣臣良、父慈子孝、长幼有序、男尊女卑的伦理关系,在建筑上,主要表现为出入流线分明,建筑轴线、主次空间结构明确。尤其是在封建大家族的建筑群中,这些因素表现得淋漓尽致。而在小型家庭中,其轴线和主次空间关系也有不同程度的体现。当然这种关系从下到上、自近至古、从南到北,随着资本主义工商业的萌芽发展而逐渐减弱。近代随着中国民族资本主义实业的兴起,无产阶级团体规模的扩大,在近代城市中兴建了一定规模的供工人阶级居住的石库门里弄建筑等。这些都是对传统思想影响下的院落空间建筑的变革。

因而,传统思想对传统建筑与空间的影响随着封建社会的结束和经济体制的变革逐渐减弱。但是传统建筑仍是近100多年来地方特色建筑的代表。

2. 乡风习俗

不同的民族风情习俗是在特定地域环境下,经长期与自然、人文关系协调后形成的特定人群的意识形态,从而表现为特定的行为活动特征。如,节庆、喜庆活动,葬礼、白事祭祀活动,以及乡规民约等。几百年来,它们与传统思想结合,共同影响着建筑空间场所关系、建筑外形构造意象、建筑群及其与环境的空间关系等。

由于一部分乡风习俗是源于对天地神灵的信奉,其对地域民间行为的影响比上述的传统思想更为持久,即使在市场经济较为发达的地区,乡风习俗也在延续。有的甚至随着人口流动,乡风习俗以独有的文化形态融入多元环境之中。但不可否认的是,原有地域可能因人口的外流和新文化元素的渗入,乡风习俗的注重度会降低。在少数民族地区,也有乡风习俗成为市场经济环境下的"卖点",它们不再是人们自觉遵守的道德准则,从而更谈不上其对现代建筑文化的影响。

(二)社会生活

社会生活是从内在需求的角度看待农村建筑发展与变化的客观性。随着社会生活方式的变化,对建筑平面功能、建设规模的需求都有直接的影响。封建社会因家族家庭聚居,建筑空间类型多样且院落结构主次分明。随着家庭的小型化,这种院落式的住宅结构形式逐渐变得简单。

1. 生活习惯

与传统思想、乡风习俗不同的是,生活习性表现的是人们日常生活中的思想与行为,其与建筑空间的相互作用更为密切,生活习性对建筑影响最为直接。

虽然传统的生活习性对人一生的影响非常深刻,部分年长者也因此无法适应新的生活环境。但随着中国社会经济的发展,决定人们生存与发展条件的生产与生活方式的改变,使生活在这种环境下的年轻居民的生活习性产生变化,从而也改变了其对住宅空间和环境的要求。

2.结构理念

(1)家庭与户型。户型小型化和核心家庭结构形式,促使农村住宅建筑使用规模趋向小型化和不对称的单中心结构。

(2)工作与环境。市场经济环境下,工作不仅是谋生的手段,更是发展的重要途径。因而工作也正在改变人们的观念和生活理念,从而改变对生活居住环境的选择和空间的要求。

(3)生活与起居。随着农村生产、就业方式的转变,人们的生活习性也产生变化,农村住宅建筑空间将不仅是日出而作、日落而息的休息场所,而是工作交往、业余学习和家庭日常活动的多元功能空间。

(三)经济技术水平

经济技术水平直接影响住宅建筑的规模、结构形式和建筑用材等。封建社会官宦、富商家族的住宅不仅规模大、建筑用材讲究,而且能雇用特定时空条件下较好的能工巧匠,建造出能代表相应时期特征的建筑结构与形式。

随着时代的发展和社会的进步,不断提高的社会经济技术水平仍将继续影响住宅建筑的发展。

从外在推动力的角度看,影响农村住宅建筑发展与变化的能动性因素主要有:

1.经济收入

农村经济的快速发展、农民可支配收入的提高,为适应新生活需求的新型农村发展提供了极大可能性。不同的经济条件,不仅会决定住宅单体规模与平面结构,且在当今的土地使用模式下,还决定了住宅空间的选址、布点。原地改造花费相对较少,于中心村、城镇和城市的异地建设,对经济条件的要求也各不相同。以外出就业收益为主要经济来源的农村劳动力,在就业转移和城市化过程中存在"级差同步"的现象,也即就业转移(非农化)与城市化总是同步发展的,但由于城市化的"门槛作用",城市化率总是低于非农化率。由于城市生活成本相对于非农化人口收入偏高,经常致使部分非农化人口滞留于农村。从农村、城镇、城市三个层次看,就业于城镇、城市的非农人口,居住地将会选择城市边缘(或城镇),发生与农村的同步错位现象。从这一层面看,在农村特定区域,建设适应于非农化人口居住的新型社区是必然的选择。

2. 技术条件

随着现代技术水平的提高和新材料、新技术在城乡建设中广泛应用,农村建设与布局也发生了根本的变化。

首先是新材料推广。农村建筑的品质与面貌发生了很大变化,城乡之间、区域之间新建建筑单体趋同化明显,农村地域特色建筑正在消失。

其次是新技术的应用。农村在能源供给、水处理、废物处置等方面的能力有了提高,农村环境质量大为改善,城乡生活环境差别缩小。

最后是新型交通设施与通信工具的普及。城乡的时空距离正在缩小,这为城乡空间一体化创造了条件。从长远的角度看,中国农村地域将以空前的速度向城市化趋近。

第二节 建筑审美与建筑特色

一、建筑审美

(一) 审美心理特点

1. 审美对象的客观性

从美学角度看,真美是有其客观性的,那么怎样理解真美的客观性呢? 从感受者——社会人这方面来说,美是人们对感受客观事物存在的心理反应。这种心理反应是生物人所共有的,是不可改变的客观规律。从被感受方来说,引起人们美感的式样有其特定性,也就是说某些式样能引起人们的美感,而另一些则不能,其原因就是二者对人们心理作用不能互换。因此,可以认为,美就是美的,丑就是丑的,这就是美的客观性,是任何权威、名士无法改变的。

2. 审美对象的多样性

人们感受真美的心理规律是与生俱来的,但是人们对美的鉴赏能力却是需要学习的。个体间这种能力的差异是普遍存在的,而且相当巨大。通常所谓的"慧眼"、"俗眼"说的就是这种差异。由于"慧眼"和"俗眼"的差异,对同样的式样或形象的感受、心理反应也不同,甚至会相反,这就产生了审美对象的多样性。建筑审美的多样性体现在:

(1)建筑审美是个有相当空间的领域,这就成就了同一时期不同建筑作品的不同风格。

(2)建筑审美具有多个不同的领域,这就成就了不同时代总体建筑风格的不同。

审美是人们的心理活动,人们的心理活动规律虽然是客观规律,不可改变,但人们的审美理念却深刻地受着社会文化氛围、人文观念这些整体意识形态的制约。不同时代的具体文化氛围、人文观念都有所不同,都制约着人们审美心理。在书法上有:晋尚韵、唐尚法、宋尚意……在建筑上,不同时代也有不同的建筑特征,这为中外建筑史所证实。但是,这种时代性的制约不是改变人们审美的心理规律,改变只是人们审美趋同的倾向。书法上的"晋韵"、"唐法"、"宋意"……只是审美的领域不同。人们由尚晋"韵"而尚唐"法",由尚宋"意"……以至于尚态、尚帖、尚碑,都不过是不同时代人们审美心理整体趋同的转移。赵孟頫说的"结字因时而转",揭示的就是这一书法审美的变动规律。建筑上也大致如此。

（二）建筑审美

1．建筑审美标准

对建筑形体及其构图原则的研究曾是传统美学研究的重要内容，因此，长期以来形成了许多建筑审美的标准。今天，随着社会的发展，人们需要自由地表达自己的意志，在美学界已逐渐把研究注意力集中于审美的主体，即研究人的审美取向问题。在建筑审美方面，同样也受到了社会潮流与当代美学思想的影响。

由于审美意识形态具有强烈的社会性，各种人群必然会受到地域环境、民族风俗、文化结构、观念形态、生活习惯等因素的影响，尤其是当代人强调个性发挥，这就不可避免地使建筑审美走向多元化。在当代建筑思潮中，因审美倾向不同而形成的诸多建筑派别已屡见不鲜，不论是后现代派、高技派、光亮派或新乡土派，其实它们都是以不同的审美观为基础的。过去那种现代主义的国际式建筑风格在风行了近半个世纪以后已不可能再一统天下了，建筑艺术思潮多元化的时代已经来临，不论是坚持功能主义、纯净主义，或是主张后现代主义、晚期现代主义，不论是重艺术表现也好，或是重技术和功能表现也好，都可以充分地让人们进行选择，让社会予以取舍。这样既可以满足不同层次人们的审美需要，也可以通过社会的检验，使适者生存发展，而畸形流派必然只能是昙花一现。这种建筑艺术审美的多元化倾向，正是当代建筑审美观的主要特征和传统美学向当代美学发展的重要标志，同时也就决定了当代建筑艺术思潮中各种流派并存的格局。

纵观建筑美学的种种理念，人们深刻地认识到，建筑美难以一言蔽之，因为它不仅仅是视觉的艺术，还包括了听觉、触觉、味觉、心理感受等等许多因素，又融合了技术、理念、环境、审美的主动者与被动者等等方面于一体。展望未来的建筑美学观，它必将是一种可持续发展的美学观，将融合系统论、环境美学与生态美学等多种学科，把自然、生态和社会作为一个完整的系统，将人与自然的相互依赖、相互和谐作为审美的理想。随着社会的发展和人类的进步，可持续发展的美学观将更加成熟和完善,必将成为在广义基础上的审美价值标准。

2. 农村建筑的异化

多元化的农村住宅建设主体,其审美心理对农村住宅建筑的风格(包括建筑材料、屋顶形式、建筑色彩和窗户等)影响较大,尤其是作为建设主体的非农劳动人口流动性大,受多元的文化环境熏陶,以及不同类型的建筑风格影响,以自主建设为主的农村住宅建筑,便出现了这样两种情况:

(1)由于建设主体异地非农化后,经历了不同地域工作环境的影响,其审美观的差异性变大,即便在原有村落兴建住宅,其建筑风格也会变得迥异。

(2)在新兴的非农化或城镇化地域,因为建筑业主来自不同的地域人文环境,当住宅建筑自主建设时,就会出现不同风格的住宅群落;而当统一开发时,也会尽可能提供多种类型的可选性,以便吸引不同户籍地的非农人口集聚居住。而在多类型建筑的比选中,到底选择何种住宅,当由政府或设计者主导时,会存在研究不足的问题;而由开发商主导时,会因利益驱动和猎奇迎新心理,建筑风格和类型会有相当的偏离。

在当今背景下,可以认为审美主体的主观多元性使农村住宅建筑的风格与类型,在同一地域也呈现出多样化;但从大区域看,则又出现同一化现象,即有村村一面,城乡一面。总体来说,具有农村地域特色的建筑文化正在逐步消亡。

二、农村建筑特色的思考

(一)文化基石的确立

1. 农村文化的困惑

从发展经济的角度看,农业是国民经济的基础。它的基础作用主要表现在:农业是人类的衣食之源、生存之本;农产品是轻工业的重要原料,是重要的出口商品;农村又是工业品的主要市场;农业的发展能为国民经济其他部门的发展提供更多的劳动力等。因而,农业、农村是中国社会经济发展不可或缺的基础。

从历史人文的角度看，乡土文明是农村生活秩序和生产关系的基石，是中国文明的根基，至今仍在社会文化等各个角落产生深层次的潜在影响。

然而，在城市化之后，以现代城市文明为指导的城市化扩张中，"新兴文化"难以与乡土文明之间快速地寻找到一种契合点。于是在强大的城市化浪潮面前，乡土文明便节节败退，农村的一些危机不断涌现：农村留不住人、土地养不起人、故乡找不到归属感。在新农村建设的大背景下，有关地方政府部门试图通过"新型农村居住社区"的建设，重新提振农村的吸引力。但由于缺乏地域文化内涵，最终建成的所谓"新农村"却成为空壳的"鸟巢"，如当前规划与建设的中心村缺乏具有强烈"吸附性"的地域"文化"，甚至受不同方言、习俗、世袭、宗族、观念等传统文化影响，产生了一些"文化摩擦"，如对吸引而来的外来人口带有强烈的排斥心理等。这种拒绝吸收和融合周围村庄不同"文化"的"排异反应"，往往导致一个具有中心村地位的区域，难以进一步扩大自己的"文化"兼容性和吸附力，进而制约中心村对周围村庄吸引力、辐射力的发挥。这一现象与部分城市社区十分相似。

一个城市没有了精神就像人没有了灵魂，村庄也如此。新农村建设中，最可悲、最可怕的就是乡村文化随着社会生活习惯和理念的改变及农村绿树瓦房的消亡而消失，城市文化却没能伴着高楼大厦矗立起来。在新农村建设的孕育妊娠期，新型农村社会生活习惯、结构理念是未来乡村文化的雏形。其形成既受制于上述所及的历史传统因素外，还受地域观念的影响：

（1）封闭的行政地域观念，根深蒂固的地界观念，这是家族、种族思想的延伸。

（2）传统的小农观念和乡土观念，这是原有农业生产方式下的生活观。

（3）僵化的守成观念，这是缺乏市场经济竞争环境下的产物。

由于部分农村人口,缺乏现代城市文明的熏陶和传统生活环境的影响,其文化观念和行为方式转变不快,仍然保持传统农耕社会的生活方式。这种传统思想、乡风习俗传承来的地域观念制约着现代农村文明的形成与发展。

2. 新农村文化建设

文化是新农村建设的"软实力",它具有凝聚、整合、同化、规范农民群体心理和行为的功能,对广大农民的思想意识、价值取向和行为习惯发挥着广泛而持久的影响。加强新农村文化建设,提升农民的文化素质,破除保守习气,克服传统观念,保证新农村经济建设沿着社会主义方向健康发展,具有相当的现实意义。

(1) 发展农村特色文化

按照业余自愿、形式多样、健康有益的要求,利用节庆、喜庆活动等节日和集市,组织开展花会灯谜、文艺演出、书画展览、读书征文、体育健身等群众喜闻乐见的活动,发动群众广泛参与,发掘民族民间文化,打造特色文化品牌。许多地方的民族歌舞、地方戏曲、民间书画、雕塑以及各种民间工艺等,都是不乏有价值的民俗文化和民间艺术。在这些具有特色文化资源的村庄,挖掘、保护和合理利用优秀的传统文化资源,开展展示活动和申报建立特色文化村活动,对丰富农民的精神生活、繁荣农村文化、展示新农村农民新形象、增强农村凝聚力和提高农民自信心,具有积极的意义。

(2) 培养"乡土艺术家"

最近几年,形式多样的文化下乡,如送戏下乡、送演出下乡、送书下乡、送电影下乡、送科技下乡……在中国各地的农村如火如荼地开展,但是这种"送文化下乡"已远远不能满足当代农民对文化的需求。因此,新农村文化建设要变"送"文化为"种"文化,培养和激励"乡土艺术家"。戏剧、皮影、泥塑、年画、秧歌等民间艺术在乡村生活中有着天然的亲和性,积极培养乡土艺术家,不但可以保护大量民间文化,而且可以激发农村自身的文化活力。支持农村文化精英人才的培养,加强培养基层文化队伍建设,通过国家公共财政引导的方式,奖励和补贴农村基层文化带头人,建立一支乡土化、农民化和本土化的农村文化精英队伍,使其成为农村文化的承载者和传播者,这是当前新农村文化建设的迫切任务。

（3）发展农村文化产业

从市场发展来看,近年来随着农民生活水平的提高,一些农村农民自办文化应运而生,如"农村文化大院"、"农村电影队"、"业余剧团"、"农家书屋"等,这种"自办文化"相当一部分就是农村文化产业的原始或者初级形态。农村文化产业是一个全新的、充满活力和潜力的领域,是市场经济条件下文化发展的重要形态。农村地域在大力发展农村文化事业的同时,应当积极地发展健康的农村文化产业,而发展农村文化产业是新农村建设的一种必然趋势。农村蕴藏着极为丰富的乡土文化资源,这些资源是发展农村文化产业的依托。近年来,有些农村地域在这方面已做了有益的探索,它们往往聚集优势文化资源,力促传统文化、民间艺术向产业化发展,乡村旅游、手工艺制造、民间艺术培训、民俗风情演艺、传统节庆活动等,这些都是发展农村文化产业较好的市场切入点。在一些农村文化产业比较发达的地区,还形成了自觉的品牌意识,开始实施特色文化品牌战略,推出了一批文化名镇、名村、名园。总之,农村文化产业发展为解决"三农"问题、增加农民收入、发展先进文化、建设小康社会提供了一条现实路径。

（二）建筑文明的根基

建筑文明是文化的结晶,是相应时期文明程度在建筑上的反映。按照乡土文明是农村生活秩序和生产关系的基石,是中国文化的根基的思路,农村地域建筑文明不仅反映农村特定的生活理念和就业方式,而且构筑了中国建筑文化的基础。如果说城市化推进下的各流派的新型建筑是现代文明的产物,那么中国源远流长的农村建筑则是建筑文明的根基。当今新农村建设中,按照新农村文化建设发展思路,农村建筑文化应该是"继承"与"发展"相结合,从而形成农村地域特色建筑,即在继承农村传统特色建筑文化的基础上,发展反映农村新型文化的时代建筑;同时,培养与发展农村非农人口参与新农村特色建筑规划与建设的能力,形成由专业技术人员领衔、农村建筑工程技术"工匠"共同参与的农村特色建筑工程专业设计和施工队伍。政府部门在引导农村特色建筑的设计施工市场化和产业化的过程中给予财政支持,永葆农村地域特色建筑长效发展。

1. 继承农村地域传统特色建筑

农村地域传统特色建筑是千百年来中国各地特定自然条件(气候条件、地理环境)、历史文化(传统思想、乡风习俗)等环境下形成的,其千姿百态、风格迥异的传统建筑风貌,是农村地域不同地区历史文化的代表、生活环境的标识和地理符号。继承农村地域传统特色建筑,不仅保持了中国各地历史文化遗存,突出地域文化特色,而且反映了中国特定条件下的人文精神和空间特征。因此,农村地域建筑特色的营造,首先要继承农村地域传统特色建筑。

当前,以民居为代表的地域传统特色建筑已有一定的研究基础。从空间形态看,建筑空间单元、建筑外观和建筑材料等,有不同的特征,如江南民居、北方四合院、闽南土楼等。但是从中国广阔的农村地域看,错综复杂的地理环境,已派生出了成千上万的农村地域传统特色建筑群落。继承农村地域传统特色建筑,重要的是对各地域传统特色建筑作更为深入的研究,以进一步明确亚区域的农村地域传统特色建筑风格类型,而不仅仅是大区域的农村地域传统特色建筑风格类型。从继承的内容看,主要以形象元素为主,包括:硬山、悬山、歇山、木鱼和宝顶等屋顶形式与元素;门窗户大小、形式和组合方式;建筑基座、梁柱结构;建筑材料和色彩等。

2. 发展农村时代特色建筑

农村地域特色建筑的生命力,不仅在于对"传统"建筑的继承,而且在于对其的发展。只有通过发展,符合现代农村居民的就业和生活方式,"传统"的特色建筑才能被"现代化"的农村居民所接受,才有更强的生命力。

然而,发展农村地域特色建筑,使其能反映时代特征的建筑文化,并不是照搬照抄与本地域无关的建筑风格与类型,如穹顶欧式建筑、廊柱建筑等,而是在研究特定的农村地域传统特色建筑群落与空间的基础上,发展那些与现代社会生活、结构理念相适应的元素。因此,所谓的发展应该是在继承的基础上的发展,其内容主要是建筑与空间的意象元素,包括传统建筑组合关系、建筑群的空间关系、建筑与山水环境的关系等。并采用新技术、新材料,实现上述形象元素的意象化应用,这也成为农村特色建筑发展的主要内容。

3. 培养与发展农村特色建筑的规划与建设队伍

当前中国农村人口多、地域广阔、建筑建设量非常大,但农村大多建筑在建设之前未经设计,而由民工或工程队自行建设,从而导致新建的农村建筑空间单一、形体简单,不仅没有地方特色可言,而且单一的空间结构,不可能适应各地农村居民日益多样的功能需求,最终被闲置。当涉及城镇化改造时,多数将被拆除,造成无谓的浪费,也不符合今后低碳发展理念。为此,应培养与发展农村非农人口参与新农村特色建筑规划与建设的能力,这不仅能稳固农村地域特色建筑的根基,而且能解决如下的一些问题。

(1)农村劳动力就业岗位不足问题

目前农村地区还有相当比例的剩余劳动力没有充分就业,根据中国 2008 年劳动力就业结构比例,第一产业人口比例占 50%,远远高于实际农业部门的需求,农村隐形劳动力失业比较普遍。

(2)地域特色建筑研究设计队伍严重不足问题

首先是研究队伍不足、研究深度不深。农村地域范围非常广阔,地域传统特色建筑分布于每个角落,仅凭居住于城市的科研和工程技术人员,以地方民居建筑为对象的研究范畴,无论是广度还是深度都无法达到农村地域传统特色建筑所要求的研究程度。农村地域传统特色建筑风貌研究的不到位,直接影响下一步地域特色建筑风格的设计,最终也会造成农村地域特色建筑的消失。为此,必须培养与引导农村乡土建筑艺术家,让更多的农村文化青年参与农村地域特色建筑的研究,从根本上解决目前研究队伍不足、研究深度不深问题。

其次是设计力量单薄。除因传统特色建筑研究深度不足而影响地域特色建筑的质量与品质外,另一个重要原因是中国面向农村的设计人员与农村的建设量相比仍显不足。即使部分发达地区进行重点小康型新农村建设时,也只能是从全省或全市层面,统一设计几套通用的农村住宅,进行批量"生产"批量"销售",再按照行列式布局规划建设,从而形成了村村一面、城乡一面的现状。

最后,居住于城市的"市民"所设计的农村住宅类型,未必能适应农村的生活方式,最后难免会出现农村若干"过渡性"的待拆建筑。

(3) 地域特色建筑工人素质的提升问题

在中国的城市"农民工"中,建筑务工人员占相当大的比例,如江苏灌南县外出务工人员中,建筑务工人员占 8.4%。农村地域特色建筑业的发展,能培养相应的技术工人,不仅可以就地消化农村劳动力人口,而且能在一定程度上提升在岗建筑就业人口素质,使逐步消失的"农村地域特色建筑工匠"再次出现在人们面前。

4. 政府部门引导农村特色建筑业的发展

农村特色建筑规划与建设队伍建设的前提是农村特色建筑业的发展。目前农村经济无论是总量还是人均都相对较低,以农民为主体的农村特色建筑业的发展,其瓶颈在于农村经济的相对落后,使农村特色建筑业的市场化步伐难以推进。主要表现为农村特色建筑业业主受经济条件和消费层次观念的制约,使供应方因没有"市场"而设计、施工供应不足,农村地域传统特色建筑消失,而时代特色建筑没有建立。正因为农村特色建筑业市场化滞后,进而导致相应的设计、施工产业化不足,使当前农村特色建筑研究、设计和施工队伍相当匮乏,相对应的建筑业发展也就无法谈起。为此,各级政府部门在引导农村特色建筑业市场化和科研、设计和施工产业化的过程中应给予财政支持,在市场化没有建立起来之前,政府应重点通过计划、财政的宏观政策手段,先在农村地域特色建筑的研究层面做好引导,再通过立法环节、审批环节和有效的奖罚措施,按照重点示范、有效推进的思路,促进农村特色建筑设计、施工的市场化,保证农村地域特色建筑业的长效发展。

第三节　农村地域特色建筑空间元素

通过研究中国古建筑和地方民居建筑,可以发现不同地区条件和地域环境下的特色空间与建筑风貌通过不同的空间单元和建筑元素体现出来。在空间上,主要为各类院落空间、独立空间的不同组合形式;在建筑形式上,主要表现为屋顶、屋面和主要的形体组合;在建筑结构与材料方面,体现为不同门窗类别与结构、建筑结构形式和材料的运用等。

一、建筑空间布局单元

(一)院落式空间

综观中国各地传统民居资料,可以认为,中国农村地域传统院落式建筑空间的基本单元由进空间、院空间、间空间组成。进空间是院落式房屋的主体,主要用作厅堂、卧室等;院空间为开敞空间,用于通风、采光以及日常生活活动;间空间是房屋的横向划分单元。三至五间的单数横向连成的建筑称为落。

复杂的农村传统特色建筑的演化有其特有的规律。根据传统民居的相关研究,其生长原则是:院落空间的基本单元可以沿纵轴线方向以扩充的方式生长,形成一落多进的住宅。这样的住宅在横向上重复组合,形成多落多进的大宅(见图8-1所示)。

根据地形条件,院落空间有对称和非对称之分。其中,均衡对称布局,主要位于用地条件较好的平原地区;而非对称建筑空间主要结合多变的山丘地貌或不规则的水系环境,灵活布局。

1. 对称布局的院落空间

　　对称布局院落空间的主要建筑和空间沿着纵轴线(前后轴)与横轴线进行布置,多以纵轴为主,建筑空间主次有序,层次分明。传统地域建筑空间单元按进、厢空间的不同,有四合院、三合院、独立院和内井院落等形式,其结构见图8-2、图8-3、图8-4和图8-5所示。

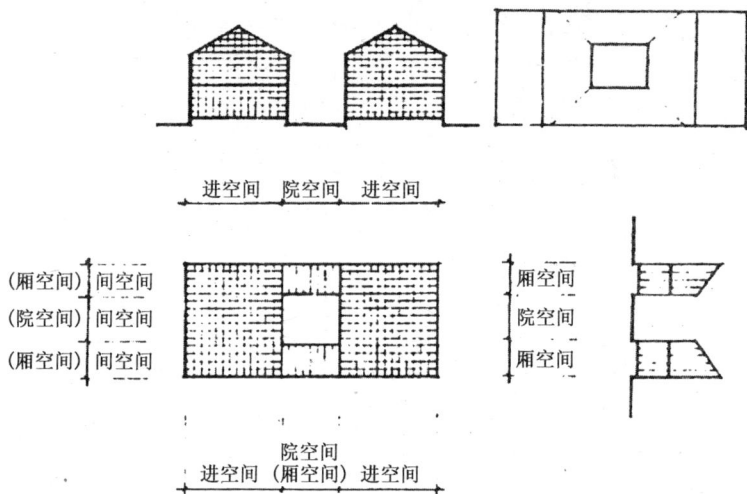

进空间　院空间　进空间

(厢空间)｜间空间　厢空间
(院空间)｜间空间　院空间
(厢空间)｜间空间　厢空间

院空间
进空间　(厢空间)　进空间

图8-1　院落式空间的基本单元

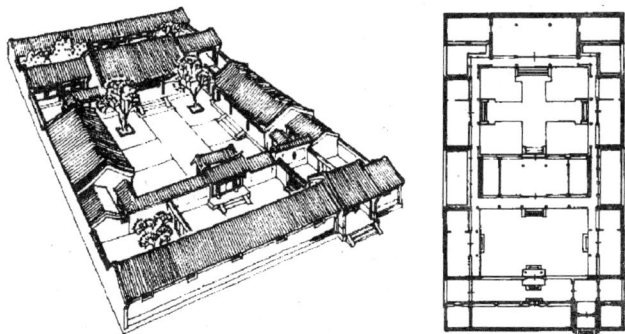

图8-2　四合院

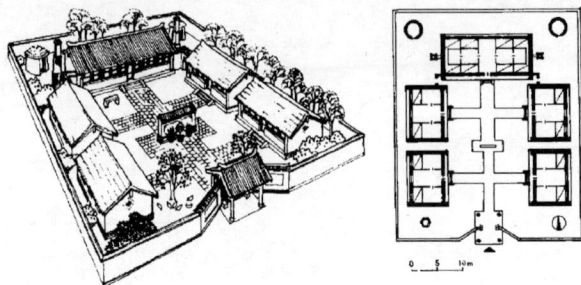

图 8-3　三合院

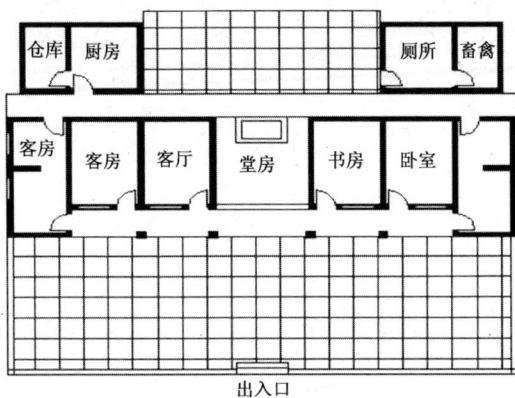

仓库　厨房　　　　　厕所　畜禽

客房　客房　客厅　堂房　书房　卧室

出入口

图 8-4　独立院

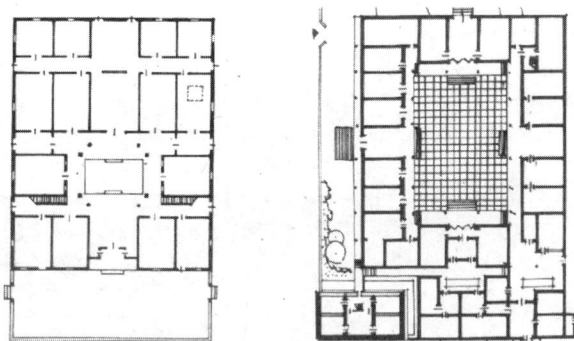

图 8-5　内井院落

2. 非对称布局的院落空间

非对称布局的建筑院落空间,大多不是按照一定的轴线进行组织,而是结合地形条件,依山就水灵活布局,形成室内、室外相互贯通的结构形式。其院落与建筑空间也有一定的主次序列,但类型多样,不拘一格。其结构见图8-6、图8-7、图8-8所示。

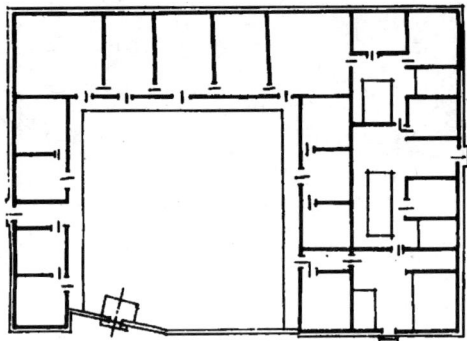

图8-6　山丘台地院落

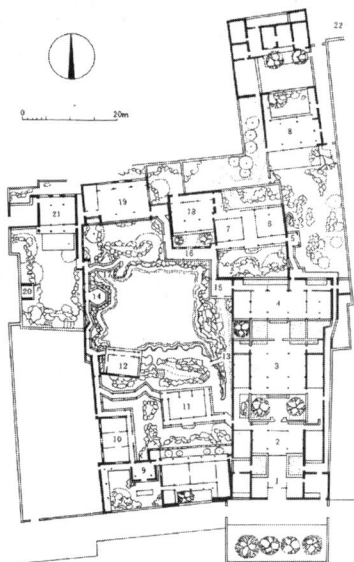

图8-7　内水池院落

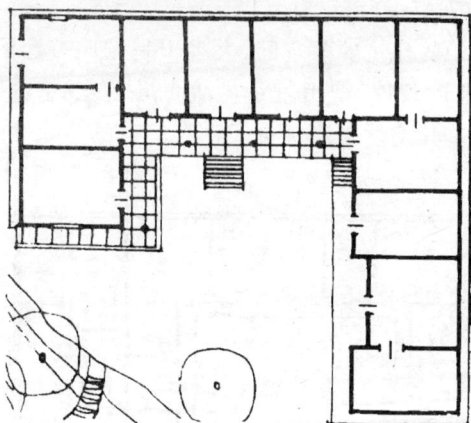

图 8-8　傍水院落

（二）非院落式空间

　　非院落式空间的居住生活空间主要位于建筑室内，室外主要用于公共空间场所，如沿街、沿路和沿河组合建筑。在山区居民点，由于用地所限，独立的台地上常建筑独立式非院落式建筑空间。在有些地区，结合民间生活习俗，建筑底层作为牲畜养殖场所，二层以上才作为生活起居空间。其结构见图 8-9 至图 8-13 所示。

楼层平面

图 8-9　丘陵台地独立建筑

图 8-10 山地独立建筑

图 8-11 沿路组合建筑

图 8-12　沿街组合建筑

图 8-13　沿河组合建筑

二、建筑空间组合类型

（一）空间组合类型

根据单体建筑空间关系可划分不同类型的建筑群空间，其中包括线状组合空间、团状组合空间和散点状组合空间等。

1. 线状组合空间

线状组合空间，是指功能相似的建筑单体之间，按照公共空间场所特点，依一定规律呈线状组合的整体形态。根据组合空间的线型特点，可细分为直线型和曲折多义线型。

（1）直线组合。这一类在平原地区较为普遍，包括街道空间和住宅群空间等（见图 8-14 和图 8-15 所示）。

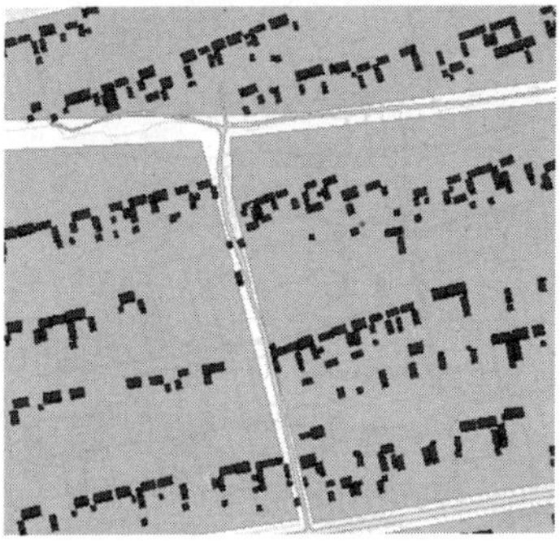

图 8-14 直线型居住建筑组合

图 8-15 直线型街道建筑组合

（2）曲折多义线组合。这一类多见于地形不规则的山丘缓坡地或水网密集地区（见图 8-16 和图 8-17 所示）。

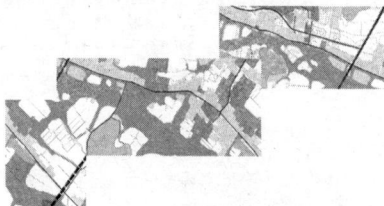 

图 8-16　折线型居住建筑组合　　　　图 8-17　多义线型街道建筑组合
　　　（详见彩页图 8-16）　　　　　　　　　（详见彩页图 8-17）

2. 团状组合空间

团状组合空间，是指不同时期形成的使用功能相近的建筑单体，按照一定的空间机理，相互组合布局，形成团状的空间形态。农村地域团状组合空间既要有一定规模，且位于具备变化不大、适于建设的地形、地貌条件，又有亲近的社区人脉基础。其中前者是团状组合的空间载体，后者是团状组合的时序保障。这类组合多见于人口相对密集的农村地域（见图 8-18 至图 8-20 所示）。

图 8-18　以旧建筑为　　图 8-19　以新建筑为主的　　图 8-20　新旧相间的
　　主的团状组合　　　　　　团状组合　　　　　　　　团状组合
（详见彩页图 8-18）　　　（详见彩页图 8-19）　　　（详见彩页图 8-20）

3. 散点状组合

散点状组合空间，是指不同时期形成的、使用功能相近的建筑单体,相互分离独立,形成不规则分布的空间形态。这类空间形态多见于地形变化大、可建设用地小、分布不均匀,且人口相对稀疏的农村地域(典型的如图 8-21 至图 8-23 所示)。

图 8-21　环绕山丘的散点状组合

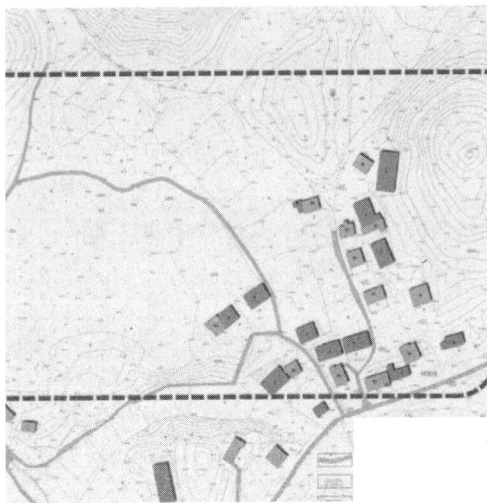

图 8-22　山丘台地的散点状组合

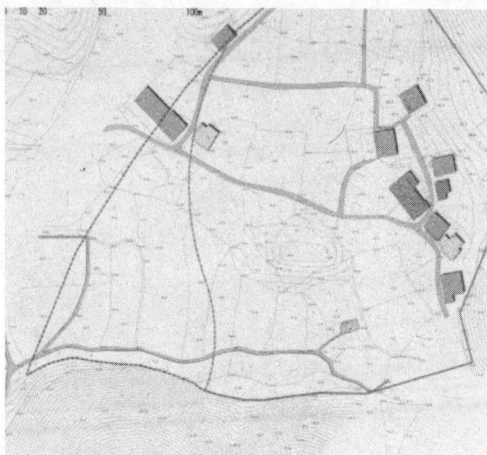

图 8-23　沿山坡地的散点状组合

（二）地域空间环境类型

根据赖特的有机建筑思想，建筑与其所在的地域空间环境是有机的一体，建筑及其空间离开了特定的地域空间环境，犹如树木失去根基和土壤，最终将会枯竭而死。只有当建筑及其空间与特定的地域空间环境联系在一起时，其具有的生命力才更强，地域文化内容才更丰富。

1. 平原水网地带

水是生命的源泉，人类的一切活动均离不开水。在中国的平原水网地带，无论是江南水乡、东南部沿海，还是中南部多雨湖泽地区，均留下了尺度宜人的水空间建筑风貌。这种特定建筑风格创造和丰富了风格各异的建筑空间和环境（典型景观见图 8-24 和图 8-25 所示）。

图 8-24　粤中番禺渔村沿河水棚建筑景观

图8-25 闽西永定沿河土楼建筑景观

2. 高山台地

在高山台地,传统的农业丰度和交通条件不如平原水网地带,地域居民经济水平相对也较低,反映在单体建筑规模上普遍较小。山地因交通不便,就地取材也成为山地建筑的普遍现象。因此,山地建筑的用材数量与种类也相应较少,单体特征鲜明。另外,复杂多变的高山台地环境,也造就了具有不同地域特色建筑的空间形态,如屏山、景山等不同尺度山体形态环境的借鉴与引用,营造了高山台地建筑丰富多变而整体和谐的空间形象。再者,单体建筑因地制宜,对不同地形坡度和高差进行了有效的利用和处理,构成了高山台地建筑特有尺度关系的建筑空间(典型建筑见图8-26和图8-27所示)。

图8-26 川西北马尔崇山地建筑景观

楼层平面　底层平面

图 8-27　黔东南黎山台建筑景观

3. 山丘谷地

与高山台地地域条件相比,山丘谷地传统的农业丰度和交通条件相对较好,建设用地条件也相对较好,从而为建设大尺度、大规模的单体建筑提供了主客观有利条件。因山地与平原水网交汇,和水陆交通衔接,建筑用材渠道广阔,故建筑单体景观丰富。加之较为宽阔的建筑用地条件,为建筑单体的纵横方向伸展提供可能。这类建筑中二维空间组合较为常见(典型建筑见图 8-28 和图 8-29 所示)。

④ 闽东北福安民居

侧立面

图 8-28　闽东北某谷地建筑景观

图 8-29　闽东北福安建筑景观

三、建筑外观形式

(一) 建筑屋顶形式

中国传统建筑屋顶尺度通常在单体建筑中占有较大的比例,建筑屋顶形式在建筑形象中起着重要的作用。不同等级的建筑,有着不同形式的屋顶,历史上传统的农村地域建筑等级较低,相对的屋顶形式也较为简单而常见。从中国各地民居资料看,农村传统的地域特色建筑屋顶主要可以归纳为硬山、悬山、歇山、卷棚和风火山墙五种形式(见图 8-30 至图 8-34 所示)。同一种屋顶形式,由于地区不同的建筑材料、气候条件、施工技术和建筑年代等,还呈现细微的差别。

图 8-30　硬山

图 8-31　悬山

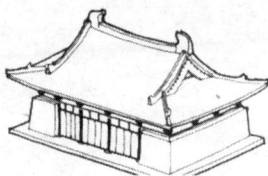

图 8－32　歇山

图 8－33　卷棚

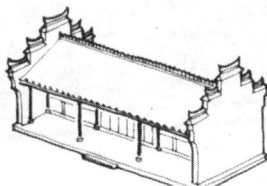

图 8－34　风火山墙

（二）青瓦屋面（常用）造型

中国农村地域建筑的屋面非常丰富,其类型有:草顶和草泥屋面、青瓦屋面、琉璃瓦屋面、石板瓦屋面、木板瓦屋面等。其中青瓦屋面是农村地域最为常见的屋面造型,其形式特点主要体现在屋脊的造型艺术上,有箍头脊、清水脊、皮条脊、甘蔗脊、纹头脊、雌毛脊、哺鸡脊和龙吻脊八类(见图 8－35 至图 8－42 所示)。

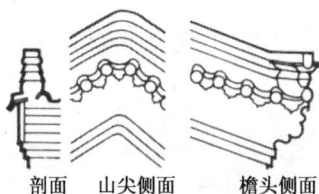

剖面　山尖侧面　檐头侧面

图 8－35　箍头脊

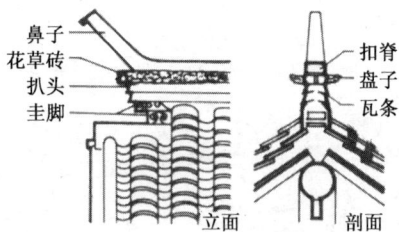

鼻子　花草砖　扒头　圭脚

立面

扣脊　盘子　瓦条

剖面

图 8－36　清水脊

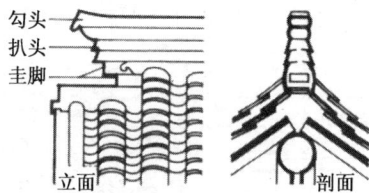

图 8 - 37　皮条脊

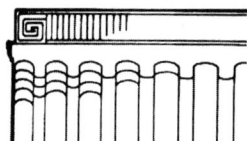

图 8 - 38　甘蔗脊

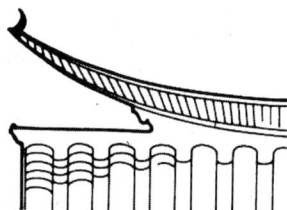

图 8 - 39　雌毛脊

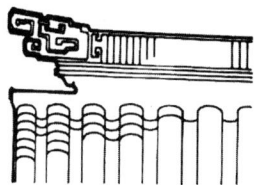

图 8 - 40　纹头脊

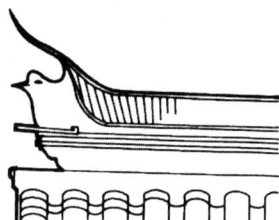

图 8 - 41　哺鸡脊

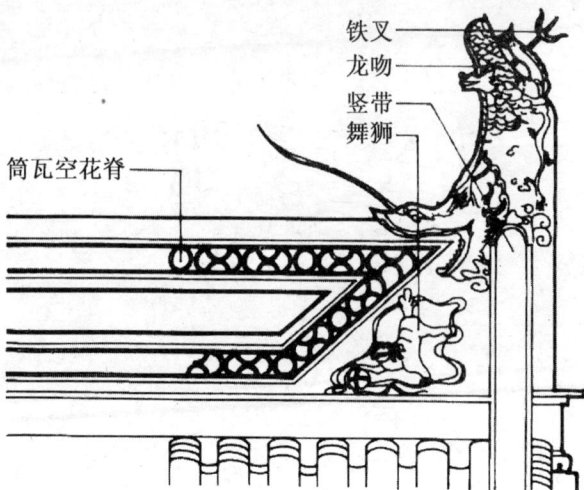

铁叉
龙吻
竖带
舞狮

筒瓦空花脊

图 8-42　龙吻脊

（三）建筑形体组合

中国传统建筑通过形体的不同组合，形成了丰富多彩的建筑单体形态。根据已有的资料整理，传统的地域建筑组合基本类型有屋顶丁接、悬山楼屋加披檐、错层楼层（楼层出挑）、歇山顶加披檐、多层碉房（加歇山顶）等（见图 8-43 至 8-47 所示）。

图 8-43　屋顶丁接

图 8-44　悬山顶加披檐

图 8-45 错层楼层

图 8-46 歇山顶加披檐

图 8-47 多层碉房

四、建筑结构与材料

（一）门窗形式与组合

中国古建筑中的外檐门窗类型与组合极其多样，农村地域最常见的几种门窗形式主要有格子门、格扇窗、花窗、直棂窗和阑槛钩窗等（其主要类型见图 8-48 至 8-51 所示）。

图 8-48 格子门

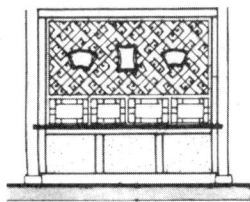

图 8-49 花窗

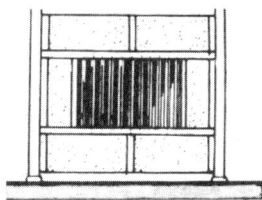

图 8-50 直棂窗

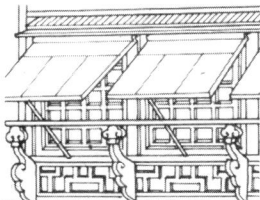

图 8-51 阑槛钩窗

农村地域传统的门窗组合方式也较多,其中连续的大窗户有门联窗、合和窗等。另外,诸如安徽等部分地区的建筑外墙高耸,形成独立小窗户,即墙体与门窗有机相间,形成相对独立的门窗(其类型见图8-52至8-54所示)。

图8-52　门联窗

图8-53　合和窗

图8-54　独立门窗

(二)建筑材料与结构

众所周知,建筑是人类文明的结晶,建筑历史折射出人类文明的发展历程。考察某地域在某一时期的历史文化特征,可以从该时期的建筑文化入手。而建筑文化遗存的久远,取决于建筑历史的长远。就单体建筑历史而言,建筑材料与结构、建筑构架类型起着重要的作用,其中的建筑材料与结构形式对建筑使用寿命有直接的影响。一般情况下,砖石结构的建筑使用寿命较长,而土木结构的使用寿命较短。如中国尚存的土木结构建筑,大多为清代建筑,明代以前极其少见。另外,不同的建筑材料,对人的视角感官作用是不同的,从而产生不同的建筑质感和美观效果。相比而言,石结构、砖石结构、砖木结构会产生较为强烈的质感效果,而木结构、土木结构和竹木结构,随着年代的久远,质感相对较为柔和(这些特点见图8-55至8-60所示)。

图 8-55　石结构建筑

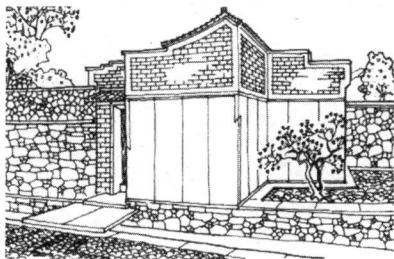

图 8-56　砖石结构建筑

图 8-57　木结构建筑

图 8-58　砖石结构建筑

图 8-59　土木结构建筑

图 8-60　竹木结构建筑

（三）建筑构架

建筑构架是传统建筑中承担建筑荷载的构件系统和空间组合的基本骨架形式。根据建筑构件的受力特点与空间组合方式，中国传统农村地域的建筑构架形式主要有抬梁式构架、穿斗式构架、干阑式构架和井干式构架四种形式（见图 8－61 至图 8－64 所示）。

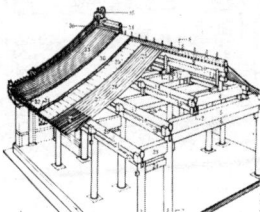

图 8－61　抬梁式构架

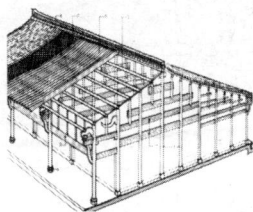

图 8－62　穿斗式构架

图 8－63　干阑式构架

图 8－64　井干式构架

五、地域特色建筑与空间的种类

以上所述的是中国不同地域特色建筑空间元素的数量与类型，笔者通过不同的排列与组合，粗略地估计中国不同地域特色的建筑与空间类型可达 80 万多种。按照中国 64 万个行政村计算，平均 1 个行政村就可以建设 1.5 个不同地域特色风貌的建筑空间景观与环境，这为农村地域特色建筑的继承与发展奠定广泛的基础。

第四节　农村地域特色空间与建筑实证研究

中国传统的乡村建筑特色鲜明。据上所述,大江南北不同的气候条件有着不同的建筑风格,即使是统一的气候区域,也因山水环境不同、地质地貌的差异、历史人文特征不一,呈现出不同的建筑空间类型与风貌。现以中国部分地区为例,探讨农村地域特色建筑与空间。

一、浙江省台州市区东南沿海农村地域建筑与空间

(一)建筑空间特色

1. 传统的街道空间特质

历史上温黄平原的生活空间场所,除了具有与中国江南其他地区的一般"共性"外,还有其独特的场所空间内涵,尤其是街道空间更是如此。规划设计时不能简单地搬用中国江南等其他地区的传统空间特征,更应体现如下特点。

(1)传统街市的分工特点——"米行"、"柴行"、"鱼行"

温黄平原介于山海之间,传统的街市贸易物品丰富,既有丰富的水(海)产品,又有众多的山地物品。为了满足琳琅满目的商品贸易,街市中的"鱼行"、"柴行"、"米行"等具有特色物品的街市空间相继出现。这些空间通过线状的街道串联在一起。

(2)传统街市的布局特点——"上街头"与"下街头"

诸多的"山珍海味"组织于同一街道空间上,客观上需要合理的布局。温黄平原传统街道的贸易区域与商品的来向成结合布局,如"柴行"往往位于来自山区的公路附近,而"鱼行"则往往与通往平原或海边的公路或水路(河道)结合布置。

(3)传统街市空间的发展模式——"小店"、"一字街"、"丁字街"和"十字街"

图 8-65　温黄平原某古街道布局

　　温黄平原的街市空间从小规模的开店立铺开始,然后沿人流活动的方向形成一字街,继而在人流集中的中间附近分岔成丁字街、十字街等,向四周延伸。一些占地较大的贸易场所沿街道空间不断地向外围迁移(如图 8-66 所示)。

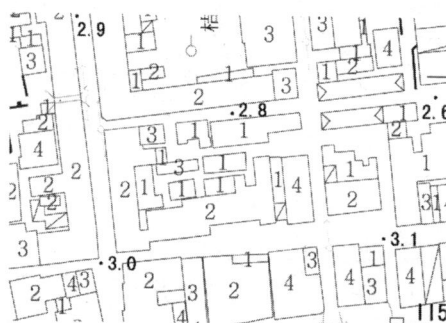

图 8-66　向四周伸展的某街道空间

　　2. 传统住宅空间

　　农村地域的传统村落空间主要以三合院为单元,极少数为多进院落式大宅空间。几个三合院组成一个落,成相对集中而总体分散布局。从广阔的平原村落遗址看,一个传统的村落平均院落在 3 个左右,每个村落相互独立。但现状少量尚在的传统院落式住宅空间已经不完整(见图8-67和图8-68所示)。

图8-67 尚存的三合院单元平面

图8-68 相对集中而总体分散的传统村落布局

(二)台州市区东南沿海地域传统建筑风格特征

考察台州市区东南沿海地域建筑风格应从以下两方面来入手。

1. 传统的建筑用材——石材(凝灰岩)和木材

温黄平原居民习惯用石材建房已有2000多年历史。在温黄平原民居中找不到泥土房,历史上竹楼和砖房也少见。另外,温黄平原西接山区丘陵,广大山区为该区居民建房提供用材条件,石板和木梁、木柱是民居的主要构件。

其中的石板在底层等局部部位代替了木板,而用来做墙面、楼层平面和地面,因其不怕风雨侵袭,而常常外露于室外,这大大改善了居民的生息条件(见图8-69和图8-70所示)。

图8-69　石板和木材在建筑中的运用

图8-70　街道建筑整体特征

2. 传统的抗台、防洪、防灾措施

温黄平原地处浙江东南沿海,历来受台风影响,在梅雨汛期时,当地不但雨量大,而且风力大。强大的暴风雨气候,造就了具有顽强拼搏精神的台州文化,而传统的建筑文化也传承着台州人的智慧。就沿街建筑而言,主要表现为如下特点。

(1) 沿街建筑相邻紧凑,单家独户无外露的马头墙。

(2) 木梁和木柱搭接成"框架结构",增加了"抗台"的刚性。

(3) 底层以石板为材料作地板或分隔墙,用以防水、防潮。二层沿街横墙则用轻质木板拼接做成墙面,其他则用石板作分隔墙(见图 8-71 和图 8-72 所示)。

图 8-71　底层石材防潮和防水处理

图 8-72　较为少见的砖石外墙

3. 建筑风格

台州市区东南沿海农村地域也经长期的实践,形成了具有自己特色的建筑风格。

(1) 以石木结构为主,砖石结构仅在边套的外山墙中出现。木梁、木柱构架外露,石板接缝分明。木梁、木柱用作房屋的框架构件,而相互拼接的石板作为分隔墙,其构造机理十分明显。

(2) 大窗户、悬山、坡屋顶特征明显。台州市区南部农村地域通常采用的石板厚为 8~10 cm,宽 100~150 cm,长达 200 cm 左右。由于用石板代替砖石和小石块作为墙体,使墙体自重大大减少,因而沟通室内外环境的门窗普遍较大,底层大多为门联窗。宽大的窗户又为夏日的通风创造条件,二层出挑、局部采用支摘窗,以利于挡风和避雨(见图 8-73 所示)。

(3) 三合院转角处,大多为歇山屋顶(木结构)或悬山楼屋加披檐(见图 8-74 所示),同时形成了外挑外凸、具有明显遮阳挡雨作用的前后檐口和悬山屋顶。临街建筑的边墙,为了防水和防火要求,采用硬山屋顶(砖石结构)。屋脊以雌毛脊为常见,部分采用硬山屋顶时,则为箍头脊。

图 8-73　二层挑大窗户形式

图 8-74　歇山屋顶

二、苏州市区南部农村地域建筑与空间

(一)建筑空间结构

人类聚落的物质空间已不再是人工构筑物与自然环境的简单结合,它已同生活在其中的人们在文化习俗和生理等要求支配下的各种活动密切联系在一起。

苏州市区南部农村地域居住空间结构的形式与江南水乡其他地域有许多类似之处。因水而成的居住空间结构,与水息息相关,它因水而成,因水而发展,它是以水网交叉为主要特征的自然环境与居民生活的综合体。随着岁月流逝,居住的物质空间被赋予了生活和与文化的意义,并形成了独具特色的水乡风貌。它一经形成,作为简单的背景和生活舞台及道具呈现在居民周围的同时,居民按照自身的居住生活要求,把它们组织起来。

居住空间结构是居民生活的框架。与江南水域其他农村地域一样,苏州市区南部农村地域以水道空间为主要骨架,街道空间依水而立,两者平行或交叠,将居住空间与水埠、水井等串联一起,成为商业、生活、生产不可缺少的场所。为了交通方便,居民依水而居,形成前街后河的模式和特有的水巷形式。在利用水的过程中,逐步演化出桥梁桥洞、埠头驳岸、临水骑楼、水连桥廊等各种设施,极大地丰富了与水相关的物质与流系统。但由于水的交通分流作用,街道的交通功能降低,这一地区形成了比其他地区更为狭窄的街道体系。

1. 住宅空间

苏州市区南部农村地域传统的建筑以住宅为主,这主要是由于苏州市的农村地域市镇商业比较发达,其对周边的农村地域功能有相当的辐射影响。根据苏州市区南部农村地域住宅规模的大小,可以分大宅、中宅、小宅三种。

(1)大宅。大宅多为乡绅富商的宅第,四进以上,少则一落,多则三落。从横向断面结构正面看,第一进为门厅,第二进为轿厅,第三进为正厅,正厅进深和层高较大,一般供喜庆、丧事及其他大典之用,第四进为内厅,第五进及以后一般为披棚、厨房等。如大宅向左右发展时,如只有一个边落,则一般向东延伸。落与落之间以备弄来分隔,备弄窄时只可一人通过,宽时可通轿。备弄也是大家庭中各房出入的通道。边落的"进空间"序列与主落相仿(见图 8-75 所示)。

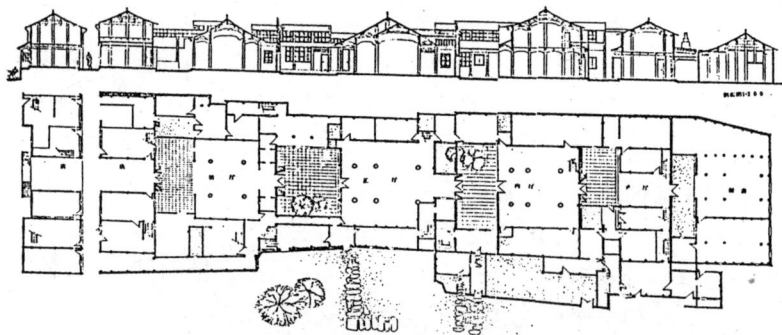

图 8-75　苏州南部传统大宅示例

(2)中宅。中宅为中等收入家庭的住居。从形式上看中宅与大宅相仿,不同的是规模小了,一般均在四进以下且无边落;如有一落,也是向东延伸(见图 8 - 76 所示)。

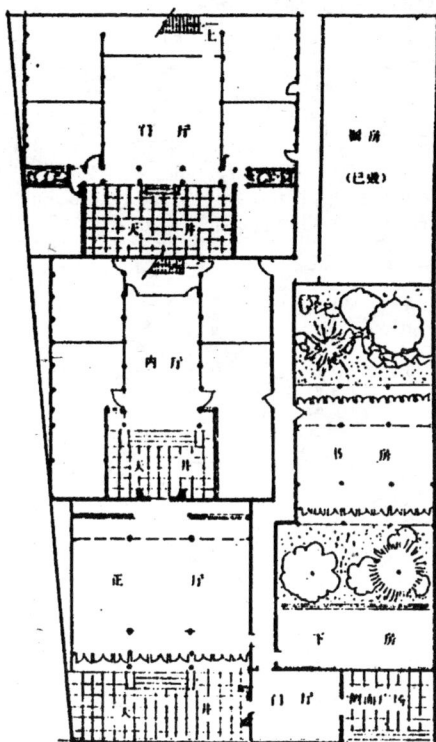

图 8 - 76　苏州南部传统中宅示例

(3) 小宅。小宅为普通平民住宅。小宅规模较小,为一到两进,平面布局顺应地形,形式多样,有的沿街,有的沿河,相互联结一体。沿河的小宅一般室内有台阶直通水面(见图 8 - 77 所示)。

2. 街道空间结构

苏州市区南部农村地域街道空间在传统街区所占的空间比例不高,但有很强的公共性和可达性,从环境景观角度看,它具有更重要的意义。传统街道既是交通空间,又是人们生活空间的延续与补充。人们在街道上交往,街上人流活动有时可以收缩至店铺、作坊内,而居民的室内活动又经常延伸到街道上。在这个意义上说,街道呈现了多义模糊的特点。

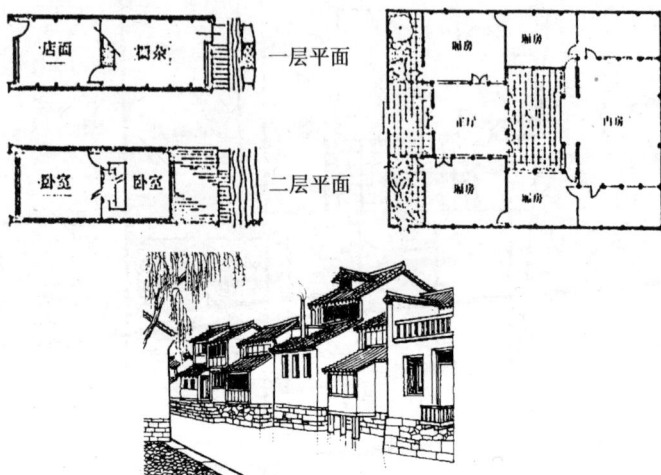

图 8-77　苏州南部传统小宅示例

(1) 纵向结构特点

苏州市区南部农村地域街道两侧的传统建筑依水而建,呈现不规则的布置,沿街的墙面时进时退,形成街道纵向空间的一种收放节律变化。因街道常有转折和曲线变化,一般通视距离较短,形成了封闭感和识别性。街道纵向结构特点可以概括为如下五种:

折叠。因水乡河道空间曲直变化,导致街道自然曲折而呈宽窄变化,造成建筑物前后参差,使相似的建筑山墙重复展现在行人面前而形成折叠效果。

偏斜。偏斜的道路可增加空间的围合感,并造成行人的一种期待感,起到减轻疲劳的心理效果。

诱导。由于街道的弯曲走向,在视线收束点有方向感,并引至有吸引力的建筑上,对行人产生诱导作用。

分段。利用券洞、过街楼等构件,使冗长的纵向街道空间有所分段,增加空间层次。

框景。上述的分段常在画面上形成一种框景效果,有助于丰富街道空间层次和增强围合感。

(2)从横向结构特点看,苏州市区南部农村地域街道空间结构特点分如下三类:

两房夹一河,形成街—居—河—居—街的布局。

一街一河,形成街—居—河—街—居。

两街夹一河,形成居—街—河—街—居(见图8-78所示)。

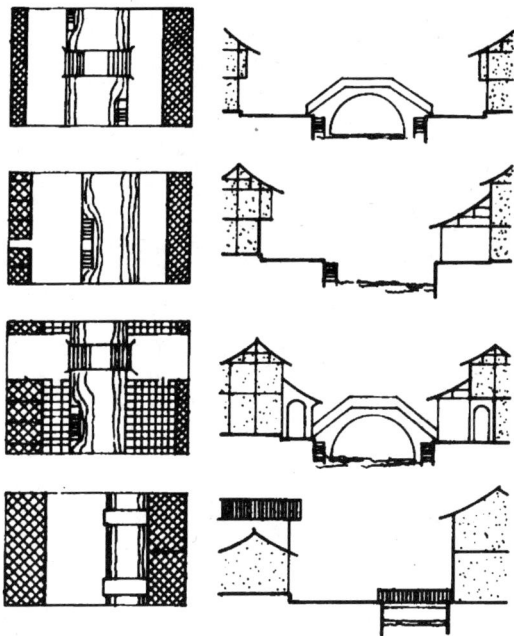

图8-78　传统街道与水空间关系

三种空间形式的决定性要素是街与河。街道的商业功能腹地广阔,集市贸易历史悠久,由于街市中的人物集散,其与河的埠头、桥梁成为水乡空间的主要设施,相应地成为水乡主要空间要素。另外,由于街市的存在,两侧居住建筑沿街沿河鳞次栉比,形成线状空间(见图8-79所示)。

图 8-79　苏州南部传统水街景观

(二)地域建筑风格

1.建筑屋顶形式与屋面造型

苏州市区南部农村地域建筑屋顶主要为穿斗式砖木或砖石结构,悬山、青瓦屋面、皮条脊,二楼层局部出挑,并且诸多小宅相互搭接和相互错落,表观为屋顶形式极其丰富。这与浙江省台州市区南部地域以家族为单元所表现的三合院住宅的屋顶与屋面造型有相当的不同(见图8-80所示)。

图 8-80　苏州南部农村地域传统建筑屋顶形式与屋面造型

2．建筑结构与材料

（1）门窗形式与组合

门窗形式与组合方式多样，既有连续合和窗，也有独立小窗户，均形成相对独立的门窗（见图 8-81 所示）。

图 8-81　苏州南部农村地域传统建筑门窗形式与组合

（2）建筑材料与结构

建筑材料以砖木结构为主，其中实体砖墙比例大，粉墙黛瓦特色鲜明。沿河建筑主要为石堤、石码头和石台阶（见图 8-82 所示）。

图 8-82　苏州南部农村地域传统建筑材料与结构

三、浙赣皖边缘地域建筑空间特色

浙赣皖边缘地域以山丘地貌为主,影响传统建筑空间布局的自然因素主要为山洪暴发、冲沟和滑坡等自然灾害性气候,建筑通常相对集中布局于山间台地、溪口谷地间,因传统家族观和私密性风俗,单户建筑呈院落布局。浙江省常山县球川村为三省交会地(其地域见图8-83所示),因地域特点,遗存了有相当代表性的浙赣皖边缘地域传统乡村建筑空间。

图8-83 球川村所在位置

(一)传统建筑空间

1. 住宅建筑空间

(1)空间类型

球川村民居宅院基本组成单元主要是三合天井内院、四合天井中庭。三合天井内院由"一明两暗"——即正房及两侧厢房组成,天井往往窄而长;四合天井中庭由上堂(上厅)、下堂(下厅或门屋)及两侧厢房组成。

球川村民居的天井与距其不远的江西婺源民居(原徽州地区)相比显得更加宽阔(但天井比例关系上却更加低矮)。庭院横向多为五开间或七开间,其平面布局不拘泥于定制,因地制宜,循地势之高低、巷道之曲直,自由灵活,且多数门厅不设在中轴线上。通过大门进入前亭或前院才进入正门,第一道大门和正门并不求正南向,东南、西南、东向、西向均可设门。正堂也不拘泥于南北向,这就形成了自然有机、灵活多样的院落布局形态。根据组合关系和位置可将天井庭院分为前庭、主庭院、侧庭、后庭等。在一户宅院内,主庭院是其组织的重心。

（2）空间组织

即便球川村民居空间形式丰富多样，庭院组织空间形态自由灵活，但其整体空间构成上还是具有明确的序列性，庭院内部也有明确的主从关系和轴线关系。除了入口较多变化和转折外，主体建筑依旧是以中轴线对称布局，其开间数多少有增减，纵深天井数也有变化。两侧房屋院落则以次轴线组织空间，两侧的次要房屋和次轴线从属于主轴线上的主厅堂及庭院空间，次要房屋的天井尺度和房屋的尺度都远比主庭和主屋小。主轴线上的主要厅堂，即上、下堂（后一进称上堂，前一进称下堂），与开敞通透的两厢护厝庭院形成十字形空间。上堂是十字空间的焦点，供祭祀和社交之用，天井是十字空间的核心，可容纳整个家庭的日常活动。

整个院落空间上，主次形式分明，空间层次明晰，对外封闭，对内开敞，室内与室外空间通过半开敞的过渡空间——厅堂及檐廊空间进行联系，各空间互相贯通，使得庭院空间生动有序（见图 8‐84 所示）。

球川村民居采用护厝式或天井庭院，在浙江越海系民居中是个特例。护厝式做法常见于闽粤民居，在这里出现是有一定原因的：从球川所处的地理位

图 8‐84　球川村住宅空间平面类型
（详见彩页图 8‐84）

置来看，它位于浙、赣、皖、闽"咽喉"的常山县，其住宅型制与徽州、赣东、闽北民居民建筑平面和造型上有许多相似之处。球川属衢州地区，素有"四省通衢，五路总头"的说法，衢州上游常山港便为通衢之水上交通必经之处，该地区有来自福建、皖南、江西等不同地区的工匠，

因此建筑特色十分丰富多样。

球川村有许多徐姓居民,根据当地人讲,徐氏家族是从福建迁移过来的,这就不难解释徐宅护厝做法的疑问了。

由于这里的居民采用了护厝的型制,天井一侧或两侧主屋檐廊下的东、西两侧设置了通向护厝的通道,这种做法与徽州民居不同。在重要的礼仪场合下,上堂背后的门可以打开,将中轴线上的天井、厅堂等各个空间连通(在笔者调查时是打开的,但从上堂背墙有门板隔断和从门板上的铁件可以判断其是可连通的)。这种做法与同是浙西南的江山二十八都典型民居的空间形式不同。

2. 街道空间

球川村是历史古镇所在地,与村落住宅院落空间的因地制宜布局相类似,球川村的历史传统街道空间顺着自然地形,曲、直、折多变,收放自如。从街道纵向效果看,其起因于山谷台地自然地形和步行人流特点,线状空间形成了折叠、偏斜、诱导等多变的空间效果,因此与因水而建的水乡空间有一定的雷同性。但是,与平原、水乡古镇街道相比,山村古镇街道,一方面受自身地形所限,街道空间多为折线,弯曲多变,纵向直线段伸展的空间长度有限;另一方面,辐射的腹地范围及其人口不及平原、水乡古镇街道,发展规模相对较小。因而,其街道空间的分段、框景均较小(见图8-85所示)。

图8-85 球川村传统街道空间
(详见彩页图8-85)

(二)建筑风格

1. 住宅建筑

球川村落的传统住宅建筑最大的特点是对外封闭、对内开敞,因此建筑呈现一些不同的特征。

（1）建筑屋顶和外墙形式

高耸的马头墙和相对独立的门窗形式，形成对外封闭的建筑空间效果。住宅外墙正门高耸（见图 8-86 所示），但结合楼层与门窗的使用功能，上下分段明确，出入主次分明（见图 8-87 所示）。出入门罩、门楼上的浮雕或雕花精细，门窗边框用条石筑成，与砖石外墙形成鲜明的对比（见图 8-88 所示）。

图 8-86　球川村传统建筑外墙

图 8-87　球川村传统建筑门窗形式

图 8-88 球川村传统建筑门罩、门楼

（2）内部建筑与结构形式

球川村落住宅建筑的内部主要是木结构，楼层围绕内天井出挑，梁柱结构讲究，具有相对较大的内天井空间，因此所要求的梁柱尺度也较大（见图 8-89 所示）。球川村落住宅建筑内部中间月梁跨度大，撑拱、雀替使用频率高而讲究（见图 8-90 所示）。连续的格扇窗、花窗组合于一体，形成通透的室内外环境。

图 8-89 球川村传统建筑木结构

图 8-90　球川村传统建筑撑拱、雀替

2. 街道建筑

球川村落古街道的建筑以砖石、木结构相间穿插出现，一定程度上表现了历史上球川古街道是来自不同地域背景的商人集聚之所。木结构梁柱构架分明、联排门窗，立面通透宽敞，反映出了古街道曾有的市井繁荣、热闹非凡的景象。而砖石结构的门窗相互独立，门斗、砖雕匠心独具，且街面严实宽厚，流露出古街道经久百年消逝不掉的市井繁荣和风雨难蚀的从业精髓。另外，街道分隔的马头墙高耸依稀可见，为本已丰富多变的街景增景生色，也为天南海北不同文化、礼仪背景的商客提供亲切的贸易环境（见图 8-91 和图 8-92 所示）。

图 8-91　球川村传统街道空间

图 8-92　球川村传统丰富多变的街景

参考文献

［1］姚士谋,冯长春等.中国城镇化及其资源环境基础.北京:科学出版社,2001.

［2］国家信息中心.西部大开发中的城市化道路(成都城市化模式案例)研究报告,2010－001－18.

［3］刘方棫.消费经济学概论.贵阳:贵州人民出版社,1984.

［4］A H Maslow. A Theory of Human Motivation. New York:Pslchologial Review,1943.

［5］白安义,田家富,谢晓翠.农村劳动力外出务工的特点及面临的难题——湖北省襄樊市农村劳动力外出工情况调查.湖北省教育厅人文社会科学研究规划项目,2005.

［6］张忠法,崔传义.中国农村劳动力转移的历程、特点和面临的新形势.国务院发展研究中心信息网,2000.

［7］邹东涛.中国改革开放30年·发展和改革蓝皮书(1978—2008).北京:社会科学文献出版社,2009.

［8］谢伏瞻等.中国统计年鉴2008.北京:中国统计出版社,2009.

［9］张钦楠等.建筑设计资料集(3).北京:中国建筑工业出版社,1994.

［10］曾长秋等.加强新农村文化建设是当务之急.光明日报,2009－04－03.

［11］饶传坤等.各都道府县的产业就业结构之研究.［日本]福井大学工学部研究报告集,2003.

[12] 武力.市场化·工业化·民主化——西欧现代化与中国现代化的比较研究.学术交流网/学术问题探讨,2003－01－04.

[13] 王福定等.中心村规划建设实践中的问题与对策.城市规划,2006(7).

[14] 全国合作事业指导中心.西方国家农村基层政府体制比较研究.梁漱溟乡村建设中心网,2009－03－09.

[15] 姚士谋,吴楚材.我国农村人口城市化的特殊形式——论我国亦工亦农人口.地理学报,1982(2).

后　记

中国农村经济社会全面发展一直是中央长期关注的重点问题。随着中央提出深入落实城乡统筹发展的要求,中国进入了着力破解城乡二元结构、形成城乡经济社会发展一体化格局的重要历史时期,农村地域的开发和规划工作迎来了发展新机遇。

本书依据国家相关标准,结合国内外经典案例,阐述了城乡统筹视域下农村地域开发与规划的一些相关理论与现实操作中的一些问题。在两年多的撰写过程中,笔者深切体会到,中国农村地域开发与规划研究涉及的因素复杂、内容广泛,其理论与实践的研究是一个永无止境的课题;只有依靠政府主导、市场运作和群众参与的多元化参与体系,因地制宜地进行农村地域开发,才能实现中国农村地域的持续发展。

城乡收入差距是长期以来制约中国社会经济发展的瓶颈。据国家统计局对 6.8 万个农村住户的抽样调查显示,由于农民工资性收入较快增长、家庭经营纯收入增速大幅提高和转移性收入增加较多等各种来源收入较快增长,2010 年成为自 1985 年以来农村居民人均纯收入增长最快的一年,城乡收入比从 2009 年的 3.33∶1 缩小为 2010 年的 3.23∶1。然而,中国部分农村外出务工人员,即使是暂时外出务工人员,也已不同程度地被部分地统计为城镇或城市人口,因此这部分人口的工资性收入增长不能完全计入农村人口收入增长。农产品价格提高等因素带来的农民经营性收入增长尚有限。同时,限于当前中国经济规模和农村人口基数,单纯通过政府强化农村社会保障力度,对农民转移性收入增长的拉动作用空间也十分有限。因此,中国城乡协调发展中的首要问题——缩小城乡收入差距并未彻底解决,农村地域开发与规划任重而道远。

由于笔者水平所限,本书尚有甚多的不足之处,诚挚地欢迎广大同仁和读者对拙作提出宝贵意见,并继续深入进行此方面的研究。但愿中国农村地域开发与规划研究工作更为系统、完善,在农村地域的有序发展建设过程中发挥更大的作用。最后,衷心感谢在本书撰写过程中给予笔者关心、支持和指导的同志们!

王福定
2011 年 2 月于杭州